高职高专材料工程技术专业项目式课程丛书
“十二五”江苏省高等学校重点教材
（编号 2013-2-029）

陶瓷烧成技术

陆小荣 主 编
朱永平 主 审

中国轻工业出版社

图书在版编目（CIP）数据

陶瓷烧成技术/陆小荣主编．—北京：中国轻工业出版社，2023.6
高职高专材料工程技术专业项目式课程丛书
“十二五”江苏省高等学校重点教材（编号 2013-2-029）
ISBN 978-7-5019-9445-8

Ⅰ.①陶…　Ⅱ.①陆…　Ⅲ.①陶瓷—烧成（陶瓷制造）—高等职业教育—教材　Ⅳ.①TQ174.6

中国版本图书馆 CIP 数据核字（2013）第 208858 号

责任编辑：李建华　杜宇芳
策划编辑：李建华　　责任终审：滕炎福　　封面设计：锋尚设计
版式设计：宋振全　　责任校对：吴大鹏　　责任监印：张　可

出版发行：中国轻工业出版社（北京东长安街 6 号，邮编：100740）
印　　刷：三河市万龙印装有限公司
经　　销：各地新华书店
版　　次：2023 年 6 月第 1 版第 5 次印刷
开　　本：787×1092　1/16　　印张：15.75
字　　数：363 千字
书　　号：ISBN 978-7-5019-9445-8　　定价：39.50 元
邮购电话：010-65241695
发行电话：010-85119835　传真：85113293
网　　址：http://www.chlip.com.cn
Email：club@chlip.com.cn
如发现图书残缺请与我社邮购联系调换
230717J2C105ZBW

前　　言

近年来，我们通过市场调研与人才需求分析，针对陶瓷企业岗位职业能力的要求，遵循职业教育规律，创新人才培养模式，优化人才培养方案，重新构建了材料工程技术专业的课程体系，参照行业职业标准，组织教学内容，以就业为导向，能力培养为目标，采用项目式教学，组织教师与企业生产一线的工程技术人员一起，编写了高职高专材料工程技术专业项目式课程丛书。本套丛书包括陶瓷原料分析技术、陶瓷坯釉料制备技术、陶瓷成型技术、陶瓷烧成技术、陶瓷装饰技术、陶瓷生产检测技术等。

“陶瓷烧成技术”课程的任务是使学生具备陶瓷生产一线的烧成工岗位所必需的基本知识与基本技能。本书按照实际工作任务、工作过程和工作情景组织教学内容，同时体现以职业能力发展为目标，以工作任务为线索，以职业能力为依据，以典型产品为载体的职业教育课程开发理念，以典型任务引领项目教学。

通过本课程的教学，学生应掌握陶瓷烧成的基本原理与基本过程；掌握隧道窑、辊道窑、梭式窑、电窑等窑炉的操作与控制方法；学会排除烧成过程中的故障；熟悉烧成缺陷的分析和处理；能进行各种窑炉的热工测量。

全书分七个部分，从陶瓷烧成技术基础、隧道窑、辊道窑、间歇窑、电窑、窑炉的热工测量、窑炉用耐火材料等方面，对陶瓷烧成的基本原理与主要设备操作等做了系统介绍。为了便于教学，每部分内容前面有学习目标、知识要求和技能要求，后面配有思考题。

本书适合高职高专材料工程技术专业的教学使用，也可作为中等专业学校和陶瓷企业职工培训的教材。

本书由无锡工艺职业技术学院陆小荣任主编，江西陶瓷工艺美术职业技术学院朱永平任主审。项目1由德化陶瓷职业技术学院池致铣编写，项目4由淄博职业学院杨增玲编写，项目5由四川工商职业技术学院邱春丽编写，项目6由无锡工艺职业技术学院徐利华编写，其余内容由陆小荣编写。江苏省陶瓷研究所有限公司沈培根、安徽含山瓷业有限公司舒小山等参与了本书的编写工作，并提供了许多宝贵的资料和意见。

由于作者水平有限，书中不当之处在所难免，恳请专家和读者批评指正。

编　者

2013年8月

目　　录

项目1　陶瓷烧成技术基础

学习目标

1. 掌握陶瓷制品在烧成过程中各个阶段的物理化学变化
2. 学会制定陶瓷产品的烧成制度（温度制度、气氛制度、压力制度）
3. 掌握一次烧成、二次烧成、低温快速烧成等烧成技术
4. 了解陶瓷生产常用窑炉情况

知识要求

1. 了解陶瓷制品烧成的基本过程
2. 掌握陶瓷制品在烧成过程中各阶段的物理化学变化
3. 掌握烧成时温度制度、气氛制度、压力制度的制定方法
4. 了解陶瓷生产用窑炉的分类与特点
5. 掌握低温烧成、快速烧成等烧成技术

技能要求

1. 能正确进行装车装窑操作
2. 能正确制定烧成制度，绘制烧成曲线

烧成是将陶瓷坯体在相应的窑炉中进行加热处理，使其发生一系列的物理化学变化，形成预期的矿物组成和显微结构，从而形成固定的外形并获得所要求性能的工序。烧成时坯体将发生脱水、分解、化合等物理化学变化，烧成后制品具有一定的机械强度及使用性能。

陶瓷烧成的窑炉主要有隧道窑、辊道窑、梭式窑等。烧成时的温度制度、气氛制度、压力制度等与产品的质量有直接关系。因此，烧成过程是陶瓷生产中重要的工序之一。

知识点一　陶瓷坯体的烧成过程

（一）烧成过程的阶段划分

陶瓷坯体烧成时，根据不同温度区间的主要作用与主要变化反应可分为如下几个阶段，见表1－1。

表1－1　坯体烧成的四个阶段

烧成过程	主要变化	主要作用	备注
低温阶段	质量降低 孔隙率增加	排除坯体中残余水分	室温～300℃
中温阶段	结构水被排除 有机物、碳素的氧化 碳酸盐、硫酸盐的分解 铁化合物的氧化 晶型转变	分解与氧化	300～950℃
高温阶段	氧化分解反应的继续 形成液相、溶解固体 形成新结晶和晶体长大 铁的还原反应 釉的熔融	玻化成瓷	950℃～烧成温度
冷却阶段	液相过冷凝固 液相结晶 晶型转变	冷却	烧成温度～室温

在整个烧成过程中，制品在窑内经历了不同的温度变化和气氛变化，既有氧化、分解、新的晶体生成等复杂的化学变化，也伴随有脱水、收缩、密度、颜色、强度与硬度的改变等物理变化。并且这些变化总是相互交错地一起进行。

（二）影响坯体烧成时物理化学变化的主要因素

影响坯体烧成时物理化学变化的主要因素有坯料的化学组成与矿物组成、坯料的物理状态等。

1. 坯料的化学组成与矿物组成

根据坯料的化学组成，可以推断坯体在烧成过程中产生膨胀或气泡的可能性，可以估计坯体耐火度的高低，也可以推断坯体烧后的呈色等。坯体在烧成过程中的物理化学变化与坯体的化学组成有关，但坯料的化学分析只能提供坯料性质的大致情况，不能完全说明问题的本质，因为化学分析是将泥料的化学组成用氧化物表示出来，实际泥料的成分绝大部分不是以游离氧化物形式存在，而是各式各样的化合物。更准确地说，坯体在烧成过程中的物理化学变化是取决于泥料的矿物组成。如高岭土和多水高岭土，它们的晶体结构基本相似，但在加热过程中的脱水反应是不相同的。即使是同一氧化物，在两种不同的矿物组成中所起的作用也不一定相同，如游离石英与黏土或长石中的氧化硅，所起作用的性质就不一样。同样是氧化硅，在以不同的晶态（石英、鳞石英、方石英）存在时，会表现出不同的特性。滑石和白云石中的氧化镁，同是一种氧化物，其作用也不一样。

2. 坯料的物理状态

坯体在烧成过程中的变化，很大程度上还决定于坯料的物理状态，如粉碎的细度、混合的均匀性和接触的密切程度等。要获得良好的陶瓷制品，必须充分粉碎，正确配料以及混合均匀。

（三）坯体在烧成过程中的物理化学变化

1. 低温阶段（水分蒸发期）

坯体在低温阶段主要是排除在干燥中没有排除的残余水分。

（1）水分排除　陶瓷坯体的入窑水分一般控制在2%以下，主要是残余水分。这时坯体的气孔率高达25%～40%。入窑水分低时，升温速度可以较快，残余水分容易被排除。日用瓷制品一般体小壁薄，在这一阶段可以快速升温而不至于使产品开裂。

坯体入窑水分较高时，升温速度要严格控制。因为当坯体的温度高于120℃时，坯体内的水分发生强烈汽化，有可能引起过大的破坏应力使制品开裂，这对大型厚壁制品尤其突出。

坯体入窑水分较高所引起的另一弊端是易在坯体表面产生“白霜”缺陷。坯体中的水分往往与窑炉内烟气中的SO_2发生反应，使坯体内的钙盐在其表面生成钙的硫酸盐。硫酸钙的分解温度较高，使瓷器釉面蒙上了一层“白霜”，降低了釉层的表面光泽度。硫酸钙在高温时分解可能造成釉层中严重的气泡缺陷。这一点对含有高可塑性黏土的坯料，由于坯体吸附力强而更为突出。

低温阶段要求加强通风，使饱和了水汽的烟气得到及时排除，不致因其温度继续下降至露点，从而使一部分水汽凝聚在制品表面上使制品局部胀大，造成“水迹”或“开裂”等缺陷。

（2）低温吸碳反应　在低温阶段，由于残余水分的排除，气孔率的增加，烟气中的CO分解时析出的碳素会吸附在气孔表面，其反应为：

$$2CO \longrightarrow 2C\downarrow + O_2\uparrow$$

这种碳素形成过多，高温时对产品质量有较大的影响。

2. 中温阶段（氧化分解与晶型转变期）

中温阶段坯体发生的物理化学变化主要有黏土中的结构水被排除，有机物、碳素和硫化物被氧化，碳酸盐、硫酸盐发生分解，石英发生晶型转变等。这些变化与温度、升温速度、窑内气氛等因素有关。

（1）黏土矿物结构水的排除　黏土及其他含水矿物的结构水（化学结合水）排除的温度范围随着泥料的矿物组成与矿物结晶完整程度不同而有所不同，几种含水矿物的脱水温度范围如下：高岭石450～650℃，珍珠陶土500～700℃，蒙脱石700～900℃，伊利石550～650℃，叶蜡石600～750℃，瓷石450～700℃。

脱水温度范围与加热速度的快慢有关，在快速烧成时，脱水温度范围特别是脱水的起点要往后推迟。脱水温度还与原料的分散程度有关，原料越细则脱水起点的温度就越低。

陶瓷坯体中含水矿物以高岭石为主，温度在450～650℃时结晶水激烈排除，失重迅速增加，黏土晶体结构遭到破坏，逐渐失去可塑性，脱水后生成偏高岭石。反应如下：

$$\underset{\text{（高岭石）}}{Al_2O_3 \cdot 2SiO_2 \cdot 2H_2O} \longrightarrow \underset{\text{（偏高岭石）}}{Al_2O_3 \cdot 2SiO_2} + 2H_2O\uparrow$$

（2）碳素、硫化物及有机物的氧化　坯体中的有机杂质和碳素，有的来自于原料，有的则来自低温焙烧时未燃尽、沉积在坯体表面上的碳粒。碳素的氧化开始于400℃左右，但在900℃以前很难烧掉，一般要至900℃以上时才能彻底烧清。

$$C + O_2 \longrightarrow CO_2\uparrow$$

在此阶段如果不将有机物和碳素彻底烧清，到釉层熔融将坯体气孔封闭后，就很难再烧掉，容易形成烟熏、气泡等缺陷。

坯体中也有一些硫化物、铁的化合物等杂质，它们在一定的温度下氧化放出SO_2等气体。

如：FeS_2在350～450℃时分解：

$$FeS_2 + O_2 \longrightarrow FeS + SO_2\uparrow$$

至500～800℃时进一步反应：

$$4FeS + 7O_2 \longrightarrow 2Fe_2O_3 + 4SO_2\uparrow$$

（3）碳酸盐、硫酸盐的分解　坯体中或多或少都夹杂一些碳酸盐、硫酸盐矿物如石灰石（$CaCO_3$）、白云石（$MgCO_3 \cdot CaCO_3$）等。碳酸盐、硫酸盐必须在此阶段分解，分解产物CO_2在釉层封闭之前应逸出完毕，不然将会引起坯泡等缺陷。

$CaCO_3$的分解始于550～600℃，终于960～1050℃：

$$CaCO_3 \longrightarrow CaO + CO_2\uparrow$$

$MgCO_3$的分解始于400～500℃，终于700～900℃：

$$MgCO_3 \longrightarrow MgO + CO_2\uparrow$$

$CaSO_4$除在低温（300℃以下）发生脱水变化外，在氧化气氛下，要近1300℃才大量分解：

$$CaSO_4 \longrightarrow CaO + SO_3\uparrow$$

如果在还原气氛下，则在910℃开始还原为亚硫酸钙，然后在较高温度下再分解为氧化钙：

$$CaSO_4 + CO \longrightarrow CaSO_3 + CO_2\uparrow$$

$$CaSO_3 \longrightarrow CaO + SO_2\uparrow$$

（4）石英的晶型转变　石英在573℃发生晶型转变，由β－石英转化为α－石英，同时伴有0.82%的体积膨胀，使坯体的体积膨胀，相对密度下降。此阶段坯体的气孔率较高，可部分抵消因石英晶型转变所引起的破坏应力。随着温度的升高，坯体的机械强度也得到提高，具有一定的强度来抵抗膨胀应力。对于体小壁薄的坯体来说，石英的晶型转变所引起的破坏应力很小，但是，对于大件厚壁制品必须加以重视，应适当降低升温速度。

3. 高温阶段（玻化成瓷期）

坯体在高温阶段发生的物理化学变化有结构水的继续排除、氧化分解反应的继续进行、铁的还原与分解、液相生成、新晶相的形成与晶体长大。

（1）继续排除结构水、继续进行氧化分解反应　某些黏土矿物随着升温速度的提高，最后一些结构水的排除往往推迟，甚至1000℃以上才能排完。产生这种现象的主要原因，一方面是这部分水的OH^-与黏土结合较紧密，另一方面是在加热时，排出的结构水部分地被吸附在坯体的空隙内，从而有可能溶解在新生成的液相中，使其很难排除。在坯体较厚、升温速度较快的情况下，黏土矿物的脱水温度范围变得很宽。

坯体在氧化分解期的氧化分解实际上是不完全的。由于水汽及其他气体的急剧排除，在坯体周围有一层气膜，妨碍氧气继续向坯体内部渗透，从而使坯体气孔中的沉积碳难以烧尽。

（2）铁的还原与分解　在1000～1100℃时，氧化铁在还原气氛中被还原为氧化亚铁，呈青白色。其化学反应为：

$$Fe_2O_3 + C \longrightarrow 4FeO + CO_2\uparrow$$

$$Fe_2O_3 + CO \longrightarrow 2FeO + CO_2\uparrow$$

Fe_2O_3在氧化气氛中于1250℃开始分解，至1370℃大量分解：

$$2Fe_2O_3 \longrightarrow 4FeO + O_2\uparrow$$

（3）生成液相　陶瓷坯釉料中均含有少量的K_2O、Na_2O、CaO、MgO、Fe_2O_3等熔剂氧化物，它们在不同的温度下，能与SiO_2、Al_2O_3形成各种低共熔物，例如：

$Na_2O \cdot 2SiO_2$（二硅酸钠），熔点为874℃；

$Na_2O \cdot SiO_2$（偏硅酸钠），熔点为1088℃；

$2Na_2O \cdot SiO_2$（正硅酸钠），熔点为1188℃；

$Na_2O \cdot Al_2O_3 \cdot 6SiO_2$（钠长石），熔点为1100℃；

$K_2O \cdot 4SiO_2$（四硅酸钾），熔点为765℃；

$K_2O \cdot SiO_2$（偏硅酸钾），熔点为976℃；

$K_2O \cdot 2SiO_2$（二硅酸钾），熔点为1045℃；

$K_2O \cdot Al_2O_3 \cdot 6SiO_2$（钾长石），在1220℃开始熔融；

$FeO \cdot SiO_2$（硅酸亚铁），熔点为1150℃。

由上可以看出，坯体在750℃左右开始生成少量的液相。随着温度的升高，长石等原料熔融，坯体中的液相逐渐增多。这种液相物质具有溶解石英和黏土颗粒及其他晶体的能力。温度越高，时间越长，溶解的量也越多。液相量越多，冷却后制品中的玻璃相也越多，透明度就高。长石质瓷中的玻璃相可达一半以上。

（4）新晶相的形成与晶体长大　高岭土在前一阶段脱水生成偏高岭石后，至900℃以上时分解成游离Al_2O_3与SiO_2，至1100～1200℃时又开始重新结晶为莫来石。

$$3(Al_2O_3+SiO_2) \longrightarrow 3Al_2O_3\cdot 2SiO_2+SiO_2$$

过剩的SiO_2则转变为方石英，再与结晶的莫来石晶体一起形成坯体的骨架，而玻璃态的液相则起到胶合作用，并填充所有的空隙，使制品形成一个整体，此时制品达到了瓷化。

所以液相能促使新的硅酸盐结晶形成，能降低再结晶和重结晶的温度，促使坯体较早地瓷化。但如在烧成过程中生成的液相过多，则会引起制品耐火度的降低而增加变形。因此必须控制好坯料中熔剂和杂质的数量、烧成的最高温度以及在此温度下保温的延续时间，以保证坯体在高温中既有足够的液相促进坯体的瓷化，又不会因液相量过多而导致坯体软化变形。

4. 冷却阶段

冷却阶段主要发生液相中的再结晶、液相的过冷凝固和冷却过程中的晶型转变等。

（1）液相中的再结晶　在冷却过程的开始期间，即由烧成温度冷至800℃左右，瓷坯中处于黏滞状态的液相随着温度的降低而黏度不断增大，此时如果冷却速度缓慢，则液相的黏度变化将不明显。一方面，黏度较小的液相会通过溶解与析晶作用逐渐溶解微细的晶体并在较大晶体上析晶，使细小晶体减少而粗晶体增多。另一方面，釉层也会因冷却速度过于缓慢而引起析晶失透。

（2）液相的过冷凝固　由烧成温度至800℃左右，在冷却期间如冷却速度加快，则可使得坯体中的液相处于黏滞的塑态，对快速冷却引起的应力起缓冲作用，同时克服坯釉析晶的产生，提高釉面光泽。至800℃以下后，坯体中黏滞的液相将随着温度的下降由塑态逐渐转变为固态形成玻璃相。

（3）晶型转变　冷却过程中也存在晶型转变。其中由800℃冷至400℃是冷却的危险时期。在573℃时，α－石英转化为β－石英，同样伴有较大的体积变化，并且转化速度相当快。如果冷却过快，极易造成温度不均，不仅形成较大的结构应力，而且瓷坯内部和表面也将出现较大的热应力，从而瓷坯出现炸裂缺陷。

因此，在冷却阶段，从烧成温度冷至800℃左右，只要能保证窑内温度的均匀性及在窑具能承受急冷应力的前提下，冷却速度应尽可能加快。在800℃冷至400℃时，冷却速度必须缓慢，防止制品炸裂。由400℃冷至室温时，瓷坯中的玻璃相已经全部固化，瓷坯内部结构也已定型，承受热应力作用减小，冷却速度可适当加快。

5. 烧成过程中的物理变化

烧成过程中的物理变化主要有坯体质量减轻、体积收缩、气孔率改变、颜色变化及强度与硬度的变化。

（1）坯体质量减轻　在低温阶段，随着温度的升高，坯体的机械吸附水被排除，坯体质量减轻，坯体的失重等于排出的机械吸附水的质量。至中温阶段由于化学结晶水的排除而急剧失重。此外由于有机物和矿物杂质的氧化与分解并放出大量的气体，也要失去一定的质量。坯体失重的多少，视各种坯料的组成不同而不同，日用瓷坯体在烧成过程中失重为3% ~8%。

(2) 体积的收缩　在低温阶段，由于残余水分的蒸发，体积微有收缩，以后就几乎维持不变。到573℃时，β-石英转化为α-石英。这种转变将使石英的相对密度降低，体积膨胀，从而影响坯体的体积。但在日用陶瓷坯料中因石英的含量不多，且由于坯体其余部分的收缩而相互抵消，因而危害不大。到900℃以后，坯体内液相逐渐形成，结晶颗粒由于表面张力而互相靠近，因而收缩逐渐加剧，直至烧结时达到最高峰。此时如再继续升温，则又变为膨胀，而使坯体产生过烧。一般日用陶瓷烧成收缩为8% ~14%，陶器的烧成收缩为6% ~8%。

(3) 气孔率的改变　坯体的气孔率由低温阶段起逐渐增加，到氧化阶段末期达最高峰。随着温度的进一步升高，由于液相的形成和体积的收缩而使气孔率逐渐降低，到达烧成温度时气孔率为最低。如温度继续升高，有过烧现象，气孔率又随着坯体的膨胀而增加。

(4) 颜色的变化　未烧前坯体的颜色决定于坯体中的杂质，有大量有机物存在时呈灰色甚至黑色，有铁质存在时呈浅黄色。到中温阶段，由于有机物的挥发，只有铁质被氧化为Fe_2O_3，所以一般呈粉红色或肉红色。经高温烧成，如果是氧化焰烧成，则随着含铁量的多少呈色从浅黄、奶黄以至红色；如果是还原焰烧成，由于Fe_2O_3被还原为FeO并生成硅酸亚铁，使颜色变为微微泛青的白色或青色。若坯体过烧，或在高温保火阶段气氛控制不当，则易使FeO再次氧化成Fe_2O_3而造成制品发黄。

(5) 强度与硬度的变化　随着机械吸附水的消失，坯体强度略有提高。结晶水的排除阶段，强度无显著变化。573℃石英晶型转变时，强度略有下降。750℃以后，强度逐渐增加。在良好烧结情况下，坯体的机械强度应为最高，但如过烧时强度又要下降。

坯体在750℃之前都是非常脆弱的，750℃以后，由于长石-石英玻璃质及莫来石晶体开始形成，硬度逐渐提高，在良好的烧结情况下冷却后，陶瓷的硬度可达莫氏7~8级。

知识点二　陶瓷的烧成制度

陶瓷的烧成制度包括温度制度、气氛制度和压力制度三个主要内容。温度制度和气氛制度是根据不同产品的不同要求来确定的，而压力制度是保证温度制度和气氛制度实现的条件，三者是互相影响相辅相成，共同影响着烧后产品的质量和烧成工艺。

(一) 温度制度

温度制度常用烧成温度曲线来表示，烧成曲线上描述了坯体烧成时由室温加热升温到烧成温度、以及由烧成温度冷却至室温时的温度与时间的变化情况。烧成曲线的内容包括各阶段的升温速度、最高烧成温度（止火温度）、保温时间和冷却速度。

1. 各阶段的升温速度

通常升温速度与烧成所需的全部时间成反比，而各阶段时间的长短又与窑炉的种类、装窑容量、坯体的性质、坯体的厚度及其所含杂质的种类与数量等有密切关系。

低温阶段实际上是坯体干燥的延续，升温速度主要取决于进窑坯体的含水量、坯体厚度、窑内实际温差和装坯量。当坯体进窑水分高、装坯量大或坯体较厚时，升温太快将引起坯体内部水蒸气压力增高，易产生开裂或炸裂现象。

中温阶段的升温速度主要取决于原料的纯度和坯体的厚度，也与气体介质的流速与火焰性质有关。原料纯且分解物少、制品较薄时，则升温可快些；如坯体内杂质较多且制品较厚，氧化分解费时较长或窑内温差较大，升温速度不宜过快；当温度尚未达到烧结温度以前，结晶水及分解的气体产物排除是自由进行的，而且没有收缩，因而制品中不会产生应力，故升温速度可加快。随着温度升高，坯体中开始出现液相，应注意使碳素等在坯体烧结和釉层熔融前燃尽，不致产品产生气泡。

高温阶段的升温速度取决于窑的结构、装窑密度以及坯体收缩变化的程度和烧结范围宽窄等因素。当窑的容积较大时，升温过快则窑内温差大，将引起高温反应不均匀。坯体中的玻璃相出现的速度和数量对坯体的收缩产生不同程度的影响，应根据不同收缩情况决定升温速度。在高温阶段的主要现象是收缩大，但如能保证坯体受热均匀，收缩一致，则升温较快也不会产生应力而使制品开裂或变形。

2. 最高烧成温度（止火温度）

最高烧成温度是指制品在烧成过程中所经受的最高温度。考虑到各种物理化学反应的进行是一个渐变过程，加上窑内温差、制品内外部的温差及传热过程需要时间，烧成温度实际上是指一定的温度范围。

对于致密陶瓷制品，烧成温度应选定在烧结温度范围之内。达到烧结温度后，制品致密度最大，收缩率最大，气孔率与吸水率最小。因此，烧成温度通常可通过测定试样的相对密度、气孔率或吸水率等来确定。对于多孔陶瓷制品，因不要求致密烧结，达到一定的气孔率及强度后即可终止加热，所以其烧成温度低于其烧结温度。在烧成过程中达到烧结温度的上限后，如果继续升温称为过烧。过烧后坯体的气孔率又会增大，致密度下降，制品的其他性能也发生变化。烧成温度与气孔率、收缩率的关系如图 1－1 所示。

烧成温度的高低取决于坯料的组成、坯料所要求达到的物性指标、坯体开始软化的温度和烧成速度的快慢等因素。对于烧结温度范围宽的坯料，可选择在上限温度和以较短的时间进行烧成；对于烧结温度范围窄的坯料，则宜选择在下限温度并以较长的时间进行烧成。

3. 保温时间

保温是指在烧成过程中达到某一温度范围后保持一段时间，这段时间称为保温时间。

一般在氧化阶段结束将要转入还原之前进行一次保温（中火保温）。在接近止火时

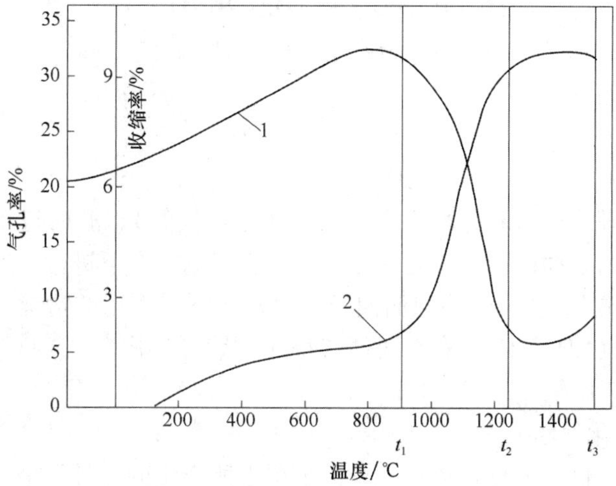

图1-1 烧成温度与气孔率、收缩率的关系曲线

1—温度-气孔率曲线 2—温度-收缩率曲线

又须进行一次保温（高火保温）。保温的目的是拉平窑内温差，使全窑产品的高温反应均匀一致。保温时间的长短取决于窑的结构、大小、窑内温差情况、坯件厚度及大小、制品所要求达到的玻化程度。通常容积较大的窑，因升温速度较慢，为使全窑坯体达到同一玻化程度，其止火温度可以比操作小窑时稍低，而保温时间必须较长。

4. 冷却速度

冷却是把坯体从高温时的可塑状态降至常温呈岩石般状态的凝结过程。冷却制度是否正确，对制品性能同样有很大的影响。对于厚而大的坯体，如冷却太快，由于内外散热不均匀，会造成应力而引起开裂。一般日用瓷体小胎薄，有较多液相，在高温阶段尚呈可塑状态，高温下的热应力大部分可为液相的弹性和流动性所补偿，加快冷却并无危险。高温快速冷却不仅可以缩短生产周期，提供大量余热，还可以增加釉的透明度与光泽度，也能防止冷却过程中大量冷空气进入窑内而引起已还原的铁质重新氧化，对提高釉面白度有利。

一般瓷器中玻璃相的转变温度为830～800℃，低于此温度时塑性消失，并将发生残余石英的晶型转化。无论是液相由塑性状态转变为弹性状态，或是晶型转变，都会使坯体内产生应力。因此，在800℃以下至400℃的冷却时应小心谨慎，适当放慢冷却速度，以防出现惊裂。至400℃以下，热应力变小，冷却速度又可适当加快。

（二）气氛制度

燃料燃烧是一个较复杂的过程，往往同时产生氧化与还原过程：

氧化过程反应如下：

$$C+O_2 \longrightarrow CO_2\uparrow$$

$$2H_2 + O_2 \longrightarrow 2H_2O\uparrow$$
$$CH_4 + 2O_2 \longrightarrow CO_2\uparrow + 2H_2O\uparrow$$
$$2CO + O_2 \longrightarrow 2CO_2\uparrow$$

还原过程反应如下：

$$CO_2 + C \longrightarrow 2CO\uparrow$$
$$H_2O + C \longrightarrow CO + H_2$$

前四个过程按理论进行时，称之为中性焰（中性气氛），此时进入的空气正好能烧尽所提供的燃料。当前面四个过程是在导入过量空气的情况下进行，燃烧后还残存氧气时便得到氧化焰（氧化气氛）。当前面四个过程是在空气不足的情况下进行，燃烧后还有未燃尽的可燃物（CH_2、H_2）存在时便获得还原焰（还原气氛），这时出现后面两个还原过程。

1. 氧化焰（氧化气氛）

氧化焰是在空气供给充分、燃烧完全的情况下所产生的一种无烟而透明的火焰。空气过剩系数大于1，燃烧产物的主要成分是CO_2与剩余氧气，不含可燃物质。氧含量在弱氧化焰时为2% ~5%，强氧化焰时大于5%。

陶瓷制品烧成时，在低温阶段对气氛没有特殊要求，从400 ~1000℃，要求氧化气氛，而且是由弱到强，到临近大火阶段要以强氧化焰平烧一个时期（称为中火保温），其作用在前期是使坯体内水分蒸发，后期是使有机物与碳酸盐氧化分解完全，使坯体得到正常收缩，为进入还原期打好基础。

在充分供给空气时，如过剩空气量过多，会使升温停滞或温度下降，从而浪费燃料，理想的方法应该是使燃料得到完全燃烧，又尽可能地限制导入过剩空气，但这是很不容易做到的。特别是使用固体燃料时，如不供给过剩空气就很难燃烧充分。一般总是或多或少有一点过剩空气，才能获得完全燃烧。

2. 还原焰（还原气氛）

还原焰是在空气供给不充分、燃烧不完全的情况下所产生的一种有烟而混浊的火焰。此时空气过剩系数小于1，为0.7 ~0.9，燃烧产物内含有的CO和H_2在2% ~7%（弱还原焰取下限，强还原焰取上限），且无游离O_2存在（至多不大于1%）。

还原焰的作用主要使坯釉内所含Fe_2O_3（黄色或红色，熔点1560℃）绝大部分还原成FeO（青色，熔点1420℃），在较低温度下与SiO_2结合为淡青色的、易熔的低铁硅酸盐，从而促进坯体在较低温度下烧结，并消除了由于Fe_2O_3的存在而形成的黄色，使白度得到了提高。反应式如下：

$$Fe_2O_3 + CO \longrightarrow 2FeO + CO_2\uparrow$$
$$FeO + SiO_2 \longrightarrow FeSiO_3$$

还原焰还可以促使硫酸盐提早分解成SO_2与其他气体一起逸出。反应如下：

$$CaSO_4 + CO \longrightarrow CaSO_3 + CO_2\uparrow$$
$$CaSO_3 \longrightarrow CaO + SO_2\uparrow$$

还原焰对含铁量高的瓷器坯体来说是必不可少的过程，但在坯体含铁量低时也可不用还原焰，始终用氧化焰烧成到底。有时在坯料中加入微量钴盐（0.02%），使钴的青

色冲淡 Fe_2O_3 的黄色而呈白色。

对粗陶器、炻器、土器，由于坯料内多数含有较高的 Fe_2O_3 和 TiO_2，陶器釉料中也含有一定量的着色金属氧化物或它们的盐类，烧后能使制品呈现黄、红、棕、紫等色，只有采用强氧化气氛烧成，才能使制品色泽鲜艳，一般没有采用还原焰的必要。

3. 中性焰（中性气氛）

理论上中性焰是进入的空气量恰好能燃尽燃料，空气过剩系数为1，燃烧时实际消耗的空气量与理论上所需的空气量相等，而无剩余的CO或 O_2 存在。事实上纯粹的中性焰很难获得，它总是稍偏于氧化或稍偏于还原。在釉料熔化以后直至坯体完全瓷化和釉充分熔融发光这一阶段，没有再用还原焰的必要，但也不应采用氧化焰，否则会将已还原的铁质重新氧化，所以要用中性焰。由于纯粹的中性焰不易获得，因此常用轻微的还原焰代替。

合理的气氛制度是保证陶瓷制品烧成质量的重要条件，而气氛制度的确定，应以坯釉配方组成和制品的性能要求为依据，例如，陶器和瓷器的性能要求不同，气氛制度也不同。同样是瓷器，南方和北方所用的原料不同，因而气氛制度也不一样。

还原期的重要问题，是还原的强弱程度及还原期的起讫温度。还原要求先强后弱，程度适当。如还原不足，则不能最大限度地把高价铁还原成低价铁，此时将瓷件打碎观察，断面呈淡黄色且较粗糙。而得到充分还原的坯体则呈淡青色且致密。还原气氛能降低氧化铁和硫酸盐的分解温度，如还原不足未能使氧化铁及硫酸盐充分分解时，不仅色泽不好，而且会在温度继续升高釉面封闭后由于氧化铁和硫酸盐的分解脱气而使釉面起泡。但如还原过强，又会因烟气中有大量碳素而造成釉面烟熏。一般在强还原阶段使烟气中维持CO含量5%～7%，在弱还原阶段使烟气中维持CO含量2%～4%。

在还原阶段控制烟气中游离氧的含量比增加CO的含量更为重要，有时在还原阶段尽管CO含量不低，但如游离氧偏高（$>1\%$），就会影响釉面使釉面发黄。

判断还原气氛的强弱，使用气体分析仪可获得比较准确的数据。为了简捷方便，也可用肉眼观察加以判定。例如，还原期看火孔有火焰喷出，可从其喷出长度得知其还原程度的强弱。

（三）压力制度

对于使用燃料燃烧供热的窑炉，窑内气体（烟气及空气）的压力对窑内温度和气氛有决定性的影响。通过调节窑炉有关设备（烧嘴、风机、闸板等）可控制窑内各部分气体压力呈一定分布。窑内气体压力的规律性分布称为压力制度。

压力制度起保证温度制度和气氛制度的作用。其重要性表现在以下三方面：

（1）压力制度直接影响到气氛制度　例如，油烧隧道窑中，预热带为负压，烧成带、冷却带为正压，零压位控制在预热带和烧成带之间。这样的压力分布有利于气氛制度的稳定。预热带呈负压，可使排烟通畅，保证预热带的氧化气氛。烧成带保持微正压，可以有效地阻止外界冷空气侵入窑内，有利于保证烧成带的还原气氛。零压位在预热带与烧成带之间，便于分隔焰性，使氧化与还原界限清楚。如果压力制度破坏了，窑内气氛也就随之改变，如烧成带如果出现较大的负压，窑内的还原气氛就破坏了，制品就可能出现发黄缺陷。

（2）压力制度直接影响到窑内的温度制度　负压过大，吸入的冷空气多，温度会下降，温差也会增大。

（3）压力的大小直接影响入窑空气量及出窑的烟气量　也直接影响预热效果、燃烧效果和冷却速度等。

窑内的压力一般是借助倾斜式压力计等测压仪表来测定的。也可以通过观察看火孔的火焰情况来判断。如果看火孔火焰往外冒，说明窑内的压力大于外界大气压力，窑内是处于正压操作，冒出的火焰越长，说明窑内压力越大。如果看火孔火焰不往外冒，说明窑内处于负压状态，也就是窑内的压力小于外界大气压力。此外，通过窑内火焰流动状态等现象也能判断窑内的抽力大小。

（四）烧成制度的制定

1. 烧成制度制定的依据

制定烧成制度的主要依据是坯体的组成与性质、釉料的性能与要求以及使用窑炉的情况等。

（1）坯体的组成与性质　坯体的组成、原料的性质以及高温中发生的各种变化均影响反应进行的速度。根据坯料中各种矿物成分的差热曲线，可了解坯体在加热过程中不同温度区间所分解的气体情况。根据坯料的烧结性能曲线（致密度、气孔率、收缩曲线），可初步判断坯体的烧成温度和烧成温度范围，从而得出坯体在烧成过程中各阶段允许的升温与降温速度。

制定烧成制度时要充分考虑制品的尺寸和形状、坯体的厚度、制品的大小及坯体的温度传导情况。坯体加热时由于传热过程需要时间，在坯体断面方向形成温度梯度，从而引起不同层坯体的不均匀膨胀（冷却时为不均匀收缩），这种不均匀膨胀或收缩使坯体内产生应力，导致坯体开裂或变形。升温（降温）速度越快，坯体尺寸越大，坯体越厚，应力就越大，开裂或变形的概率就越大。

（2）釉料的性能与要求　坯体中产生的气体必须通过釉层逸出，釉未熔融前釉层是多孔体，气体能顺利通过釉层。而当釉层大部分熔融后，气体通过就很困难，往往形成釉泡、气孔等缺陷。釉料的熔融温度范围，应适应烧成设备及操作对烧成温度范围所控制的程度。

当釉面要求为光亮釉时，则需要进行快速冷却，以防止釉熔体产生结晶。在烧制无光釉、结晶釉时，情况正好相反，应延长保温时间，慢速冷却，促进晶体生成。因此要针对釉料的性能要求制定烧成制度。

当釉层或者与釉层相关的装饰层的成熟温度与坯体的烧成温度相差较大时，应采用二次烧成或二次以上烧成。

（3）所用的窑炉情况　制定烧成制度时，应考虑窑炉的结构特点、装窑方式、燃料种类、供热能力大小及调节的灵活性、窑具的性质等。应根据不同产品选择适当的窑炉烧成，窑炉要能够实现制品烧成所需要的烧成制度。

在执行烧成制度的过程中要随时根据坯釉配方变化、产品品种变化、燃料变化，甚至气候变化及烧成产品反馈的信息等因素予以调整。调整烧成制度时要注意调节效果的滞后性，一般来说，窑炉自重越大（厚壁）、烧成周期越长、装窑密度越大，则滞后时间越长。因此要根据这些情况在调整并经过滞后期后的观察分析才可确定调节是否正确，以决定是否需继续调整及如何调整。如果在滞后期内即做下一步调整，则可能会做出错误判断，以至于情况比调整前更为恶化。新型薄壁轻型快烧窑炉滞后期很短，因此调节灵敏，为提高烧成的品质创造了条件。

2. 产品烧成制度的确定

（1）烧成温度曲线的拟订　烧成温度曲线的拟订包括各阶段的升温速度、最高烧成温度、保温时间和冷却速度。

①升温速度的确定：应依据制品所用原料在各个温度段所发生的物理化学变化、窑炉的大小、坯体的厚度与形状、所用原料的颗粒细度和装窑数量来综合确定。升温速度直接影响到烧成时间的长短，烧成时间的缩短，不仅提高了窑炉的生产率，而且能节约燃料。

低温阶段即在400℃以前，其升温速度主要取决于坯体的厚度、颗粒组成、黏土的含量、坯体进窑的含水率和窑内实际装坯量。当坯体颗粒组成致密，装窑容量大，且坯体进窑水分高或坯体较厚者，升温太快将引起坯件内部水蒸气压力的升高而导致开裂现象的产生，升温速度一般大件产品为30℃/h，而中小制品为50～60℃/h。同时注意加大烟囱抽力来确保通风。

分解及氧化期即在900℃以前，升温速度取决于原料纯度、火焰性质、气流速度以及坯体厚度。原料较纯且分解物较少时，升温可以较快。坯体内杂质含量较多，则可能因快速升温而产生氧化分解不完全的情况，后期容易出现坯体变色、釉泡等缺陷。在这阶段中，除了在400～600℃间因为高岭石结构水的迅速排除，升温应缓慢些以外，一般可加速升温。但要保证窑内的氧化气氛。

在高温阶段，升温速度取决于窑炉的结构、装窑密度和坯体收缩变化的速度，当窑的体积较大，升温过快则窑内的温差较大，将引起高温反应的不均匀，而且由于坯体玻璃相出现的多少与快慢会引起坯体发生不同程度和速度的收缩，在收缩较快的阶段，升温不宜太快，收缩较慢的阶段，则可加快升温速度。一般燃气梭式窑，在此阶段可以快速升温。但在最高烧成温度下应有适当的保温时间。

②最高烧成温度的确定：烧成温度的高低与坯体的组成、颗粒细度、制品的质量要求以及升温速度有关。烧成温度必须在坯体的烧成温度范围之内，具体的确定则需依据制品内在性能及外观质量要求来决定，对烧成温度范围窄的坯料，适宜在允许范围中的下限烧成，延长保温时间；而对烧成温度范围宽的坯料，则可在上限烧成。

③保温时间的确定：保温时间的长短，决定于窑的结构、坯体的厚度和大小以及制品所要求达到的致密程度，通常容积较大的窑炉升温较为困难，为了使坯体达到同一烧成温度，其止火温度必须比小容积窑炉的要低，而保温时间则须延长。

④冷却速度的确定：主要取决于坯体内液相的凝固速度。较厚的坯体冷却太快时，可能在坯体内外造成不均匀应力而引起开裂现象。液相较多的坯体采取快速冷却将使坯

体内不易析晶或促使形成微晶，从而可提高其机械强度，而且可防止铁质的再次氧化，提高白度。

（2）烧成气氛的确定　为了适应坯体原料与制品性能的要求，某些产品要烧还原性气氛，一般情况南方烧还原气氛较多。氧化分解以后，如果是还原焰烧成，在空气不足的情况下，燃烧产物中将含有可燃气体，与空气一并进入窑中继续混合完成燃烧，并放出热量，使窑内的温度与燃烧室的温度差异减小，这是还原焰可使窑内温度均匀的理论依据，对于烧成温度范围窄的坯体，在烧成中使用还原焰尤为重要。

典型窑炉的烧成制度见图1－2、图1－3和图1－4。

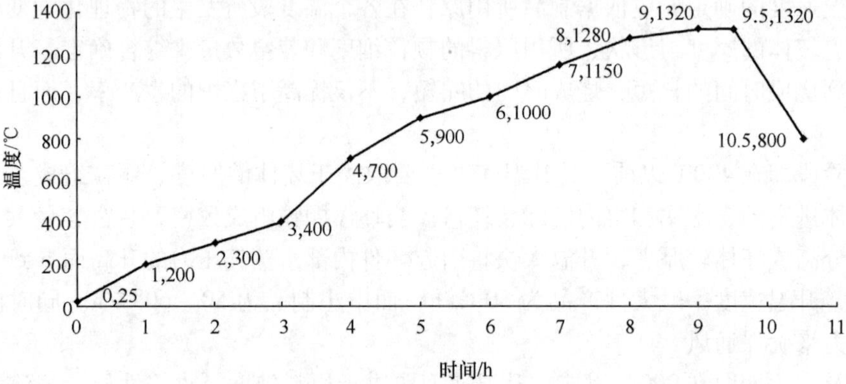

图1－2　间歇窑烧成制度举例

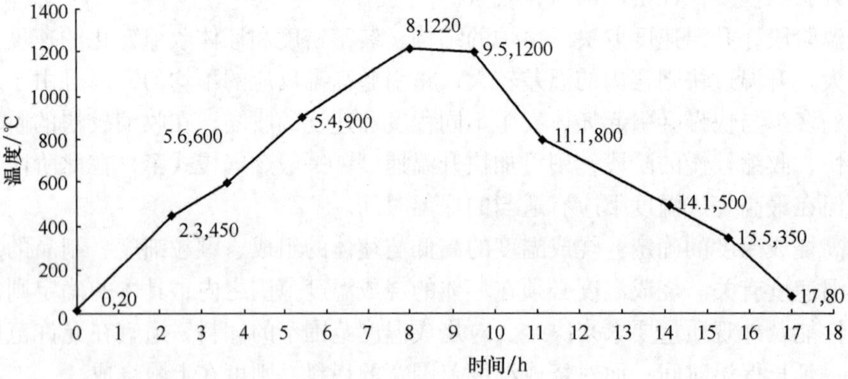

图1－3　隧道窑烧成制度举例

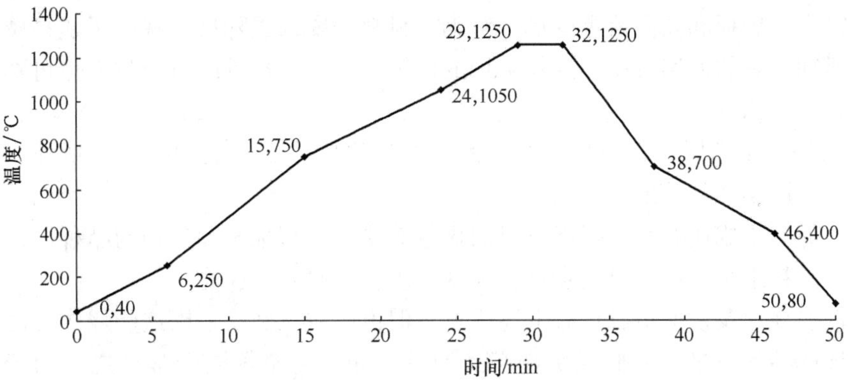

图1-4 辊道窑烧成制度举例

知识点三 快速烧成与烧成节能

（一）快速烧成

普通陶瓷的烧成周期（整个烧成过程所需时间）都较长，特别是单件质量较大、尺寸及厚度较大的产品，往往需要30~40h，甚至更长。这是由于坯釉的烧成反应需要一定时间，但更主要的是由于外部条件如窑炉温差、装窑密度、燃料、生坯强度、窑具性能（特别是耐急冷急热性能）等条件所限制。长的烧成周期大大增加了能耗（燃料消耗，附属设备电耗），降低了产量。

快速烧成是现代陶瓷窑炉的一大特点。现代陶瓷窑炉将旧式窑炉几十小时的总烧成时间缩短为十几小时、几小时，甚至不到1小时。快速烧成的结果使窑炉的生产能力大幅度地增加，单位热耗显著减少。科学合理地缩短烧成时间，能够保证产品质量不受影响。

1. 实现快速烧成的意义

（1）能节约能源（燃料） 陶瓷生产过程中燃料费用占生产成本比例很大，一般在30%以上。缩短烧成时间，对节约能源的效果显著。有资料表明，单位制品的热耗与烧成时间成直线关系，烧成时间每缩短10%，产量可增加10%，单位制品热耗可降低4%，所以快速烧成既可节约燃料，又可提高产量，使生产成本大幅度降低。

（2）能充分利用原料资源 低温烧成的普通陶瓷产品，其配方组成中一般都应含有较多的熔剂成分。我国地方性原料十分丰富，这些地方性原料或低质原料（如瓷土尾矿、低质滑石等）及某些新开发的原料（如硅灰石、透辉石、霞石正长岩、含锂矿物原料等）往往含有较多的低熔点成分，来源丰富，价格低廉，很适合制作低温坯釉料，或者快烧坯釉料。因此，低温烧成与快速烧成能充分利用原料资源，并且能促进新的陶瓷原料的开发与利用。

（3）可提高窑炉与窑具的使用寿命　陶瓷产品的烧成温度在较大幅度降低之后，可以减少窑具的破损和高温荷重变形，对砌窑材料的要求也降低，减少了建窑费用，同时还可以增加窑炉的使用寿命，延长窑炉的检修周期。在窑具的材质方面也可降低性能要求，延长其使用寿命。

（4）可缩短生产周期，提高生产效率　快速烧成除了节能和提高产量外，还可大大地缩短生产周期和显著地提高生产效率。

另外，低温烧成还有利于提高色料的显色效果，丰富釉彩和色釉的品种。快速烧成可使坯体中晶粒细小，从而提高瓷件的强度，改善某些介电性能。

虽然低温烧成及快速烧成具有上述优点，但也应注意到，采用这些烧成方法的前提是必须保证产品的质量。而低温快烧产品的品质并非完全等同于常规烧成的产品。此外，由于陶瓷产品种类繁多，性能要求各异，因此并非任何品种都可以采用低温烧成或快速烧成。

2. 实现快速烧成的工艺措施

（1）坯、釉料能适应快速烧成的要求　适合快速烧成的坯料，干燥收缩和烧成收缩要小。这样可保证产品的尺寸准确，不致弯曲和变形。一般坯料只能适应100～300℃/h的升温速度，而快速烧成时的升温速度可达800～1000℃/h，所以要配制低收缩的坯料，选用少收缩或无收缩的原料（如烧失量小的黏土、滑石、叶蜡石、硅灰石、透辉石或预烧过的原料、合成原料等）。

坯料的热膨胀系数要小，随温度的变化接近线性关系，在烧成过程中不致开裂。坯料的导热性能好，使烧成时物理化学反应能迅速进行，又能提高坯体的抗热震性。坯料中少含晶型转变的成分，以免因体积变化破坏坯体。

快速烧成用的釉料要求有利于物理化学反应能迅速进行，釉料的始熔温度要高些，以防快烧时原料的反应滞后而引起的釉面缺陷（针孔、气泡等）。釉料的高温黏度比普通釉料应低些，且随温度升高黏度降低较多，以便获得平坦光滑无缺陷的釉面。釉料的膨胀系数较常规烧成时要小一些，便于和坯体匹配。

（2）加强工艺控制，改进装烧方法　从工艺控制方面，减少坯体入窑水分，提高坯体入窑温度，有利于实现快速烧成。传统窑炉坯体入窑水分一般控制在2%以下，快速烧成要求小于0.5%。残留水分少则短时间内即可排尽，而且生成的水气量也少，不至于在快烧条件下产生巨大应力。入窑坯体温度高则可提高窑炉预热带的温度，缩短预热时间。

控制坯体厚度、形状和大小。厚坯、大件、形状复杂的坯体在快烧时容易损坏，难以进行快速烧成。

（3）改进窑炉结构，采用新材料新技术　选用温差小和保温良好的窑炉，小截面窑炉内的温度比较均匀，低蓄热量的窑炉易于升温和冷却。并采用含硫量低、无灰分的燃料。

（4）选用抗热震性能良好的窑具　快速烧成时，窑具承受大幅度的温度变化，它的使用条件比通常的烧成方法要苛刻得多。而窑具的抗热震性是快速烧成能否进行的重要条件，快速烧成时尽量不用窑具或少用窑具。

(二)烧成节能方法

从技术经济角度分析，能源的高消耗与浪费是陶瓷产品成本高的一个重要原因。减少能耗，降低成本，可提高产品市场竞争能力。陶瓷烧成的节能方式主要可考虑以下几方面。

1. 窑炉的选用与窑炉结构的改进

连续式窑炉比间歇式窑炉的热效率提高，并易实现快速烧成。明焰烧成比隔焰烧成有更高的热效率。宽体隧道窑、辊道窑为最合适的窑型选择。间歇式窑炉中，燃气梭式窑又较传统的倒焰窑有更大的经济效益。

裸烧明焰窑，产品裸露在烟气中，窑内阻力小，烟气流速快，传热也快，没有匣钵蓄热，窑温均匀性好，可缩短烧成时间，提高产品质量。裸装隔焰窑，火焰的热量要经过隔焰板再传给制品，因是间接传热，阻力大，为了确保传热速率，只有提高烟气温度，这样不但要增加燃料消耗，而且对窑炉的使用寿命不利。钵装明焰窑，其传热方式与裸装隔焰窑传热方式相似，因产品装在钵内，有时匣钵比产品还重，在烧成过程中既要传热又要吸热蓄热，还有隔热作用，传热条件更差，且匣钵带走的热损失大。因此，目前大多使用裸烧明焰窑。

2. 加强窑炉的隔热性

陶瓷窑炉炉体，因发生热辐射与热传导形成的热损失高达30%～40%，如果采用耐高温隔热材料、保温材料取代传统黏土砖或高铝砖，则可大幅度降低热损失。此外，陶瓷纤维材料在降低蓄热的同时还可以使炉壁变薄，使用周期加长且易于维修。

采用轻质高强、隔热保温、高导热低热容的优质耐火材料砌筑铺贴窑体、窑车和制作窑具，可减少窑体、窑车和窑具的蓄热与散热及窑车、窑具带走的热量，使窑炉加热快、冷却快，窑内温差小，缩短烧成时间，提高产品质量，降低能耗。

应提高筑炉技术和质量以减少漏风。因为窑内的漏风量增加，势必造成气体分层，加热不均，温差增大，烧成时间延长，生产效率下降，能耗上升，成本增加。

3. 降低烧成温度与实现快速烧成

根据热平衡计算，陶瓷在高温（1200℃）烧成，温度每升高100℃，需增加10%～20%的燃料消耗，并且严重影响窑具的使用寿命。采用新原料配制烧结温度低的坯料和熔融温度低的釉料，以适应低温快速烧成技术的发展。

实现快速烧成，烧成时间缩短，则产品产量可增加，单位产品的热耗降低。

4. 掌握好窑炉的操作要点

掌握好窑炉的操作要点，是节能最有效的措施。陶瓷的烧成要根据坯釉的特性、窑炉的结构、燃料的种类等制定烧成制度。烧成时应注意掌握好氧化焰、还原焰和中性焰三个烧成阶段。各种火焰在烧成过程中要求温度气氛不一，燃料用量不同。若过早烧还原焰，不仅会造成产品烟熏等缺陷，而且浪费了燃料。所以在烧成操作上，应根据窑炉结构、窑内温差情况以及制品的大小、厚薄、干湿程度、烧结范围要求、高火保温时间等因素，决定各阶段的燃料用量。这一点对间歇式窑炉更为重要。

5. 选择节能窑具和实现无匣烧成

匣钵装烧制品，可增加装窑坯体的数量。但应尽量选用热传导率高、具有较高高温强度的薄壁匣钵。匣钵装烧制品时，匣钵的质量往往比制品大数倍，且导热性不良，传热速度缓慢，热损失大。匣钵的存在，使火焰不能把热量直接传到制品上，增加了燃料消耗，延长了烧成时间。因此，除必须使用匣钵的情况外，提倡采用无匣烧成工艺。为了提高装窑密度，可采用棚板－立柱装坯等。

6. 利用余热

陶瓷窑炉烧成时，烟气或冷却空气带走的热量很高，有效利用余热使之产生其他经济价值也很重要。

隧道窑或辊道窑预热带烟气经换热后所得的热风、冷却带抽出的余热等可送干燥器干燥半成品，也可用于加热助燃空气，可改善燃料燃烧，提高烧成温度，降低燃料消耗，提高窑炉的热效率。

知识点四　陶瓷烧成用窑炉

（一）陶瓷窑炉分类

陶瓷制品的烧成设备类型很多，常见的陶瓷窑炉的分类情况见表1－2。按其操作过程是否连续可分为连续式窑炉和间歇窑炉两大类。常用的连续式窑炉有隧道窑和辊道窑，常用的间歇窑炉有梭式窑。

表1－2　　陶瓷窑炉的分类

分类方法	名称	主要特点
按使用燃料来分类	柴窑	以木柴为燃料，如景德镇蛋形窑（古窑）
	煤窑	以煤为燃料，有煤烧隧道窑、辊道窑、倒焰窑等
	油窑	以重油、轻柴油等为燃料
	气窑	以城市煤气、发生炉煤气、天然气、石油液化气等为燃料
	电窑	用各种电发热体加热升温
按火焰流动方向分类	升焰窑	窑内火焰由窑底升起，窑顶排烟
	平焰窑	火焰在窑内运动时大部分呈水平状
	半倒焰窑	火焰由窑的前部上升，再倾斜流向窑后方下部，再由烟囱排出
	倒焰窑	火焰由上向下，倒流窑底，再由烟囱排出
按形状分类	圆窑	外形为圆形，也称馒头窑，一般为升焰窑或倒焰窑
	方窑	外形为方形，一般为升焰窑或倒焰窑
	隧道窑	外形像条隧道，采用窑车输送坯体
	辊道窑	外形为扁平通道，通过旋转的辊子输送坯体

续表

分类方法	名称	主要特点
按形状分类	阶级窑	窑内分许多间，逐级倾斜向上
	龙窑	外形像条龙，斜伏在山坡上
	抽屉窑	窑车进出窑体时如抽屉运动，又称梭式窑
	钟罩窑	外形像钟罩，窑整体可升降平移，用于烧高大产品，又称蒸笼窑
	蛋形窑	外形像蛋壳形状，有弧度，属半倒焰窑，是古窑型的一种
按用途分类	干燥窑	用于坯体的干燥，可用余热或安装燃烧器，又称干燥器
	素烧窑	用于未施釉的坯体的预烧，如用于釉面砖的素烧窑
	釉烧窑	用于素烧坯施釉后的烧成，又称本烧窑
	烤花窑	用于陶瓷贴花、彩绘后的彩烤
	重烧窑	有缺陷的陶瓷经修补后重新入窑烧成，又称修补窑

（二）隧道窑

隧道窑是目前陶瓷工业中较为先进的窑炉。它的窑室是隧道形的，顶部有拱顶，两侧有窑墙，下部有轨道，轨道上有装载制品的窑车，窑车上面铺有耐火砖，构成了可移动的窑底。

坯体随窑车从窑头进入窑内，在窑内经过加热发生一系列物理化学变化后成为成品。冷却后再从窑尾随窑车推出窑外。

隧道窑具有产量高，燃料消耗低，烧成制度稳定，劳动条件好，劳动强度小，易实现机械化、自动化等优点，是目前陶瓷工业使用最广泛的窑炉。

隧道窑有多种类型，分类方法很多。单通道、明焰、窑车式隧道窑是一种最基本的类型，也是目前使用广泛的隧道窑。

图1－5　隧道窑外观图

(三) 辊道窑

辊道窑是一种截面呈狭长形的通道，由一根根平行排列、横穿窑内工作通道截面的辊子组成“辊道”，制品放在辊道上随着辊子的转动而输送入窑，在窑内完成烧成工艺过程，故称辊道窑。辊道窑可按使用的燃烧结构、加热方式、通道多少来分类。

明焰辊道窑中，火焰进入辊道上下空间，与制品接触并直接加热制品。气烧明焰辊道窑常用的气体燃料有天然气、发生炉煤气、石油液化气等，要求煤气是洁净的。油烧辊道窑常采用轻柴油作为燃料，其供油系统比供气系统简单，投资也较少，使用单位较多。明焰辊道窑的燃烧产物直接与制品接触，对提高传热效率、均匀窑内断面温度场、节能等都是有利的，代表了辊道窑的主流。

辊道窑按工作通道的多少分单层辊道窑、双层辊道窑、三层辊道窑等。多层辊道窑可节省燃料，缩短窑长，减少用地，降低投资费用。但由于层数增多，使入窑及出窑的运输线、联锁控制系统、窑炉本身结构都复杂化，给清除砖坯碎片更是带来不少困难。我国目前大多采用单层辊道窑，有的采用两层通道，一层用来焙烧制品，另一层用于干燥坯体。干燥热源利用焙烧层的余热。一般说来，当窑宽较窄、工作温度也不太高、占地受到限制时宜采用多层，但一般也不宜超过三层。

图 1-6　辊道窑外观图

(四) 间歇窑

连续窑也有一些缺点，如占地面积大，基建费用高，烧成制度不易改变，节假日不可随意停窑等。间歇式窑炉在这些方面则显示出了它的优点。倒焰窑是常用的间歇窑，它是由于火焰有一个从上向下流动的过程而得名的。其容积可大可小，建筑费用低，窑内温度分布均匀，能按产品的工艺要求改变烧成制度，节假日和周末可停窑，在生产上具有灵活性等优点，适用于多品种多规格或中小型陶瓷厂使用。

传统的倒焰窑产量低，单位制品燃耗大，装、出窑劳动强度大，劳动条件差，不易实现机械化和自动化，又限制了它的发展。新型间歇窑有梭式窑、钟罩窑等，梭式窑是间歇烧成的窑，窑车推进窑内烧成，烧完了再拉出来，卸下烧好的陶瓷。窑车如同梭子，故而称为梭式窑。新型间歇窑一般都采用耐高温的轻质隔热材料砌窑，使用高速调温烧嘴，并应用自动控制技术，窑炉性能有了很大改善。与传统间歇窑相比，新型间歇窑有如下特点：

（1）窑外装出制品，且不需反复用手工砌封窑门，降低了劳动强度，改善了劳动条件，提高了工作效率。

（2）采用高速调温烧嘴，加强窑内传热，缩短了制品烧成时间，从而提高了窑的产量，降低了单位制品的燃料消耗量。

（3）采用高温轻质隔热材料砌窑，降低了窑体蓄热量，便于快速烧成和冷却。

（4）制品烧成和冷却过程中实现自动控制，提高了产品质量。

图1－7　梭式窑外观图

知识点五　坯体装车与入窑

陶瓷制品的烧成，首先要经过坯体入窑工序。坯体入窑又与其产品种类、窑炉结构和燃料特点等密不可分。常见的陶瓷坯体入窑方式可分为匣钵入窑、棚板装窑和坯体直接入窑三种。坯体装窑工艺的合理与否会影响到产品的产量与质量。制品的很多缺陷如变形、色脏、落渣等往往都与装窑工艺有关。

（一）匣钵入窑

1. 坯体装钵

传统窑炉烧成时，由于生坯强度低，坯体不能直接堆叠，且坯上有釉，如果相互堆叠则烧后会黏在一起，同时为避免坯体受窑内火焰、灰尘、烟气的污染，需将坯体装于匣钵内进行烧成。现代窑炉所用燃料大多为清洁能源，因此坯体装钵烧成逐渐被淘汰。

坯体装钵时，匣钵的材质及物理性能应符合工艺要求。匣钵的大小应与所装坯体的器形相适应，以获得最大的装窑密度。匣钵在使用前应预先烧成（烧成温度要比使用温度高），匣钵背面与口沿要涂高温涂料，以防落渣及匣钵之间相互黏结。

坯体装钵时，应按坯件大小、厚薄、重心来选择简便的方法。要求平稳，以免造成制品的变形、开裂等。上釉的大型坯件或特殊形状的制品，必须采用支架或支钉装钵。

坯体装钵时，应自下而上从坯架上取坯并一层一层拉清，坯体要件件吹刷，除去灰尘杂物，认真检查生坯质量，不符合要求的坯体要剔除。取坯、放坯要轻拿轻放，减少破损与落渣，碗、碟、盘等较小的坯体可用吸坯器装钵，大件坯体要用双手取坯入钵。

严格选用符合质量要求的匣钵，防止在高温时因个别匣钵柱出现问题而发生倒车倒窑事故。码钵时要稳、平、直，即底面要平，脚部要稳，钵柱要直，防止倒车倒窑现象的发生。

坯体装钵时的含水率应控制在一定范围内，湿坯进窑后会容易造成吸烟与炸坯等缺陷。

2. 倒焰窑匣钵装窑

倒焰窑内温度分布不均匀，上下温差与水平温差比较大，必须按照坯釉料的烧成性能、窑炉中烟气流动的阻力分布情况以及对制品的质量要求等确定合适的窑位。

装窑前，应清除吸火孔和支烟道中的窑渣杂屑，确保烧成时火焰畅通。垫座用耐火材料制成，每根匣钵柱下均用三个，摆成等边三角形，使之受力均匀。

匣钵柱的水平排列方式多为平行排列，也可交错排列或混排，钵柱间距要适当。调节水平间距大小可以均衡窑内水平温度，排布一般是内密边稀，钵柱间距一般为 3 ~ 5cm，边钵柱距窑墙为 10 ~ 12cm。

匣钵柱的上下要保持平、正、直、稳。靠近窑墙的一排钵柱为了防止向外倾倒，要求略向中心倾斜，在每柱匣钵的间隙里隔一定高度用支撑物卡紧，防止高温时歪倒。匣钵柱的高度要根据窑炉结构或所装产品来定，钵柱一般距窑顶 15 ~ 20cm，中间钵柱与窑顶距离小，四周钵柱距窑顶距离大，近挡火墙处，钵柱较矮，以免挡住火焰。

匣钵柱装窑时，还要注意放好试片与测温锥，且便于取出与观察。

3. 隧道窑匣钵装车

隧道窑内所装产品尽可能是同一类型，或者使匣钵的规格尽可能一致，这样可使匣钵柱通道保持在一条直线上，以利于烟气流动。所用的泥条、撑片、泥钉均要与制品相适应，使其烧成收缩与坯体一致，并且其烧结温度高于坯体。

匣钵柱的排列有平行和错列等形式。应根据制品或匣钵的形状、大小、厚薄以及烧成温度和质量要求，合理利用窑车上的有效容积。一般匣钵间距 3 ~ 5cm，距窑墙 10 ~ 15cm，距窑顶 10 ~ 15cm。装窑时不应把厚度相差较大的产品在同一窑内混装烧成。

由于隧道窑中烟气水平流动，一般上面温度高，下面温度低，装车时宜上密下稀，设法使下部缝隙大，上部缝隙小。窑车中部的钵柱要求正直、稳固，不能倾斜，两边匣钵柱向中间稍微倾斜，这样有利于减小上下温差，而且也比较稳固，中间的匣钵柱应尽可能装高一些，使上部气流阻力加大，也利于减小温差。垫脚高度一般高于 5cm。钵柱间隙用支撑物卡紧，以防高温下歪倒。

保持车面整洁，装车前要检查窑车是否符合进窑要求。将新的、好的匣钵装在底下，旧的、次的匣钵装在上面，这样有利于防止倒车事故。选用匣钵时还要注意，同一柱匣钵的形状、大小要基本相同，口径误差大的不宜同时使用。

匣钵装车，往往采用“取出烧好的产品、坯体入匣钵、码匣钵”的“三合一操作”，减少匣钵的碰撞次数，有效防止落渣等缺陷的产生。装车完毕，要认真检查一次，再通过标准门进行检验，填好坯件的数量及装车者的工号，以便于缺陷分析。

（二）棚板 - 立柱装车装窑

对明焰烧成的窑炉或制品质量要求不高的场合，隧道窑、梭式窑可采用棚板 - 立柱装车入窑。棚板 - 立柱装车时，主要考虑烟气在窑内的流动情况与窑具的使用寿命情况。通过采用棚板 - 立柱在窑内或窑车上构筑成层状结构，产品装于各层棚板平面之上（图1 - 8）。采用这种方法时棚板不必每次重新砌筑，而只须略加修整。因此降低了劳动强度。产品与窑具间气体流动畅通，改善了传热状况。与匣钵装窑相比，可提高装窑密度，减少窑具用量，产品能耗下降，窑炉生产能力提高。

碳化硅棚板具有良好的热传导，是无匣装烧陶瓷制品的理想的窑具之一。装坯时，上下棚板要保持平正稳妥，均匀排列成行或成列，每层的制品尽量做到高度基本一致。一般应将最短小的坯体装在中间位置。高的坯体放在最下部或最上部，纵向和横向的空隙控制在10mm左右，这样有利于传热，从而缩短烧成时间，减少燃料消耗。

图1 - 8 隧道窑装车入窑

（三）坯体直接入窑

当采用液体或气体燃料时，对日用陶器、粗炻器、日用普瓷、陶瓷砖、卫生陶瓷等制品通常可以采用坯体直接入窑（图1 - 9）。坯体直接入窑，减少了窑具的使用，节约了空间，也节约了能源。

隧道窑烧成日用陶器时，窑车上常采用大小件套装的方法。隧道窑烧成普通瓷器、卫生陶瓷时，窑车上常采用棚板立柱配合的装窑的方法。

辊道窑烧成陶瓷砖时，只须将坯体直接平放排列于辊棒上入窑，小尺寸的产品可放置在耐火材料制成的垫板上入窑，烧成时产品与垫板一起在窑内辊棒上运动。部分日用陶瓷产品，也可采用直接进入辊道窑烧成。这种装窑方法，传热状况良好，易于进行机械化、自动化操作。

图1-9　辊道窑坯体入窑

任务一　观察原料或坯体烧成前后的各种变化

（一）操作要求

对常用陶瓷原料或坯料进行烧成试验，比较原料或坯料烧成前后的变化情况。

（二）操作准备

（1）常用陶瓷原料的准备　高岭土、长石、石英、木节土、方解石、石灰石、陶土等。

（2）常用陶瓷坯体的准备　瓷质坯体、陶质坯体等。

（三）操作步骤

（1）常用陶瓷原料的选取，可以是陶瓷原料的原矿，也可以是经过加工处理后的陶瓷原料。

（2）将加工处理后的原料，采用可塑法或干压法制作试样。

（3）采用三组分原料，根据不同的配比进行配方，采用可塑法或干压法制作试样。

（4）将原料原矿、原料试片、坯体试样等分别进行加热烧成处理，注意相应的处理温度。

（5）观察烧成前后的变化情况（颜色、烧结程度等），记入表1-3中。

表1-3　原料或坯体烧成前后的各种变化

编号	原料或坯料名称	烧成温度/℃	试样煅烧前的情况	试样煅烧后的情况
1				
2				

任务二　陶瓷企业窑炉情况调研

（一）操作要求

对附近陶瓷企业的烧成工艺与窑炉使用情况进行调研，撰写调研报告。

（二）操作准备

针对不同的陶瓷生产企业，列出相关调研提纲，主要内容可包括以下几个方面：

（1）窑炉基本参数　窑炉长度、宽度、高度等；窑炉的三带划分情况；产品运送方式，传动情况等。

（2）窑炉附属设备情况　风机分布情况及相应的功能，燃料供应系统、窑车情况等。

（3）窑炉烧成情况　产品的装窑方案、烧成周期、烧成温度、烧成气氛、产品质量情况、主要缺陷情况等。

（三）操作步骤

（1）到相关企业进行现场调研；

（2）根据调研情况撰写调研报告，其中可适当加入图片资料。

思考题

1. 陶瓷坯体在窑炉内的烧成过程分为几个阶段？
2. 陶瓷坯体在低温阶段主要发生哪些变化？烧成操作应注意什么问题？
3. 陶瓷坯体在氧化分解阶段主要发生哪些变化？烧成操作应注意什么问题？
4. 陶瓷坯体在高温及保温阶段主要发生哪些变化？烧成操作应注意什么问题？
5. 陶瓷坯体在冷却阶段主要发生哪些变化？操作中应注意什么问题？
6. 陶瓷坯体在加热时，机械强度与温度变化的关系如何？
7. 陶瓷坯体受热后体积如何发生胀缩变化？
8. 制定烧成制度应遵循的原则是什么？应考虑哪些因素？
9. 什么是烧成？什么是烧成制度？烧成制度一般包含哪些内容？
10. 陶瓷制品一次烧成和二次烧成（或多次烧成）各有哪些特点？
11. 低温烧成和快速烧成有什么意义？如何实现低温快速烧成？
12. 比较使用液体燃料、净化气体燃料各有哪些优缺点。
13. 陶瓷烧成窑炉按所用的燃料（能源）的不同可分为哪些种类？
14. 如何评价陶瓷烧成窑炉是否先进？陶瓷烧成窑炉的发展趋势有哪些？

项目2　陶瓷烧成用隧道窑

学习目标

1. 熟悉隧道窑的工作系统与三带的划分
2. 掌握隧道窑各带的窑墙、窑顶结构及附属设备
3. 了解隧道窑内的气体流动和传热过程
4. 能进行隧道窑的操作控制、烘烤与调试
5. 能分析隧道窑烧成过程中出现的质量问题并加以解决
6. 能及时发现隧道窑烧成过程中出现的故障并迅速排除
7. 了解隧道窑的设计计算方法

知识要求

1. 熟悉隧道窑的工作原理及工作系统组成
2. 熟悉隧道窑中的气体流动与传热过程
3. 掌握隧道窑各带的窑墙、窑顶结构及作用
4. 掌握隧道窑温度制度、压力制度、气氛制度的控制与调节方法
5. 了解隧道窑的设计计算方法

技能要求

1. 能设计隧道窑的装车与入窑方案
2. 会进行隧道窑的烘烤与调试
3. 会处理和排除隧道窑的常见故障
4. 会根据产品缺陷进行窑炉参数调整
5. 会操作隧道窑进行产品质量控制
6. 会对隧道窑及附属设备进行维护与保养

知识点一　隧道窑的工作系统与窑体结构

（一）隧道窑的种类与特点

1. 隧道窑的种类

隧道窑是一条长的直线形隧道，其两侧及顶部有固定的墙壁及拱顶，底部铺设的轨道上运行着窑车。燃烧设备设在其中部两侧，构成了固定的高温带即烧成带，燃烧产生的高温烟气在隧道窑前端烟囱或引风机的作用下，沿着隧道向窑头方向流动，同时逐步地预热进入窑内的制品，这一段构成了隧道窑的预热带。在隧道窑的窑尾鼓入冷风，冷却隧道窑内烧成后的高温制品，鼓入的冷风流经高温制品而被加热后，再抽出送入干燥器等作为干燥生坯的热源，这一段便构成了隧道窑的冷却带。

隧道窑根据热源不同分火焰隧道窑和电热隧道窑。火焰隧道窑以固体燃料（煤）、液体燃料（油）、气体燃料（煤气或天然气）等燃烧加热制品，电热隧道窑利用电热元件加热制品。

隧道窑根据火焰是否与制品接触分明焰隧道窑、隔焰隧道窑、半隔焰隧道窑。明焰隧道窑火焰直接进入隧道并与制品接触。隔焰隧道窑在火焰与制品间有隔焰板，火焰加热隔焰板，隔焰板再将热量辐射给制品。半隔焰隧道窑是隔焰板上开有小孔，让部分燃烧产物与制品接触，或只有烧成带隔焰，预热带为明焰。

隧道窑根据窑内制品运送方式分为窑车式隧道窑、推板式隧道窑、辊底式隧道窑（辊道窑）等。根据通道多少分为单通道隧道窑、多通道隧道窑。

在本项目中重点介绍目前使用较多的明焰单通道窑车式隧道窑。

2. 隧道窑的特点

与传统间歇窑相比，隧道窑有如下特点：

（1）隧道窑生产连续化，生产周期短，产量大，质量高。

（2）烧成时间减短，传统大型间歇窑由装窑到出窑需要 3 ~ 5 天，而隧道窑有 20h 左右就可以完成。

（3）窑和窑具使用寿命长，因为窑体不受急冷急热的影响，所以窑体使用寿命长，一般 5 ~ 7 年才修理一次。

（4）产品质量高。预热带、烧成带、冷却带三部分的温度保持在一定的范围，容易掌握其烧成规律，因此产品质量较高。

（5）热利用率高，燃料经济。热量的保持和余热的利用都十分良好，节约燃料，较倒焰窑可节省燃料 50% ~ 60%。

（6）节省劳力、劳动强度低。烧成时操作简便，装窑和出窑的操作都在窑外进行，也很便利，改善了操作人员的劳动条件，减轻了劳动强度。

（二）隧道窑的工作系统及三带的划分

1. 隧道窑的工作系统

隧道窑烧成时，装载在窑车上的坯体，在推车机的推动下，不断地随窑车从窑头进入窑内。燃料在设于烧成带的燃烧室燃烧，产生的燃烧产物进入窑内，从烧成带流向预热带，与坯体进行热交换后经排烟孔、支烟道、主烟道，从烟囱或风机排出。坯体和燃烧产物的运行方向相反，在加热过程中发生一系列物理化学变化，到达烧成带末端时坯体达到烧成。进入冷却带使制品快速安全冷却，经冷却的制品从窑尾随窑车推出。不同结构的隧道窑工作系统不尽相同。图2－1为传统隧道窑的工作系统示意图。图2－2为现代隧道窑的工作系统示意图。

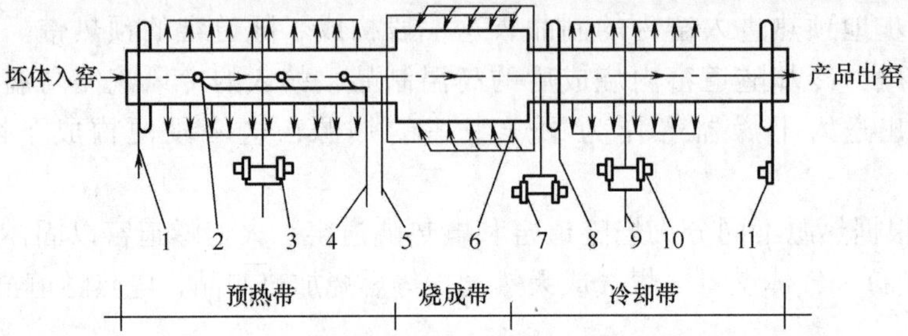

图2－1 传统隧道窑的工作系统示意图

1—封闭气幕送风 2—搅拌气幕 3—排烟机 4—搅拌气幕送风 5—重油或煤气 6—烧嘴 7—雾化或助燃风机 8—急冷送风 9—热风送干燥 10—热风机 11—冷风机

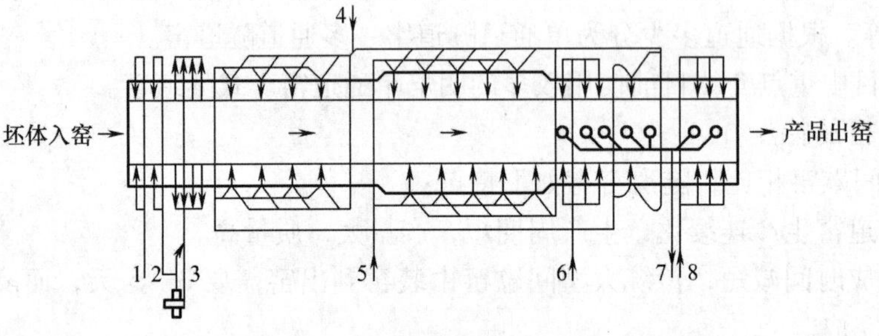

图2－2 现代隧道窑的工作系统示意图

1，2—窑头两道封闭气幕 3—预热带前部的分散排烟口 4—预热带下部两侧的高速调温烧嘴 5—烧成带两侧的高速烧嘴 6—冷却带高速喷入的急冷气幕 7—冷却带窑顶分散抽出热风 8—冷却风

现代明焰隧道窑采用净化燃料明焰裸装烧成。在烧成带两侧水平交错布置多个高速烧嘴，有利于强化窑内传热，均匀窑温和调节烧成曲线。在预热带下部两侧水平交错布

置多个高速烧嘴，有利于控制预热带烧成曲线，降低窑内温差。窑的截面宽但有效高度小，一般不需设搅拌气幕，必要时也有采用顶部烧嘴向预热带吹热风，可有效降低预热带上下温差。连续进车，一般不设窑门，而是在窑头设两道气幕阻隔。在预热带前部若干点分组排烟，充分利用烟气热量。在冷却带采用直接冷却（也有直接冷却与间接冷却相结合的），从窑墙两侧水平交错布置冷风喷口，高速喷入冷却风造成强烈横向循环气流均匀冷却制品，再由窑顶分散抽出热风，因此冷却带是以循环气流为主，纵向气流较少。

2. 隧道窑三带的划分

根据制品在窑内的变化特点，隧道窑分为预热带、烧成带、冷却带三带。三带的具体划分有按温度划分和窑体结构划分两种方法。按温度划分一般是以坯体入窑温度至950℃左右为预热带，950℃到最高烧成温度（包括保温）为烧成带，最高烧成温度到出窑温度为冷却带。烧还原焰的隧道窑，则以工艺规定的坯体由氧化转还原温度（即气氛转换温度，约1050℃），作为预热带与烧成带的划分界限。按窑体结构划分的方法是根据燃烧室的设置情况，设有燃烧室的部分为烧成带，在烧成带前后分别为预热带和冷却带。不过按这种划分方法，在900℃以下设有高速调温烧嘴的地段仍为预热带。目前，隧道窑的三带多按窑体结构来划分。

隧道窑三带长度是根据烧成工艺要求即制品在各带停留的时间决定的。预热带的长度应保证烟气和入窑坯体进行充分地热交换，使废气排出的温度在200℃左右，以提高热利用率；烧成带的长度应保证坯体在高温条件下有足够的加热和反应时间，以提高烧成制品质量；冷却带的长度应保证制品合理地、均匀地快速冷却，使出窑制品的温度在80℃左右。

（三）隧道窑的窑体基本结构

隧道窑的结构分为窑体结构（窑墙、窑顶和钢架结构）、预热带结构（排烟系统）、烧成带结构（燃烧系统）、冷却带结构（冷却系统）及其他结构（窑车结构及车下冷却结构）。窑体由窑墙、窑顶所组成。为加固窑体，设有钢架结构。

1. 窑墙

窑墙的作用是与窑顶、窑车衬砖一起构成窑道。窑道内特别是烧成带的温度很高，窑墙必须能长期经受高温的作用，窑墙支撑窑顶还要承受一定的负荷，窑墙内外壁温度差大，有热量自内壁通过窑墙向外壁散失，要求窑墙具有隔热作用。因此窑墙必须具备的条件是能耐高温和烟气的侵蚀，具有足够的强度，具有良好的保温性能。

选择建窑材料时，理想的情况是采用一种既耐高温、又具有高强度，且隔热性能好的轻质耐火材料。用这样的材料砌筑的窑墙薄而轻，易于建造，占地少，散热量小。通常都是几种不同的材料来砌筑窑墙，以满足对窑墙的要求，如图2－3所示。

传统隧道窑窑墙的结构是内壁用耐火砖，中间用轻质隔热砖，外壁用红砖。内壁用耐火砖砌筑，可满足耐高温，抵抗烟气的侵蚀的要求。所用耐火材料的种类由烧成温度决定。一般1300℃以下用黏土耐火砖，1300～1400℃用高铝砖，1400～1500℃用硅砖，1500～1600℃用镁铝砖，1800℃以下用刚玉砖。耐火砖的厚度视内壁温度、窑的大小及

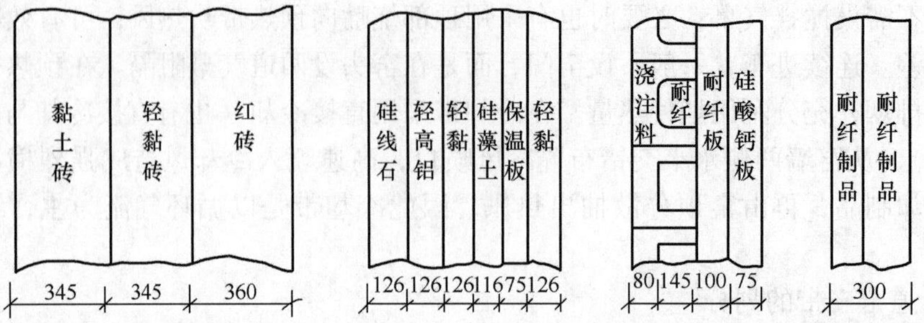

(a)传统陶瓷隧道窑窑墙结构　　(b)新型陶瓷隧道窑窑墙结构

图 2－3　隧道窑窑墙结构类型

材料的性质而定，一般为 113～463mm。中间用轻质隔热砖，目的是为了加强保温，又不使窑墙太厚。常用的材料有轻质黏土砖、轻质高铝砖、轻质硅砖、硅藻土砖、矿渣和硅酸铝纤维等。中间隔热层的厚度一般为 113～465mm。外壁用红砖，因为其价格便宜，且具有一定的机械强度和隔热性能。砌筑红砖的厚度一般为 120～490mm。当窑墙用钢板作外壳时则不砌红砖。

现代隧道窑的窑墙一般不用支撑窑顶即不承受荷重，因此可以采用优质耐火隔热材料取代传统窑墙耐火砖层和轻质隔热砖层，在同样的热阻条件下，使窑墙厚度和窑墙的质量可大大降低。窑墙一般有组合型和全耐火纤维型。由于沿长度方向隧道窑的内壁温度变化很大，组合型和全耐火纤维型窑墙在使用温度不同的各个区段内，选择不同的材质及其厚度。

总之，隧道窑各段的各层材料的种类和厚度，应根据该段的温度，所用材料的价格和性能来决定。一般低温段薄些，对材料的要求低些；高温段厚些，对材料的要求高些。在设计和砌筑窑墙时应注意以下几个方面：

（1）为砌筑的方便和外形的整齐，各段窑墙的厚度不要变化太多。

（2）各层材料的厚度应为砖长或砖宽的整数倍，窑墙的高度应为砖厚的整数倍（计算时考虑灰缝的厚度），以尽量避免砍砖。否则不但砌筑不便，浪费材料，而且降低耐火砖的使用寿命，同时砍砖处灰缝不严，易造成漏气。常用的标准耐火砖和隔热砖的规格是：长×宽×高＝230mm×113mm×65mm。红砖的规格为 240mm×120mm×53mm。

（3）灰缝应符合要求，灰缝是砌体最薄弱的部位，灰缝越小，窑墙的使用寿命越长。一般灰缝的要求是耐火砖及轻质砖灰缝为 2～4mm，红砖的灰缝为 7～10mm。

（4）应防止热膨胀而破坏窑体，膨胀缝的间距在预热带和冷却带为 6～8m，烧成带为 4～6m，膨胀缝宽 20～40mm。各层砌体的膨胀缝应错开一定的位置，并在膨胀缝内塞石棉绳，以免因留设膨胀缝影响窑的密封性能和强度。

窑墙所需材料及厚度确定后，可进行窑墙所需材料的概算。其方法是分段计算出该种砖的体积，查出砌 $1m^3$ 的窑墙所需该砖的质量或块数，则该砖的用量即可求得。

2. 窑顶

窑顶的作用与窑墙相似，但窑顶支撑在窑墙上，且在较为恶劣的条件下操作，除了必须满足窑墙所具备的条件外，窑顶还必须具备结构严密，不漏气，坚固耐用，不易下沉塌陷。质量轻以减少窑墙负荷，横推力小可少用加固钢材，有利于减少窑内气体分层。

窑顶有拱顶和平顶两种，传统隧道窑多采用拱顶，现代隧道窑普遍采用平顶。

（1）拱顶　拱顶有单心拱、双心拱和三心拱三种形式。单心拱根据拱高与跨度的关系又可分为半圆拱、标准拱、倾斜拱三种，见表2－1，拱顶结构如图2－4所示。

表2－1　　拱的种类

拱的种类	半圆拱	标准拱	倾斜拱
h/B	1/2	1/3～1/7	1/8～1/10
拱心角/α	180°	135°～60°	56°～45°

隧道窑拱顶用楔形砖或楔形砖夹直形砖砌筑。拱顶应结构严密，砖形简单，尽可能选用标准楔形砖，坚固耐用并节约加固钢材。拱顶通过拱脚砖支撑在两侧窑墙上。拱顶产生一个横推力，这个力靠拱脚梁传给立柱。拱脚梁是在拱脚处沿窑长方向水平安置的槽钢、角钢、工字钢或钢筋混凝土横梁。立柱是紧贴两侧窑墙直立的工字钢、槽钢或钢筋混凝土柱。立柱下端用拉杆拉紧，也可埋在基础内或用地脚螺栓固定。立柱上端用拉杆拉紧，拉杆上有松紧螺丝，可调节拉杆的松紧。

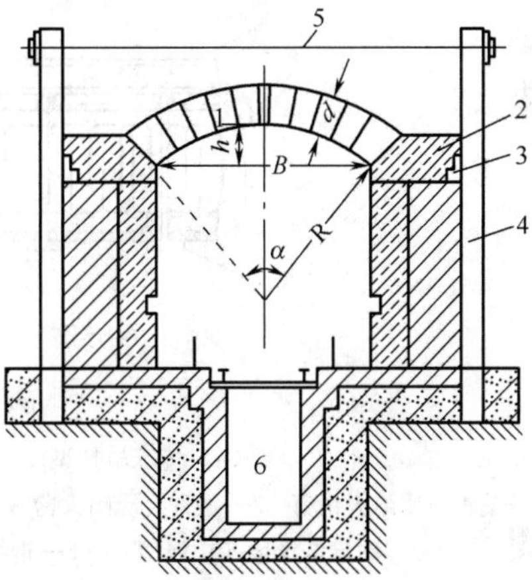

图2－4　隧道窑拱顶结构示意图

1—拱顶　2—拱脚　3—拱脚梁　4—立柱　5—拉杆　6—检查坑　R—拱半径　B—跨度　α—拱心角　d—拱厚　h—拱高

在选用砌窑的楔形砖、制作拱胎、计算窑顶散热面积或计算拱顶横推力以设计钢架结构时，都必须知道拱半径和拱心角。在实际生产中为了直接选用标准楔形砖和拱脚砖，避免繁琐计算和重新设计异型砖，一般多采用60°拱或90°拱。选用的直形砖的尺寸应与楔形砖大头尺寸相同。在砌筑拱顶时，为了使拱顶牢固，必须选用合适的拱脚砖，拱脚砖与窑顶楔形砖要很好配合，设计时，为节省投资，拱脚砖应尽可能用标型。拱脚砖的斜面长度应与楔形砖斜面长度相等。砌筑窑顶所用材料与窑墙大致相同，内衬用耐火砖，中间用隔热砖。所不同的是由于窑顶部对机械强度要求不高，且要求质量轻，隔热材料常用一些轻质保温砖。

设计和砌筑拱顶时必须注意：为了便于砌筑和安装管道，各段窑顶厚度变化不要太多。各层材料的厚度应为砌砖尺寸的整数倍。错缝砌筑，可使窑顶牢固、严密。为使窑顶严密不漏气和防止粉、粒状材料落入砖缝内，在耐火砖与轻质砖之间，常抹一层5～10mm黏土熟料泥。窑顶也要留有膨胀缝。

(2) 平项　现代隧道窑的平顶一般有棚板式、吊挂式两种。棚板式平顶受材料的材质和尺寸限制，窑宽较小，窑温也不能太高，一般用在窑头和窑尾低温部位。吊挂式平顶采用钢架和吊钩，金属用量大，但窑宽不受限制，而且适宜于模块装配式窑，因此在现代隧道窑中广泛应用，吊挂式窑顶有传统吊挂型、组合型和全耐火纤维型三种型式，如图2-5所示。

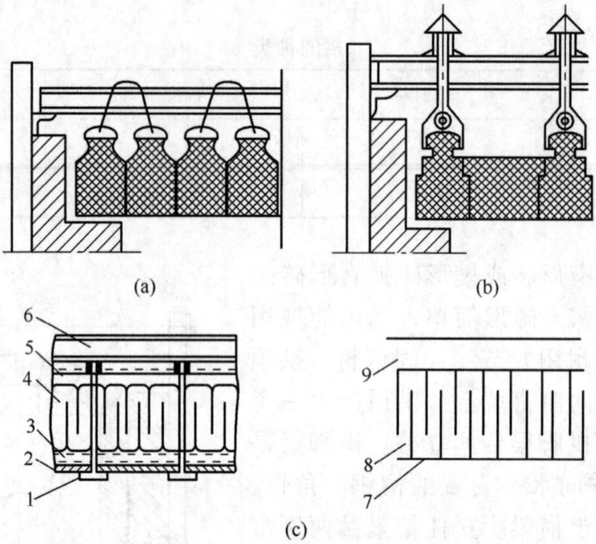

图2-5　吊挂式平顶

(a) 传统吊挂型　(b) 组合吊挂型　(c) 全耐火纤维型

1—堇青石质耐火销钉　2—堇青石质耐火薄板　3—耐火纤维毡（高温型）　4—耐火纤维Z形砌块（中温型）　5—耐火纤维毡（中温型）　6—钢结构　7—工作面　8—耐火纤维Z形砌块　9—岩棉板

传统吊挂型中，吊顶砖一般有定型产品，过去多为致密砖。目前吊顶砖主要采用轻质耐火砖和吊顶砖层上部再铺一层耐火纤维毡，其作用是减少窑顶蓄热和散热损失，提高窑顶密封性能。

组合型为耐火纤维和致密耐火材料（板、销钉）组合的形式，采用堇青石质耐火销钉托住堇青石质耐火薄板，板上装有耐火纤维内层，使用中耐火纤维不直接与高温烟气接触，故使用寿命长，但安装较复杂。

全耐火纤维型结构窑顶的质量和蓄热最小，保温效果最好，安装也方便，但对耐火纤维叠块的材质要求较高，使用寿命较短。

知识点二　隧道窑预热带的结构

隧道窑预热带结构包括窑头结构、排烟系统、搅拌气幕和循环气幕等。

（一）窑头结构

窑头结构包括窑门和封闭气幕。隧道窑预热带一般为负压，设置窑门和窑头封闭气幕是为了防止窑外冷空气漏入窑内，从而减少气体分层，达到减少预热带上下温差的目的。

1. 窑门

隧道窑窑头窑门一般设置两道。进车时开启外窑门，关闭内窑门。窑车入进车室后，关闭外窑门，开启内窑门。以保证进车时窑内不直接和外界相通。

窑门通常用金属材料制成，其结构有对开式、插板式和卷帘式等。对开式窑门结构比较简单，操作方便，但容易漏风，且只能作外窑门。插板式窑门密封效果好，但如安装不当，或因受热膨胀变形，易被卡住。卷帘式窑门比较轻便，使用灵活，效果较好。窑门应启闭迅速方便，关闭后密封性能好。有的隧道窑在窑尾出车端也设有一道窑门。

2. 封闭气幕

封闭气幕是以气体为帘幕对窑头起封闭作用，距窑入口端约一个车位处，将气体以一定速度自窑顶及两侧窑墙打入窑内，由于气体的动压转变为静压，使窑头形成1～2Pa的微正压，阻止冷空气漏入窑内。气幕的结构形式有格子式和狭缝式两种（图2－6）。狭缝式砌筑方便，出风口阻力也较小。

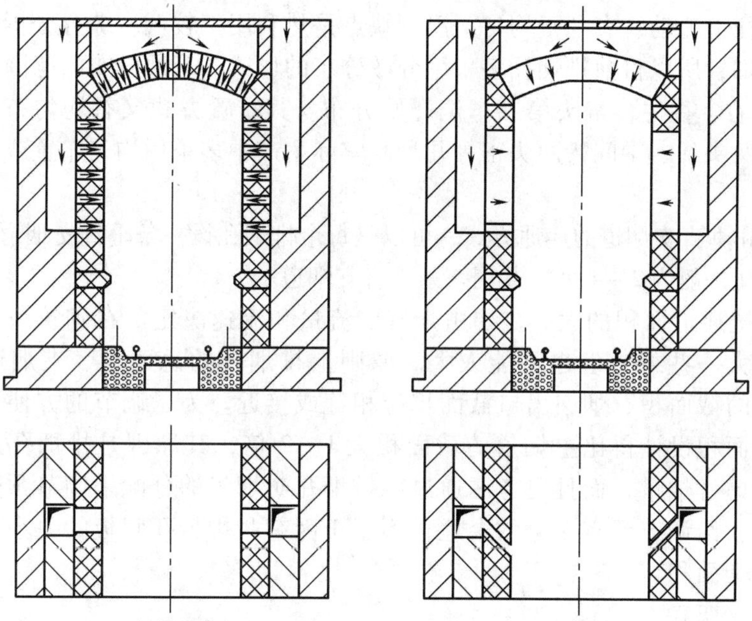

(a) 格子式　　(b) 狭缝式

图2－6　气幕的结构形式

封闭气幕通常在窑墙中下部、窑顶开孔，气流吹入窑内方向一般有如下几种情况：窑墙、窑顶均与窑内气流垂直；窑墙、窑顶均与窑内气流成30°～45°角向窑头方向吹出；窑顶与窑内气流垂直，窑墙与窑内气流成30°～45°角向窑头方向吹出。

具体采用何种方式，应根据窑头负压的大小以及是否连续推车等因素而定。当采用间歇推车方式时，应使气幕缝对准料垛间隙，以提高密封效果。

封闭气幕通常设1道。有的窑为进车方便起见，窑头只设外窑门，而设两道封闭气幕来提高窑头封闭效果。封闭气幕一般抽车下热风或冷却带的热空气作风源，也有采用热烟气作风源的。

（二）排烟系统

隧道窑的排烟系统包括排烟孔、垂直支烟道、水平支烟道、主烟道、排烟机和烟囱。

1. 排烟孔和垂直支烟道

排烟孔设在预热带两侧窑墙内壁面上，呈矩形，其孔的下沿与窑车台面平齐，这样有利于把预热带上部气体拉向下部，克服气体分层，减小上下温差。排烟孔通过垂直支烟道和水平支烟道相连，如图2－7所示。在垂直支烟道上设有排烟支闸，通过其开度来调节预热带窑内温度制度和压力制度。

排烟孔的分布有集中和分散两种方式。集中分布是在窑头2～3个车位分布少数几对排烟孔，其优点是可加快气体流速，改善对流换热效果，提高热利用率，缺点是调节不灵活，易使窑头温度偏高。分散分布是在预热带一定长度范围内分布多对排烟孔，其优点是可灵活调节预热带的温度制度和压力制度。同时，由于分散排烟迫使烟气多次自上往下流动，有利于均匀窑温，缺点是热利用率较低。综合分析，分散排烟优于集中排烟，所以目前排烟孔多采用分散分布的形式。分散分布的范围占预热带全长的70%左右，往往自窑头第二车位开始分布。其布置方式又有均匀布置、前密后稀、中间密两头稀、中间稀两头密等几种。实际生产中多采用均匀布置或前密后稀这两种形式。

排烟孔和垂直支烟道的连通方式，可以是每个排烟孔设一条垂直支烟道，也可以是几个排烟孔（一般为2～4个）共用一条垂直支烟道。

排烟系统通道面积的大小主要由烟气的流量和流速决定。在砌筑条件允许情况下通道面积大一些好，但也不能太大。原则上排烟孔的总面积、支烟道的总截面积、主烟道的截面积、烟囱出口截面积应相等或接近。为了调节的方便，一般都将排烟孔的总面积设计得比主烟道的截面积大1～2倍，其原因是排烟孔总面积的确定不仅要考虑排烟量，而且要考虑通过各排烟孔对烟气的分配来调节预热带的温度和压力制度，给调节留有充分的余地，不至于因有些排烟孔闸板的关小而减少排烟孔的实际排烟面积。

2. 水平支烟道

水平支烟道截面形状通常为半圆拱下接一个矩形，也有近似矩形的，其布置方式有以下几种。

一种是设在窑墙基础下面，如图2－7所示。这种形式的水平支烟道，截面积比较大，但由于设置位置较深，造价较高，特别是地下水位较高的地区不宜采用。

另一种是设在两侧上部窑墙内，如图2－8所示。它的优点是可以简化预热带窑体的基础结构，节省建窑投资，但截面受窑墙厚度的限制，且烟道壁较薄，散热较大。有的窑为了回收烟气带走的显热，在水平支烟道内安设换热器，而把水平支烟道设在窑墙外侧。其优点是便于安放换热器，但阻力损失大。由于离地面较浅，散热也较大。

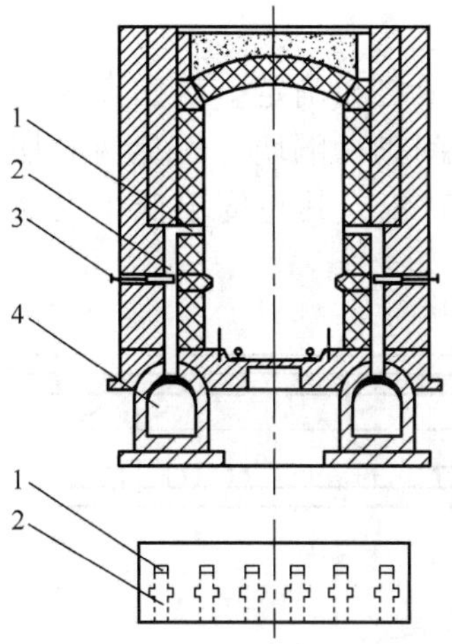

图 2－7 排烟孔、垂直支烟道与水平支烟道

1—排烟孔 2—垂直支烟道

3—排烟支闸 4—水平支烟道

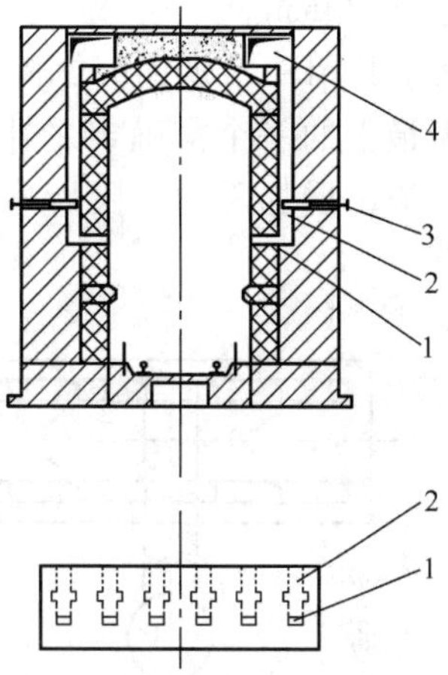

图 2－8 水平支烟道设于两侧窑墙上部

1—排烟孔 2—垂直支烟道

3—排烟支闸 4—水平支烟道

3. 主烟道

主烟道的布置根据烟囱的位置有两种形式，如图 2－9 所示。一种是烟囱设在预热带窑墙的一侧，主烟道与水平烟道垂直，横贯窑底直通烟囱，其位置在从窑头算起占预热带 1/4～1/3。这种结构的优点是沿窑长度方向占地少，且最大负压点不在窑头，对减少窑头漏风有一定好处。其缺点是窑两侧支烟道内抽力不均匀，近烟囱侧抽力较大，另一侧抽力较小，影响窑内两侧温度和压力的一致。这一缺点可通过合理调节排烟支闸来克服，但调节比较困难，而且即使调节平衡，若操作条件改变，此缺点有可能会重现出来。主烟道的另一种形式是烟囱设在窑头方向，主烟道沿窑纵向轴线通向烟囱。其优点是窑内两侧支烟道抽力较均匀，缺点是沿窑长度方向占地多，且烟道穿越托车道，建筑结构处理比较麻烦。

上述两种主烟道一般都比较深，烟道底面在地下 2m 左右。若地下水位较高，烟道往往积水，不仅减少了排烟面积，而且降低了烟气温度，影响烟囱抽力。此时应采取防水、排水措施。也可将主烟道设在窑体上部，与烟囱腰部相接，这样可避免地下水对主烟道和烟囱的不利影响，但此时要在烟囱的连接处采取加固措施。最好在窑顶设置排烟风机，采用机械排烟。

4. 烟囱和排烟机

自然通风的隧道窑，烟囱的作用是产生足够的抽力克服窑内阻力，把废气送到高空，避免污染环境。机械通风的隧道窑，烟囱的作用只是后者，克服窑内阻力的任务由排烟机担当。

隧道窑的烟囱多用砖砌筑。烟囱下部高温段内衬黏土耐火砖，外砌红砖，上部低温段可全用红砖砌筑。75m 以上的烟囱外壳要用钢筋混凝土，特高烟囱宜采用轻质高强度材料砌筑。一般砖烟囱自顶至底，外表面有 1.5% ~3.0% 的倾斜度。烟囱上口筒身厚 120 ~240m，自烟囱口向下，每 10 ~15m 分为一节，每节筒身厚度相同，而下节比上节厚度增加 120mm。

两窑共用一个烟囱时，除了烟囱内径按两窑流量之和确定，烟囱高度按其中阻力损失最大的一个窑确定之外，一般还要在烟囱中间砌一隔墙，以免两股烟气相撞产生涡流，增加阻力。隔墙应与主烟道中心线成 45°角，其高度不低于主烟道口高 1.5 倍。

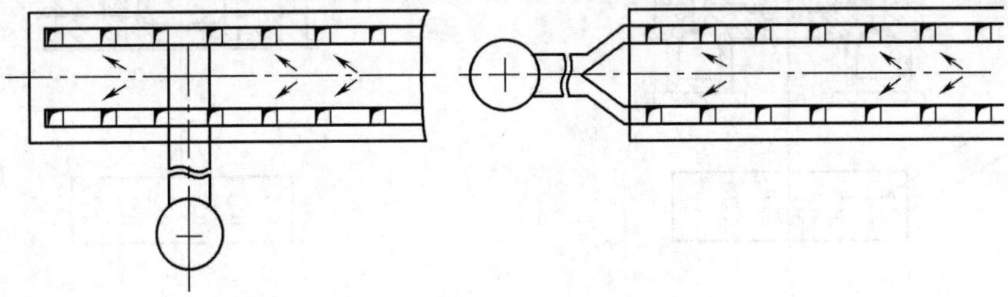

图 2 –9　主烟道在地平面以下的布置
（a）烟囱设在窑一侧的布置　（b）烟囱设在窑头方向的布置

（三）减少预热带上、下温差的装置

1. 搅动气幕

搅拌气幕又叫扰动气幕，是利用热气体以较高的速度自窑顶向窑内喷入，迫使窑内上部热气体向下流动，产生搅动作用以均匀窑温。气流喷出角度可以 90°垂直向下，或以一定的角度逆烟气流动方向喷出。

搅动气幕的结构形式与封闭气幕的窑顶结构相似，有狭缝式，也有格子式。设置位置一般在 600 ~800℃，此区间通常是上下温差最大的地方，搅动气幕一般设置2 ~3 道。

为了达到比较满意的效果，要求送入的气体以较小的风量较大的风压，并与该区域温度较接近的风温进入窑道。喷出速度应在 10m/s 以上才起作用。

2. 循环气幕

循环气幕是使窑内烟气上下循环流动，均匀窑温的装置。要使窑内烟气循环流动，一般有两种方法，如图 2 –10 所示。一种是在窑顶安装轴流风机，风机叶片不超出拱顶面，机轴后面有夹道通向侧墙窑车台面处的吸气口，将窑下部的烟气抽吸上来并自窑顶吹入。目前因材料的限制，轴流风机只能用于低温部位。另一种是采用喷射器，用压缩空气自喷口高速喷出，在该处造成负压，将烟气由下部抽出后从上部送入，形成烟气循环以减少上下温差。

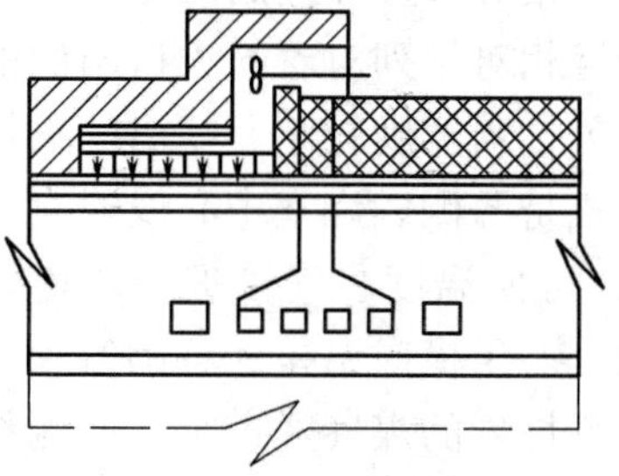

(a) 轴流风机循环

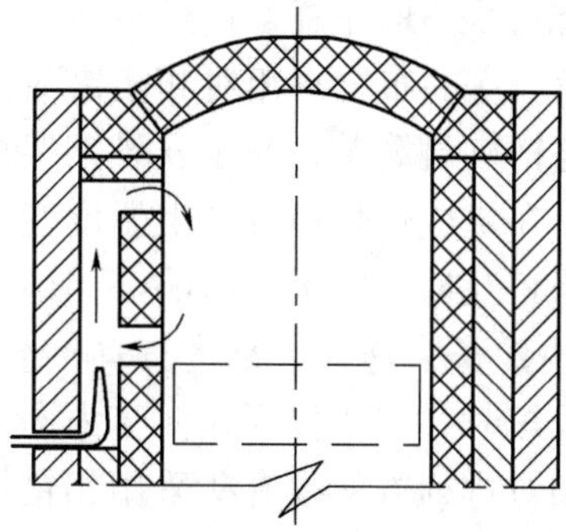

(b) 用喷射器循环

图2-10 循环气幕

知识点三 隧道窑烧成带的结构

隧道窑烧成带的主要结构包括燃烧系统、气氛转换气幕等。

（一）燃烧系统

使用气体燃料或液体燃料时，除要设置燃烧室外，还必须使用油喷嘴或煤气烧嘴将燃料喷入燃烧室，可以使大部分燃料在燃烧室内燃烧，燃烧产物再喷入窑内烧成制品。也可以将燃料直接喷入窑内燃烧，使窑内温度均匀，热效率高。但必须在料垛间留有足够的燃烧空间，若烧重油，必须雾化良好才能直接喷入窑内。

1. 燃烧室对数的安排方式

隧道窑一般自900~1000℃开始，一直到最高烧成温度处布置燃烧室（预热带分布的高速调温烧嘴不在此范围）。烧成带的长度根据制品在窑内发生的物理化学变化、制品的性能要求、制品的尺寸及窑的结构等有所不同，一般占全窑长的15%~30%。

烧成带燃烧室的安排，有集中安排和分散安排两种方式。集中安排时烧成带燃烧室的数量少，每个燃烧室的容积较大。其优点是易于操作，缺点是燃烧室的数量少，难以保证窑内温度均匀，过大的燃烧室也不易操作。分散安排时燃烧室数量多，每个燃烧室的容积较小。其优点是窑内温度容易均匀，烧还原焰时，气氛也容易分清，调节比较灵便。缺点是燃烧室过多，相对来说会增加燃料消耗，影响窑的结构强度，且要增加操作管理上的负担。到底安排多少对燃烧室为好，应根据所用燃料、窑的容积、烧成温度、烧成气氛、推车速度等因素决定。

燃烧室布置时自低温向高温前稀后密。烧还原焰的隧道窑，为保证气氛转换，最后一对氧化炉与第一对还原炉之间的距离要大些。对烧重油的隧道窑一般为4~8m，烧煤气的隧道窑则要小些。

2. 两侧燃烧室的布置方式

两侧燃烧室的布置有相对和相错两种方式。相对布置方式是两侧燃烧室在同一中心线上。这样砌筑简单，易于安设钢架结构。但相对排列对着喷火口两侧的匣钵柱的温度较高，在烧成带长度方向上温度变化不均匀，当宽度较小、喷出的火焰较长会产生两侧火焰相互冲击的不良影响。相错布置方式是两侧燃烧室中心线略有错开，一般错开1～2块砖长，这样，窑内气体产生循环，可使温度、气氛进一步均匀。但当窑较宽火焰较短时，相错排列易使窑内同一断面上产生横向温差，且砌筑和安设钢架结构时没有相对排列方便。有些采用相错排列布置烧嘴的煤气隧道窑，两侧烧嘴不是成对安设，而是一侧比另一侧多设一个烧嘴。具体布置方式，应根据窑的宽度、火焰长度等因素决定。若采用高速调温烧嘴时，必须相错排列，而且相错的间距以半个车位或一个车位为宜，同时对准烧嘴的匣钵柱应留适当的循环通道，或将喷火口对准装载制品的下部或垫砖通道。

3. 燃烧室在高度方向的排布层次

烧重油的隧道窑的燃烧室都是一排布置在近窑车台面处，喷火口对准窑车的衬砖中的气体通道或窑车面上的垫砖通道，也有的直接对准匣钵柱的下部，以提高窑车下部温度。喷火口最高可达侧墙的70%。

烧煤气的隧道窑，烧嘴布置较多，喷火口较矮。当料垛较密或用棚板装车时，上下气体沟通困难，为避免下部温度高于上部，除了在近窑车台面位置设有一排烧嘴外，在高温段上部加设一排烧嘴而成两排排布。

现代隧道窑一般采用净化的气体燃料为热源，烧嘴采用高速烧嘴和高速调温烧嘴，如图2－11和图2－12所示。

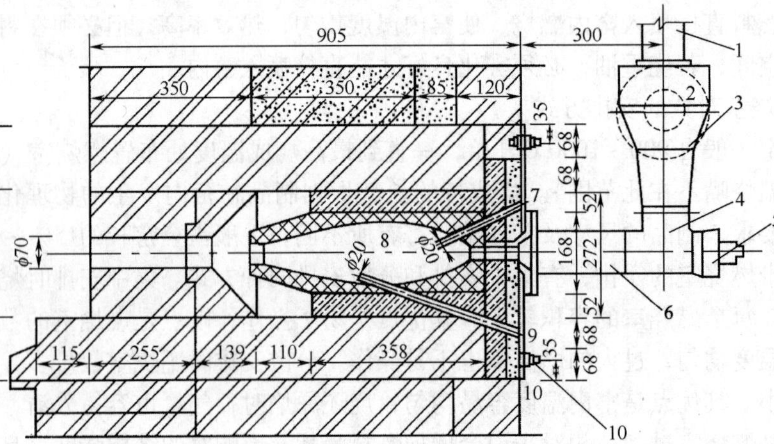

图2－11　烧煤气的高速烧嘴及燃烧室

1—煤气管道　2—一次风空气管道　3—混合器　4—三通　5—烧嘴
6—直管　7—点火孔　8—燃烧室　9—看火孔　10—固定装置

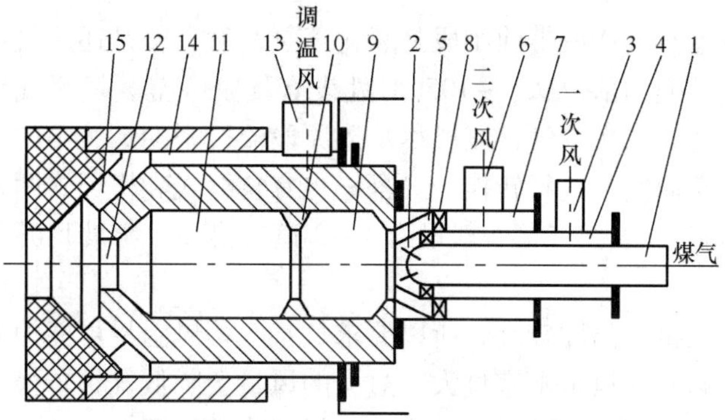

图2－12　气体燃料高速调温烧嘴

1—煤气管　2—小孔　3—一次风空气管　4—风管　5—旋流圈
6—二次风空气管　7—风管　8—旋流圈　9—混合室　10—缩口
11—燃烧腔　12—喷口中　13—调温风进风管　14—调温风管　15—小风道

在烧成带部位设置高速烧嘴，窑墙两侧一般为上下两层错开布置，喷入窑内后可带动窑内的气体在断面上旋回前进，从而减少上下温差，使窑内气氛均匀。如图2－13所示。水平方向的窑墙两侧普遍设置交错排列，使窑内气体产生循环，可使温度、气氛进一步均匀。燃烧室喷出的烟气速度一般为80～100m/s。此外，采用高速烧嘴强化了对流传热，从而弥补了使用净化气体燃料裸烧时火焰黑度小、辐射传热低的缺点。

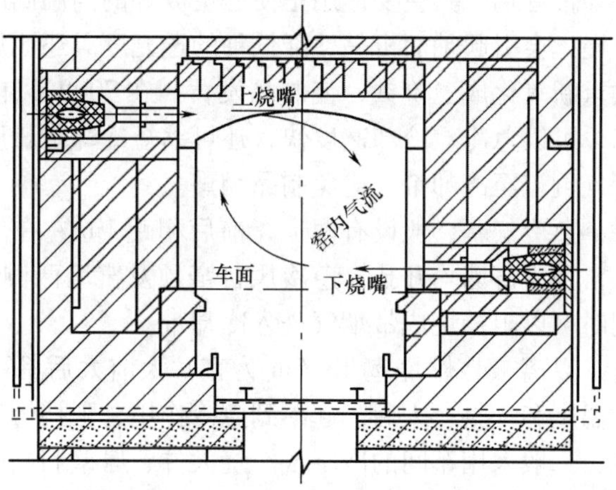

图2－13　设置高速烧嘴的隧道窑

现代隧道窑在预热带一般设置高速调温烧嘴，以取代传统隧道窑上的搅拌气幕。高速调温烧嘴一般设置在预热带窑墙两侧窑车台面处，采用单层、水平交错布置。这种烧嘴能调节二次空气量，使喷出的烟气温度达到适于窑内该点的温度，便于控制温度曲线，并且由于喷入速度高，引起窑内气体激烈循环扰动，强化对流传热，使上下左右前后内外温度均匀，降低预热带上下温差，均化窑内气氛，缩短烧成周期。

（二）气氛气幕

烧还原焰的隧道窑，烧成带前小段是氧化气氛，后大段是还原气氛。为保证气氛的顺利转换，在气氛转换的部位950～1050℃处设有气氛气幕。气氛气幕是从窑顶、窑墙的气幕缝内向窑道送入二次空气，以燃尽从还原段流过来的烟气中的一氧化碳和其他未燃的可燃成分等，从而实现气氛转换。气幕缝也有狭缝式和格子式两种结构形式，均以90°喷出。为便于调节，气氛气幕一般设有1～2道，窑顶、窑墙均开孔，也有的仅在窑顶开孔。

由于气氛气幕处窑内温度较高，所以要求气氛气幕风温尽可能地高些。为使气氛能均匀转变，风压宜高些、风量不宜过大，过大的风量会降低气氛转换区的温度。通常采用冷却带窑道或间壁道内抽出的热空气作为气氛气幕的风源。

知识点四　隧道窑冷却带的结构

隧道窑冷却带结构主要包括急冷、抽热风、间壁道与二重拱、车面冷却、冷却管冷却等。

（一）冷却结构

1. 急冷气幕

急冷气幕设在冷却带首端，其主要作用是使已烧成好的高温制品快速冷却。在高温阶段，如果冷却速度慢，会引起釉面析晶，降低釉的透光度。还原焰烧成的制品，还会使还原生成的二价铁重新氧化成三价铁，使制品发黄。在700℃以前，制品内存在一定数量的液相而呈塑态，可以急冷。冷却速度快，还可缩短冷却带长度。急冷气幕的另一作用是阻止烧成带烟气倒流至冷却带，避免制品烟熏。

为提高急冷效果，急冷气幕一般设有两道，前后相距1m左在。气幕缝的结构有格子式和狭缝式两种，窑顶、窑墙均开孔，急冷风自窑顶及窑墙两侧同时以90°角打入窑内，这样在急冷的同时可以阻挡烧成带烟气进入冷却带。

急冷气幕的位置，以离末号燃烧室4～6m为宜，太前太后都不好。太前，易干扰烧成带高火保温区的温度和气氛；太后，起不到急冷作用，阻挡烟气倒流的效果也差。

急冷气幕的风源，一般采用车间的冷空气。烧大件、厚壁制品的窑，可掺入少量从冷却带抽出的热空气。

2. 热风抽出口

鼓入窑道的直接冷却产品的冷风，经热交换后成为热风必须抽出，否则，流入烧成带将影响烧成带的温度，漏入车下又会提高车下温度。热风抽出孔抽出的热风可送干燥器作干燥介质，也可供各气幕之用，还可送烧成带作助燃风。

热风抽出孔的形状多为矩形，多设于近窑车台面处。当热风抽出孔的分布范围较小时，也有采用图2－14所示的形式。各热风抽出孔通过设于窑墙的通道在窑墙上方汇合，并与抽热风机管道相连。烧煤气或重油时，可以利用烧嘴高速喷出的燃烧产物或雾化气流作为喷射介质，使烧嘴附近造成负压，自窑墙两侧热风道抽吸冷却带的热风作二次空气，以提高余热利用，降低燃料消耗。若烧嘴喷出速度不很高时，则另外采用喷射器，将冷却带热风引射至各烧嘴处作二次空气。

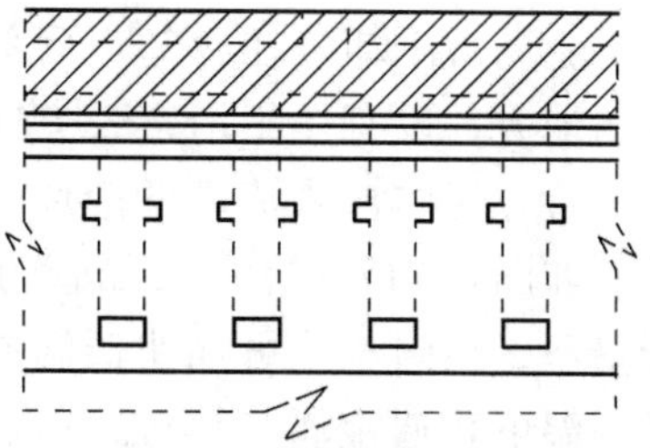

图 2－14 窑墙内壁设置的热空气抽出孔

热风抽出孔的分布长度及设置对数，随冷却曲线与抽出热风量的多少而定，为平衡窑内压力，调节冷却速度，及时把经过热交换的热风从窑道内抽出，在急冷气幕附近、冷却带的中后部、两间壁冷却道之间的窑墙内壁上，都可设置热风抽出孔。

3. 窑墙间壁道与窑顶二层拱

窑墙间壁道的结构如图 2－15 所示。作为冷却介质的空气从设在窑墙内部的间壁通道的一端吸入，另一端抽出，只在间壁道内流动，而不进入窑内。间壁道在窑墙内的设置有迂回式、水平式和垂直通风道式，如图 2－16 所示。间壁材料宜采用导热系数大的耐火材料或耐热钢板等。

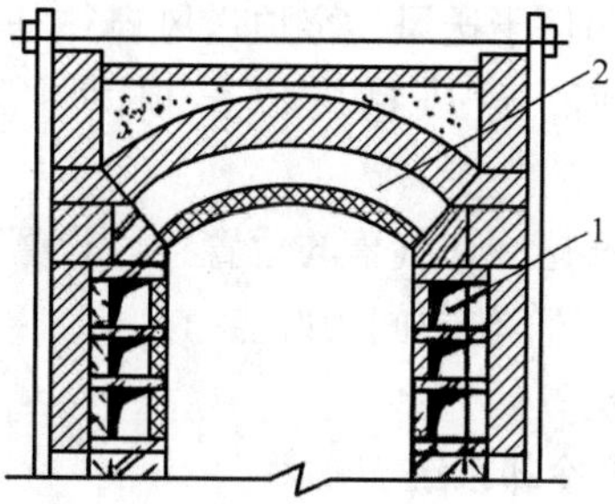

图 2－15 窑墙间壁道与窑顶二层拱
1—窑墙间壁道 2—窑顶二层拱

窑顶二层拱也是一种间接冷却形式。在设有窑墙间壁道相应的窑顶上均设有窑顶二层拱，间壁道内的热风汇总到窑顶二层拱。为便于调节和控制，往往分段由二层拱抽出。窑顶二层拱的砌筑材料与窑墙间壁道相同。

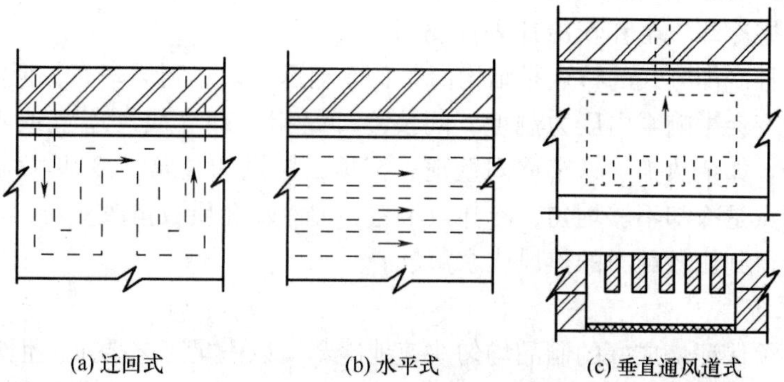

图 2－16 窑墙间壁道的形式

4. 车面冷却

由于窑车蓄热比较大，往往冷却带下部温度高于上部温度。为降低冷却带下部温度，可在冷却带中部近窑车台面处开孔，向窑道内送入冷风。车面冷却孔为矩形，下部与窑车台面平齐。

5. 金属管冷却

金属管冷却是在冷却带后部贴近窑墙内壁的地方，设有一组沿窑长方向相互平行的金属管，管内输入流动的冷风，间接冷却产品。如图 2－17 所示。金属管的导热系数大，管壁薄，热阻小，可加快低温冷却速率。由于高温下普通金属管锈蚀，所以金属管冷却只能用于低温段。

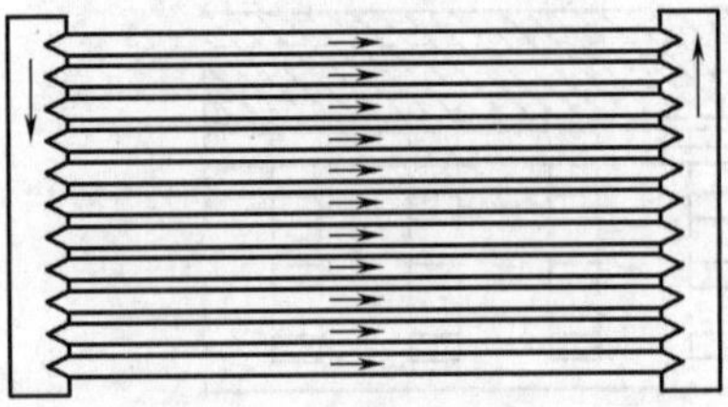

图 2－17　金属管冷却

6. 窑尾冷却气幕

窑尾冷却气幕的作用是加快制品低温冷却速率，降低制品出窑温度。其结构多为狭缝式。一般窑顶、窑墙同时向内倾斜，与隧道窑中心线成 30°～45°角。如图 2－18 所示。为便于送风，窑顶送风口往往用钢板焊成扁嘴，送风量应以窑顶为主，窑两侧为辅。

窑尾冷却气幕的位置，以设置在窑尾最后 1～2 车位之间为好。

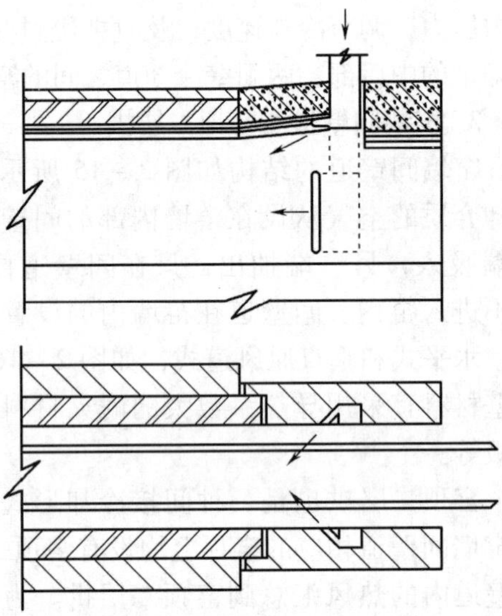

图 2－18　窑尾冷却气幕

（二）冷却系统

1. 直接冷却与间接冷却的比较

在冷却结构中，冷却方式按冷却介质是否进入窑内可分为直接冷却和间接冷却两种。直接冷却是指冷却介质（空气）直接进入窑内和匣钵、制品相接触的冷却方式。如急冷气幕、窑尾冷却气幕和车冷却等都属于直接冷却。这种冷却方式的特点是结构简单，冷却迅速，热利用率高，但不易控制，抽或鼓风量的改变会影响窑内压力制度。间接冷却是指冷却介质（空气或水）不进入窑内的冷却方法。如余热锅炉、窑墙间壁道、窑顶二层拱和金属管冷却等均属间接冷却。间接冷却的特点是冷却不够均匀，冷却效果差，但冷却介质数量改变对窑内压力制度无直接影响，能得到比较纯净的热风或水蒸气。

2. 冷却系统

冷却带必须保证烧成好的制品均匀快速地冷却，以满足工艺要求。但单用某一种冷却方式无法达到这一目的。必须把几种冷却方式结合起来，分布在冷却带各段，组成冷却系统，才能在隧道窑工作时形成合理的冷却制度。

最简单的冷却系统是完全采用直接冷却的方式，一般的安排是在冷却带前部设有两道急冷气幕，中部比较长的范围内设有热风抽出孔，有的还设有车面冷却。它的特点是结构简单，冷却效果好，但必须把鼓入窑内的冷风换热以后全部抽出，这样较难控制，搞不好会干扰烧成带的温度和气氛制度或引起烟气倒流。

为提高冷却效果，常采用直接冷却和间接冷却相结合的方法。实际生产中这种冷却系统的安排不尽相同。有的高温段采用窑墙间壁道、窑顶二层拱，低温段采用直接冷却，并设有热风抽出孔，间壁道和二层拱常分为2~4段，且窑墙间壁道前面多采用迂回式，后面多采用水平式。也有的窑在冷却带首端设有1~2道急冷气幕，窑墙两侧和窑顶设有间接冷却结构，分段抽出热风，尾部设有窑尾冷却气幕，并在适当位置设有若干窑内热风抽出孔，以形成合理的冷却曲线。

知识点五　隧道窑其他结构

（一）窑车

窑车既是运载制品的工具，又是窑道的重要组成部分，它的质量好坏直接影响到隧道窑正常运行及产品的质量。窑车由金属材料制成的车架、车轮及耐火材料砌筑的衬砖所组成。窑车的造价占窑炉基建费用的1/5~1/4。

1. 车架

窑车车架材料有铸铁和型钢两种。铸铁车架具有刚度大、热变形小、抗氧化、耐腐蚀、坚固耐用等优点。但车架笨重，要有较好的铸造工艺条件才能保证质量。型钢车架用槽钢角钢、工字钢等铆接而成，它制造方便，车架轻便，但造价高，且当车下温度高时，长期使用易产生变形。车架两侧装有钢制裙板，裙板和砂封槽配合，组成砂封结构，用以增加窑的封闭性能。

2. 车轮、轴承及其润滑

目前生产中使用的车轮外形有平轮、单边轮和槽轮等。车轮安装形式有两种：窑车的一侧装平轮，另一侧装槽轮；两侧全部装单边轮。车轮的轴也有长轴和短轴两种形式。对窑车车轮的要求主要是耐磨性好。最好采用铸钢或球墨铸铁，并用冷铸工艺，以提高车轮表面硬度。

车轮轴承采用较多的有标准单列向心滚珠轴承和非标准滚珠轴承两种。由于窑车轴承在较高温度下工作，为避免热膨胀时将轴承卡死，轴承游隙应适应当加大一些，这种轴承需向轴承厂特殊订货。实践证明，使用旧轴承往往能获得比较好的效果。

轮轴采用短轴可节约钢材，安装、维修也较方便，但在装配时，定位及调节前后轴的平行度较困难。长轴加工容易，前后轴的平行度易于调整，但钢材耗用量大。

窑车轴承润滑剂的合理选用，对保证窑车正常运行也是一个重要条件。目前常用的润滑剂有石墨调制的润滑剂或石墨粉，二硫化钼复合钙基润滑剂适用于车下温度较高，轴承游隙较大的窑车。钙基润滑剂和机械油适用于车下温度较低和用标准轴承的窑车。为了保证窑车运转灵活，除了正确选用润滑剂外，更应尽可能采取有效措施来降低车下温度。

3. 窑车衬砖

窑车衬砖是隧道窑的活动窑底，它既要在高温下承载制品，又要保护金属车架温度不过高，保证窑车正常运行，还要经受周期性的热冲击，并在它上面装卸制品。窑车衬砖较易松动和损坏，严重的甚至阻碍窑车的正常运行，维修工作量大，所以要注意窑车衬砖的材料选择、结构设计和砌筑等问题。

窑车衬砖所用材料及厚度应视窑内最高烧成温度而定。衬砖厚度一般为 300 ~ 500mm。窑道内温低于 1400℃，由于窑内下部温度低于窑内温度，车表面用黏土砖。温度较高时，要选用高铝砖或其他高级耐火材料。温度不高时，也可用耐火混凝土浇注。为减少窑车蓄热，增强保温性能，注意用容重小、热容量及导热系数小的材料，在砌体中、下部的中心采用轻质保温砖砌筑。

窑车衬砖要求结构和砌筑牢固，不允许向两侧和前后有较大的膨胀和移动。否则容易卡窑墙或前后窑车衬砖接触受力，引起衬砖的移动、损坏，甚至产生卡车事故。因此，在设计和砌筑窑车衬砖时应注意，周边的衬砖下部要卡在窑车车盘内，上中下各层砖缝要错开，不可有直通缝，并且要互相卡住，不致外移和松动。相邻的砖要互相咬住成为一个整体，纵横向都应留有膨胀缝。

目前国内隧道窑窑车衬砖多用普通耐火材料砌筑，砌体厚，质量大，蓄热多。这样的窑车不仅在离窑时带走大量的热，而且在冷却时窑车衬砖蓄积热量放出，下部温度高于上部温度，延长了冷却时间。

现代隧道窑窑车衬料最突出的特点是轻质化，最大限度地降低了其蓄热能力。现代隧道窑窑车大体上有两种典型结构：半承重型和全耐火纤维非承重型。日本东陶公司卫生陶瓷隧道窑窑车结构和澳大利亚 General 公司卫生陶瓷隧道窑窑车结构示意图分别如图 2 – 19 和图 2 – 20 所示。

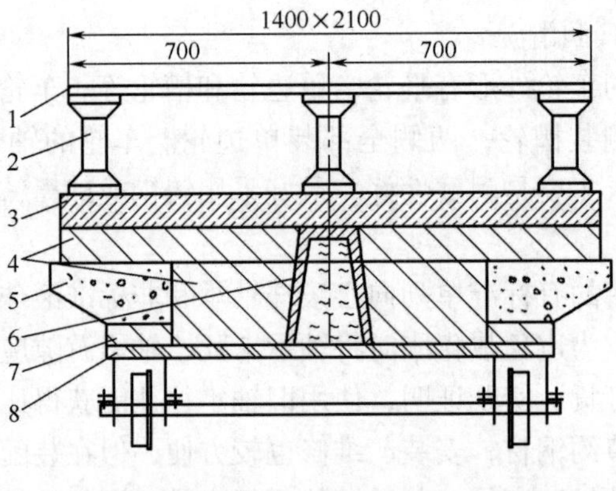

图 2 – 19　日本东陶公司卫生陶瓷隧道窑窑车结构示意图

1—氮化硅结合碳化硅质棚板　2—高铝质空心短立柱　3—轻质高铝砖（1000kg/m³）　4—轻质黏土砖
5—黏土质烧注料预制件　6—黏土质下立柱（内填耐火纤维棉）　7—黏土砖　8—水泥珍珠岩制品（底层）

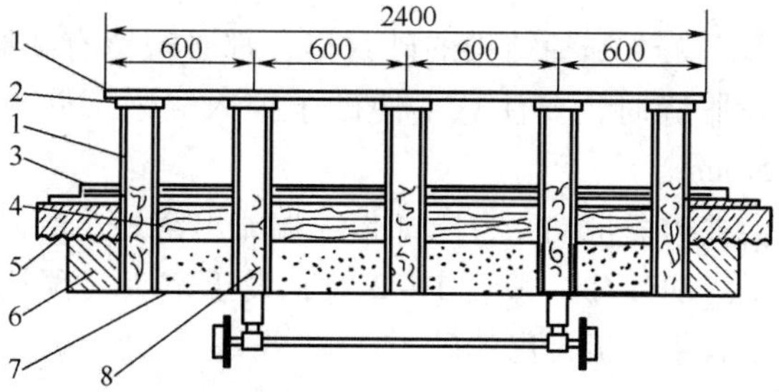

图 2-20 澳大利亚 General 公司卫生陶瓷隧道窑窑车结构示意图

1—堇青石-莫来石质棚板和立柱 2—堇青石-莫来石质帽 3—耐火纤维毯 4—耐火纤维棉 5—轻质堇青石-莫来石质上围砖 6—轻质堇青石-莫来石质下围砖 7—蛭石耐热混凝土 8—耐火纤维棉

（二）曲封、砂封及车封

1. 曲封

为使窑车在运行过程中避免摩擦和阻力过大，窑车与窑墙之间应留有一定间隙。但为防止上下漏风，间隙采用了曲折窑封的方式，这就是曲封。窑墙与窑车之间的曲折封闭可分为窑墙凹进和窑墙凸出两种。为提高曲封效果，还可做成双曲封。如图 2-21 所示。

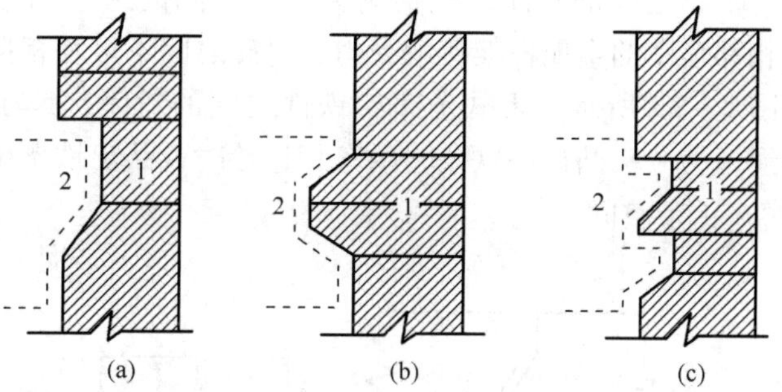

图 2-21 曲封形式

（a）窑墙凹进 （b）窑墙凸出 （c）双曲封

1—窑墙 2—窑车

曲封部位窑车与窑墙之间的距离不可过大或过小。过大，封闭效果差；过小，易产生卡车事故。一般为 20~40mm。

2. 砂封

砂封是窑车裙板与砂封槽之间的封闭。砂封槽设在两侧窑墙下方，里面盛有粒径为 1~3mm 的砂子。窑车运行时，裙板插入砂封槽内的砂子中，隔断了窑车上下空间，使冷空气不会漏入窑内，热气体也不会漏出窑外。如图 2-22 所示。

砂封槽有砖结构和钢结构两种。砖结构砂封槽用 L 形耐火砖砌成，其特点是构造简单，施工方便，高温下不变形，但易损坏，不好修理，且所占位置较大，适用于大断面的隧道窑。钢结构砂封槽用角钢、钢板或铸铁板制成，其特点是不易损坏，所占位置小，但温度高了易变形。无论哪种结构的砂封槽，都必须留有膨胀缝，以免高温变形，影响窑车运行。留设膨胀缝时，要注意不使砂子掉入缝内。砂封槽的宽一般为 100 ~ 120mm，高为 140 ~150mm。

砂封槽内的砂子会被裙板带动，自冷却带末端流出窑外，所以应由设于窑墙两侧上的加砂斗定时补充砂子。加砂斗一般设 1 ~2 对，设于窑头及预热带末端。在冷却带末端设 1 对出砂坑，用于收集裙板带出的砂子。

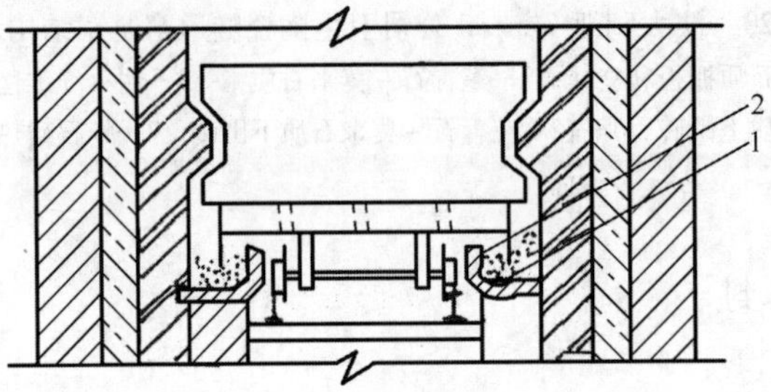

图 2 －22　砂封结构

1—砂封槽　2—衬板

3. 车封

车封是指窑车与窑车之间的封闭，包括耐火衬砖之间的封闭和车架铁件之间的封闭。推车时只能使相邻窑车的金属框架接触受力，衬砖之间不可互相接触。窑车衬砖之间的车封，采用如图 2 －23 所示的形式。车架铁件之间的封闭，是在车架的一头设凹槽，槽内镶填石棉绳，另一头凸出一铁条，两车相连接时，凸出铁条压入凹槽内石棉绳 10mm 左右，隔断窑车上下空间。

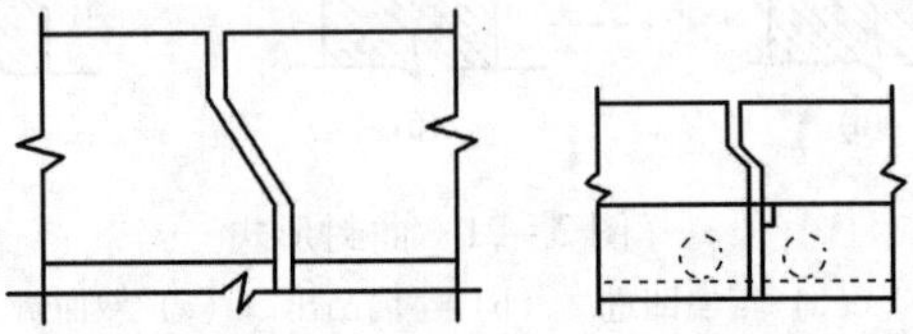

(a)　　(b)

图 2 －23　窑车车封结构

（a）两窑车车衬间的封闭　（b）两窑车车架间的封闭

（三）隧道窑辅助结构

1. 推车机

为使窑车在窑内移动，在隧道窑的进车端装有推车机，普遍采用油压式推车机。油压推车机有油泵和油缸，以油泵输出的压力油为动力，推动油缸推杆去推动窑车，而推杆的回程则依靠重锤拉回。油泵有柱塞泵、叶片泵和齿轮泵等。油缸的工作压力一般在

1.5 ~ 2.5MPa。

为提高推车机工作的安全性，在油压系统的管路中设置过压保护装置，如溢流阀、压力继电器等元件。当窑内出现意外阻力，油压超过正常工作压力时，能自动卸荷回油或发出报警信号，自动停泵起过载保护作用。

在推车机的推动下，窑车运动有间歇和连续两种形式。间歇推车时，窑车运行时间仅数分钟，以较大速度推入窑内，其余时间均处于静止状态。一辆窑车可一次推入窑内，也可以分几次推入窑内。连续推车时，窑车在窑内缓慢向前移动，仅当进车交替时，才有几分钟停车时间。间歇推车，窑车推动时制品温度变化剧烈，且不易保持平稳。连续推车，制品温度均匀上升，窑车运行较平稳。采用何种推车方式，要看装车情况而定。如果预热带采用高速调温烧嘴，料垛间留有对准烧嘴的气体循环空隙，须间歇推车。在不妨碍气体循环和不阻挡燃烧产物喷入料垛内部的情况下，则以连续推车为好。在实际生产中，采用间歇推车的较多，每车分几次推入窑内。

2. 拖车

拖车是隧道窑两端转运窑车的设备。有手动拖车和电动拖车两种。手动拖车靠人力驱动，劳动强度较大。电动拖车则由电机驱动。

拖车的车架用型钢焊接制成。配置两对车轮，并设有转载窑车时用的窑车制动装置，以及自身的定位部件，拖车上设有与各平行轨道同标高和同轨距的钢轨。为避免车间地坪形成较深的拖车道，影响车间的交通和运输，通常做成微斜过渡的拖车道。

3. 窑车轨道

窑车轨道分窑内轨道和窑外轨道两种。其中窑外轨道包括和两端托车轨道相通的回车道和短程检修及存车道。在窑车轨道中，以窑内轨道的要求最高。因为窑内轨道是定位和标高的基准，如铺设不符合要求，势必影响窑体的砌筑和投产后窑车的正常运行，且在窑炉工作时，窑内轨道检修很困难。

轨道接头形式有直接头和斜接头两种。直接头工艺简单，但窑车车轮经过接头震动较大，斜接头将接头处切割成30°斜面相接，加工麻烦，但窑车运行时较平稳，因此一般都采用斜接头。两条平行钢轨的两接头不宜在同一断面上，并使轨道内侧的接头锐角朝向出车方向。接头处应留有膨胀缝。如图2－24所示。

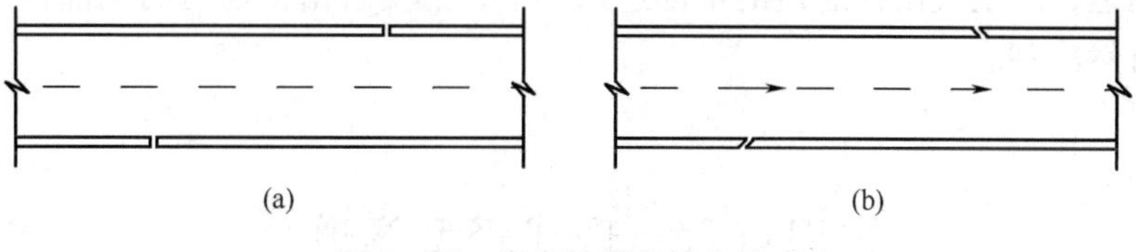

图2－24 窑车轨道的接头形式
（a）直接头 （b）斜接头

4. 检查坑道

检查坑道主要用于检查窑车的运行情况和处理事故。有了检查坑道也便于对隧道窑进行热工测定。由于检查坑道在窑车下部造成一个较大通风空间，因此在一定程度上还能起降低车下温度的作用。现代隧道窑多设有检查坑道。地下水位较高的地方要注意防水，窑内料垛倒塌时可由两侧事故处理孔进行处理，当窑较短或发生事故较好处理等情况下都可不设检查坑道。检查坑道一般宽0.7mm左右，深1.8m左右。长度可由预热带中部（或后部）直通至冷却带前部或烧成带稍向两端延伸一些或在车下温度比较高的部位和容易发生事故的部位设置，这种称为纵向检查坑道。也有的在烧成带一端或两端局部设置横向检查坑道，根据车下冷却方式，坑道与窑外可隔绝或敞开。

5. 事故处理孔

为了排除窑内料垛倒塌等事故，在烧成带与预热带之间、烧成带与冷却带之间通常设有事故处理孔。当发生倒垛事故时，打开事故处理孔扒出倒塌的匣钵与制品，防止窑车卡死。这对不设检查坑道的隧道窑尤为重要。事故处理孔的高度稍低于窑墙，宽度为0.6~0.7m。

窑炉正常运行时，应把事故处理孔严密封闭，以防热气外溢，浪费热量，恶化环境。

6. 车下冷却结构

设置车下冷却结构是为了冷却窑车金属部件（尤其是窑车轴承）和金属砂封槽、轨道，保证窑车正常运行。车下冷却有强制冷却和自然冷却两种方式。强制冷却还可同时用来调节车下压力，使车下压力尽可能和窑道内压力一致，以减少漏气。

（1）车下强制冷却　车下强制冷却是用风机将冷风鼓入窑内温度高呈正压部位的车下，热风由窑内为负压部位的车下抽出。送风和抽风形式有集中送风、集中抽出和分散送风、集中抽出与分散送入、分散抽出等。应根据具体情况选用。对于一般窑内温度不很高（1300℃左右）、压力也不很大的窑，主要对窑车下进行冷却，可采用前两种形式。对不仅要求对车下冷却，还要求调节车下压力的窑宜采用第三种形式，即每隔2~3道车下送风口有一道车下排风口，这样可分段调节车下的温度和压力。从车下抽出的热风可作窑头封闭气幕和助燃风，也可引入烟道与烟气一起排出。设置的进、出风口上要装有风罩，其进风口方向要朝向预热带方向，抽风口要朝向冷却带方向。同时，各进抽风口的支管上应设调节闸板。

（2）车下自然冷却　窑内温度比较低（如1200℃以下）的窑，一般车下温度也较低，窑内压力也不大，可以不设强制吹风冷却而采取自然冷却。即在高温段的车下窑体两侧墙开若干个通风口，引入冷风对车下冷却。设有检查坑道的窑，在烧成带两侧设有下坑的横通道，冷空气由横通道的下部进入车下，热空气由横通道的上部排出，同样对车下进行自然冷却。

知识点六　现代轻型隧道窑

（一）现代轻型隧道窑技术特征

现代轻型隧道窑的主要技术特点包括：窑体轻薄，窑车低蓄热化，窑道截面采用扁平形，矮而宽。窑顶为平弧形或平吊顶形，加热部分（预热带、烧成带）铺设高密度交错高速喷嘴，预热带设置一层，烧成带设置两层，采取棚板底烧和拱顶顶烧。每个喷嘴覆盖面积小，缩短了热量传递的距离，达到了传热均匀的效果。预热带排烟吸烟口，设置在拱顶弦脚砖下（原吸烟口设置在窑车平面）。窑内气流垂直循环，有效保证了预热带上下温度的均匀性（一般控制在±20℃）。明焰裸装，快速烧成，大大缩短烧成周期。采用微机全自动控制与操作，包括温度、火焰探测、比例调节、烧成曲线、烧成气氛、压力、功率输入、安全系统等。

1. 减轻减薄窑体

陶瓷生产高能耗的主要原因是热效率低、热能利用率低、浪费大。传统的陶瓷隧道窑的窑体，体积庞大，表面温度高，散热面积大，窑体表面散热量占总热耗的20%～30%。现代轻型隧道窑最大限度地减薄减轻窑体，增加了热阻，降低了窑体蓄、散热量。

德国65m现代轻型隧道窑TW65/210/75－G型窑，其窑墙厚度为720mm；德国格斯公司双层陶瓷纤维模块，窑墙厚度300mm；引进美国比克莱（BLCKLEY）窑炉公司的窑炉，其窑墙厚度为绝热砖230mm，陶瓷纤维毡38mm；醴陵科发热工设备公司承建越南顺化GIAHU陶瓷公司88m轻型隧道窑窑墙厚度为820mm；醴陵环宇陶瓷公司46m轻型隧道窑窑墙厚度420mm。

现代轻型隧道窑充分利用现代先进的耐火材料，改变了窑炉结构，使其具有厚度最薄、质量较轻、蓄热散热少、抗热震性能好、抗机械震性好等特点，为隧道窑节能创造了有利条件。

表2－2　引进轻型隧道窑、国内轻型隧道窑和传统隧道窑典型窑墙节能状况比较

窑炉	结构形式	总厚度/mm	单位面积质量/（kg/m^2）	散流热流密度/（W/m^2）	表面温度/℃	总热阻/（$m^2 \cdot ℃/W$）
传统隧道窑窑墙	A	1295	1753	733	78	1.6
	—					
现代轻型	B	575	414	729	77	1.61
	C	400	330	694	75	1.70
隧道窑窑墙	D	300	57	756	79	1.55

注：蓄热量是指窑墙从常温到达稳态时的蓄热量。

从表2－2可以看出，由于用不同的耐火材料减薄墙体，总热阻达到同样的效果。窑外表面的散热和外墙表面温度有直接关系。外墙表面温度越高热损失越大。降低表面温度的办法是增大热阻，选择导热系数小的耐火材料。表2－2中可以看出，传统隧道窑A窑墙较厚，它的总热阻为$1.6m^2 \cdot ℃/W$，而现代轻型隧道窑D窑墙很薄，总热阻为$1.55m^2 \cdot ℃/W$，可使两者的总热阻达到相近值。

现代轻型隧道窑，由于窑墙砌体的减薄，整个窑炉体积缩小，窑炉散热表面积相对比传统隧道窑散热，表面积缩小40%～50%，其热损失减少一半左右。

2. 采用低蓄热窑车

窑车是隧道窑的重要组成部分，窑的运行中，窑车状况直接影响着产品的装载量、

装烧质量以及能源消耗。为了高温承载和机械稳定，以往的窑车采用重质耐火材料砌筑，从而造成过大的吸热、蓄热和散热损失，它在总热耗损失中一般占15%~20%。

轻质绝热砖和耐火纤维的主要特征是它的高绝热性和低密度，实现窑车衬砌的轻型化和低蓄热化，以减少窑车蓄热损失。采用新型碳化硅材料，以柱式、棚板层装式代替原匣钵式封闭装烧，可大大提高热能的利用。

窑车衬砌的蓄热是沿厚度方向分布不均匀的，内衬材料蓄热最大，可达到80%左右，而且发生在接近火焰高温的薄层里，采用耐高温具有足够绝热能力的低密度材料是必要的。

表2-3　现代轻型隧道窑和传统隧道窑窑车砌体节能状况比较

结构形式		最大蓄热量/(kJ/台车)	平均散热量/(kJ/台车)	最高车下温度/℃	窑车砌体质量/(kg/台车)
传统隧道窑	A. 全耐火砖结构/耐火砖厚480mm	1606246	32219	169	1149
现代轻型隧道窑窑车砌体	B. 围砖半承重结构/耐火纤维180mm，浇注料厚60mm	99374	4684	119	396
	C. 全纤维结构/耐火纤维180mm，浇注料厚60mm	64956	3405	120	148

从表2-3计算表明，现代轻型隧道窑窑车砌体与传统隧道窑窑车砌体节能状况比较，其蓄热量降低为原来的4%左右；平均散热量降低为原来的10%左右；窑车砌体材料重降低为原来的13%。

3. 缩小预热带温差

传统隧道窑预热带温差大（上下坯温差高达300℃左右），主要原因是预热带上部通道切面大，烟气几何压头的作用，上部流过的热烟气量多，温度高，形成下部缺热，造成两种温度曲线，因而坯垛上下温差大。窑炉截面高，匣钵套装密集堆放，外侧与坯垛的热传递之比可达10:1，装烧制品采用大量匣钵，窑车砌体厚重，吸热量大，不利于均匀温度。窑门、窑车密封不严，窑外大量冷风进入窑道下部，直接降低预热带下部温度。窑车砌体厚，质重，吸热，蓄热量大，窑车在预热带推进中不断吸热和蓄热，严重地影响坯垛中下部温度。

现代轻型隧道窑往往采用明焰裸装，高速喷嘴和快速烧成。窑道断面采取扁形，吊平顶，用高速喷嘴强化预热带加热方式，是缩小传统窑预热带温差的根本。预热带水平交错安置喷嘴，各个喷嘴覆盖的面积小，缩短了热量传递的距离，确保均匀升温。由于窑道切面呈扁形，高速喷嘴燃烧空间设置在窑车棚架下，喷射的火焰经过灼热的棚架间隙向上辐射和对流，加速了热流向上传递。由于排烟孔设置在窑道拱顶砖脚处（注：传统隧道窑排烟孔设在窑车台平面两侧墙体），从而促进了窑内气流的垂直循环，有效地保证了预热带窑内温度均匀性（温差±20℃）。这样就加快了推车速度，提高了热效率。

4. 燃烧装置采用高速喷嘴

传统隧道窑普遍使用的是低压比例调节喷嘴。这类喷嘴的射速在10m/s，雾化油滴大（一般在50μm），燃烧烟气的喷射速度小，液雾与助燃空气掺混不均匀，雾化介质耗量大，噪声大，火焰长度与锥角及形状不能满足窑炉热工工艺要求，燃烧器易产生结焦、堵塞等缺陷。

燃油高速喷嘴采用高压气体作雾化剂。通过燃烧器实现气泡的产生、运动、变形、加速直到出口爆破雾化等全过程来实现良好的雾化，它的喷射流速 >100m/s，是一种全新的燃油喷雾燃烧技术。

高速燃气喷嘴采用了先进的半预湍掺混燃烧技术，燃气与助燃空气实现半预混燃烧，既达到了最佳掺混，火焰喷射速度高（100m/s）等效果，又克服了燃烧器的回火、脱火、噪声大等缺陷，提高燃烧效率。燃气喷嘴，由于燃料是以分子状态存在的，因而雾化不是主要问题。主要性能要求合理组织燃烧，即空气、燃烧的配比要充分，压力调节要方便，以利稳定燃烧，提高燃烧效率。能实现自动点火、火焰监控、燃烧气氛控制、窑炉温度控制系列的全自动化。

（二）现代轻型隧道窑实例

1. 德国 RIEDH AMMER 燃气 TW65/210/75 – G 现代轻型隧道窑

（1）窑体基本参数　全窑长65m，有效装载宽度2.1m，有效装载高度0.78m，产品种类为建筑卫生洁具，烧成能力36万件/年，拱高0.26m，窑车规格为长1.5m × 2.1m，窑内容车44辆，烧成温度1260℃，窑墙厚度最厚0.72m，最薄0.62m。

（2）窑炉工作系统　进车系统由一台 TW – VM 无级变速液压顶车机以3.6m/h 的速度连续推车。窑头密封系统无窑门和气幕，依靠窑内压力平衡，窑车采用常规砂曲封。排烟系统从窑头2号车位起，在窑墙上部（拱顶脚）均匀设置10对排烟孔，排烟温度不超过200℃。

加热系统中，从预热带至烧成带25个车位，均匀设置50个高速喷嘴（型号 LR – PG）。预热带设置12对，烧成带设置13对，两侧喷嘴水平交错排列，下排喷嘴的水平位置在棚板架下。高温带交错设置两层喷嘴。高速喷嘴的火焰经过棚板间隙向上对流传热或辐射传热，使坯件均匀受热。高温区上排4对喷嘴设在拱顶弦脚砖下，以补充烧成区的热量。喷嘴助燃空气温度为300℃。

冷却系统中，急冷区窑墙两侧设19组直接冷却风口，直接喷射窑内；12组冷却风口直接送入棚架下直接冷却；窑顶设有5对抽风口抽出热风达到平衡。在离窑尾1个车位，窑顶设置冷却风幕，目的是降低出车坯垛温度。窑底设全通道，窑墙脚部留有足够与窑外相通的格子孔洞，以利于冷却窑车底部。

控制系统大体由四个部分组成，包括电机系统、推车系统、热工检测及自动调动节系统、工况监护及报警系统，全部由微机自动调节和控制。整个控制系统是电子自动点火，火焰探测，喷嘴火焰回流防爆。具有自动调温及比例调节压力，推车超压报警，煤气阀联锁自动启闭等功能。在控制屏中设有温度、压力、气氛、流量、燃气与助燃风调节比值等。自动显示、记录仪表显示窑炉运行状况或坐标曲线记录。

窑炉运行温度制度：从窑炉温度曲线看来，预热带氧化区域（9~13车位）坯垛上下温差很小（±20℃，传统隧道窑此段温度差为300℃左右）。由于温差小，坯垛进入强氧化区域容易氧化彻底。通过气氛转换进入还原焰，中性焰区域（22~26车位），坯体完全达到烧结，整个加热过程为10~20h，建筑卫生洁具的烧成周期为10~20h，烧成周期短，传统隧道一般烧成周期为20h以上。

再看其热效率，瓷耗热值不到13400kJ/kg，而传统隧道窑瓷耗热值（明焰套装）为30000~50000kJ/kg。

2. 德国莱斯汉索夫（LAEIEHEIS HEIMSOTH）隧道窑

窑全长76m，其中预热带26m，烧成带18m，急冷带18m，冷却带24m。窑内有效高度1.26m，有效宽度2.6m，坯垛高度0.72m，坯垛宽度2.4m，窑车规格长1.5m×宽2.4m，烧成产品为建筑卫生洁具，烧成能力40万~60万件/年。

窑墙厚度为0.32m，墙体采用陶瓷纤维或陶瓷纤维毡折成的模块。根据温度曲线，冷却带的不同地段使用不同厚度的陶瓷纤维模块。吊平顶砖。

窑车为低蓄热窑车，绝热材料厚为0.4m。陶瓷纤维毡砌筑，外围绝热砖，底部为堇青石板平面垫板。

砂封槽采用双槽式，密封性能较好。

3. 国产日用瓷轻型装配式环保节能气烧隧道窑

用于日用陶瓷盘、蝶、杯、碗类制品的烧成。采用明焰裸烧工艺，燃烧产物与被烧制品直接接触，热交换效率高，制品受热均匀，可以实现低温快烧。耐火保温材料全部采用高热阻、低蓄热的轻质隔热材料，升温降温速度快，保温性能极好；窑外表面温度低，散热小。工作系统灵活，调整余地大，通过调节控制各温度点，可以灵活地改变烧成曲线，可实现一条窑烧制不同的产品。施工周期短，可在工厂内制造标准单元，运到现场快速装配而成，需扩大产量时增加一定数量的标准装配单元进行改造即可实现。可通过改换燃料供应系统、烧嘴来适应燃料供应条件有可能发生变化的情况。

窑有效长75m，预热带、冷却带内宽1260mm，烧成带内宽1340mm，其中有效内宽1110mm，窑内有效高820~840mm。窑车规格1660mm×1350mm（长×宽），推车速度13.3~21.2min/车，进车量67.9~108.2车/天。棚板规格500mm×370mm×12mm（长×宽×高），喷嘴数量≤70个，燃料为天然气，烧成温度1250~1400℃，烧成周期10~16h（可调），烧成气氛为氧化焰、还原焰（可调），烧成方式为明焰裸烧，窑内存车数45.2部，控制方式为温度手动控制，拖车及进出车自动控制，窑炉总耗电量不超过75kW。

全窑为装配式结构，窑炉由窑体、排烟系统、燃烧系统、冷却系统、余热系统、窑车运行系统及窑炉控制系统等组成。窑体耐火材料全部包容于钢结构内，窑衬耐火材料根据温度高低不同，分别使用轻质莫来石砖、聚轻高铝砖、轻质黏土砖等，窑外壁使用隔热性能良好的硅酸钙板。窑炉的其他保温材料如高铝砖、黏土砖、聚轻高铝砖、轻质黏土砖等均使用新密产品，高铝及硅酸铝纤维毡、毯、棉等使用山东沂源鲁阳产品，高铝、黏土耐火泥使用醴陵产品。

几种耐火保温材料主要性能指标如下：

轻质莫来石 JM－30：Al_2O_3含量≥72.31%，Fe_2O_3含量<0.33%，SiO_2含量25.5%，常温耐压强度2.89MPa，抗折强度2.15MPa，导热系统600℃时为0.417W/(m·K)，800℃时为0.435W/(m·K)，体积密度1.02g/cm^3，重烧线收缩1550℃时低于0.88%。

轻质莫来石砖 JM－28：Al_2O_3含量≥65%，Fe_2O_3含量<0.8%，常温耐压强度6MPa，体积密度0.8～1.0g/cm^3，0.1MPa荷重软化点1450℃，耐火度1790℃，重烧线收缩1500℃时低于1.0%。

轻质莫来石砖 JM－26：Al_2O_3含量≥50%，Fe_2O_3含量<1.0%，常温耐压强度6MPa，体积密度1.0g/cm^3，0.1MPa荷重软化点1400℃，耐火度1772℃，重烧线收缩1400℃时低于1.0%。

聚轻高铝砖：牌号LG－0.8，Al_2O_3含量≥48%，Fe_2O_3含量≤2%，体积密度0.8g/cm^3，常温耐压强度4MPa，耐火度1750℃，荷重软化温度≥1230℃，重烧收缩≤0.5%。

轻质黏土砖：牌号LN－0.8，体积密度0.8g/cm^3，耐火度≥1672℃，重烧线收缩≤1%，常温耐压强度≥2MPa。

普通硅酸铝纤维毡、毯：Al_2O_3含量≥45%，Al_2O_3和SiO_2含量≥96%，Fe_2O_3含量<1.2%，K_2O和Na_2O含量<0.5%，长期使用温度1000℃，加热线收缩1150℃、6h低于4%，容重128～220kg/m^3。

全窑窑顶为平顶与拱顶结合，窑体分为预热带、烧成带及冷却带。预热带设有排烟孔及窑头气封气幕。烧成带主要设置有烧嘴及搅拌气幕，烧成带前段仅设置下层喷嘴，每个喷嘴上部对面同时设置搅拌气孔一个，这样火焰与搅拌风在窑内形成了强烈的旋转气流，使得窑内上下温度趋于一致。同时由于窑内喷嘴设置较多且靠窑头较近，使得预热带上下温差可控制在50℃以内。烧成带后段设置有上下两排烧嘴，从而便于窑内上下温度的调节，烧成带上下温差可控制在1～3℃。

窑冷却带由急冷段、缓冷段及尾冷段组成，急冷段在窑墙两边设置两道垂直气幕及上下两排水平冷却孔，将窑外冷风打入窑内，使制品按工艺要求急剧冷却。缓冷段只在窑顶及侧墙设置几个抽风罩，将急冷段和尾冷段热交换后的热风平衡抽出窑外并使制品缓慢冷却。窑尾为冷却带尾冷段，窑外冷风通过尾冷风机、冷风罩向窑内鼓风，使制品出窑前快速冷却，产品出窑温度可低于70℃。

4. 现代轻型隧道窑引进与国产典型窑炉经济技术指数比较（表2－4）

表2－4　　现代轻型隧道窑引进与国产典型窑炉经济技术指数比较

项目名称	引进	国产	国产	国产
窑型	轻型明焰	轻型明焰	轻型明焰	轻型明焰
生产能力/(万件/年)	40（卫生瓷）	25～40（卫生瓷）	4300（日用瓷）	1260（日用瓷）
窑长/m	65	69	88	46
窑内宽/m	2.1	2.1	1.56	1.0
窑内高/m	0.75	0.9	1.0	0.78
烧成温度/℃	1260	1260	1380	1350

续表

<table>
<tr><th>项目名称</th><th>引进</th><th>国产</th><th>国产</th><th>国产</th></tr>
<tr><td>烧成带温差/℃</td><td>±5</td><td>±5</td><td>±5</td><td>±5</td></tr>
<tr><td>预热带温差/℃</td><td>±20</td><td>< ±20</td><td>< ±20</td><td>< ±10</td></tr>
<tr><td>烧成周期/h</td><td>17~18</td><td>17~18</td><td>10.1</td><td>9.5</td></tr>
<tr><td>燃料种类</td><td>煤气</td><td>煤气</td><td>煤气</td><td>轻柴油</td></tr>
<tr><td>燃料耗用量*/(m³/h)</td><td>1200</td><td>1100~1200</td><td></td><td>2.2t</td></tr>
<tr><td>产品千克耗热/(kJ/kg)</td><td>13440</td><td>5040</td><td>9240</td><td>6300</td></tr>
<tr><td>烧成合格率/%</td><td>95</td><td>95</td><td>98</td><td>98</td></tr>
<tr><td>制品出窑温度/℃</td><td>153</td><td>25</td><td>80</td><td>95</td></tr>
<tr><td>车下温度/℃</td><td>60</td><td>35</td><td>50</td><td>40</td></tr>
<tr><td>装车方式</td><td>裸装单层</td><td>裸装单层</td><td>裸装多层</td><td>裸装多层</td></tr>
<tr><td>设计单位</td><td>德国</td><td>中南窑炉集团</td><td rowspan="2">湖南醴陵市科发热工设备有限公司</td><td rowspan="3">醴陵环宇陶瓷有限公司</td></tr>
<tr><td>建造单位</td><td>RIEDHAMMER</td><td>中南窑炉集团</td></tr>
<tr><td>使用单位</td><td>湖南建筑陶瓷厂</td><td>河南焦作陶瓷二厂</td><td>越南 GIAHU 陶瓷厂</td></tr>
</table>

* 标准情况下的燃料耗用量。

知识点七　隧道窑窑内的气体流动

(一) 窑内压头对气体流动的影响

压头的意义是窑内 $1m^3$ 热气体比窑外 $1m^3$ 空气多具有的能量。窑内气体流动的影响因素有几何压头、静压头、动压头和阻力损失压头。窑内热气体的能量和窑外冷空气的能量不同，必然引起窑内气体的流动，气体流动的方向和窑内外能量之差有关，各种压头会给予窑内气体一定的流动方向，对窑内气体流动产生影响。

1. 几何压头

隧道窑与外界相通，窑内热气体的密度总是小于外界冷空气的密度，而且窑内有一个高度，所以窑内一定有几何压头存在。

$$h_g = H(\rho_a - \rho')g$$

式中：h_g ——几何压头，Pa；

H ——窑内高度（自车台面起），m；

ρ_a ——外界空气密度，kg/m^3；

ρ' ——窑内热气体的密度，kg/m^3；

g ——重力加速度，$9.81m/s^2$。

几何压头使窑内热气体由下向上流动，气体温度越高，几何压头越大，向上流动的趋势也越大。隧道窑烧成带温度高于预热带及冷却带，所以有热气体自烧成带上部流向预热带及冷却带，同时有较低温度的气体自两带下部回流至烧成带，形成两个循环，如图2－25所示。

两个气体循环仅就隧道窑三个带的几何压头而言。由于排烟机或烟囱的作用，隧道窑内气体主要的流向是由冷却带到烧成带，再到预热带。在预热带上部，主流和循环气流方向相同，而下部相反，所以从预热带垂直断面看，总的流速是上部大而下部小。冷却带则相反，总的流速是上部小而下部大。所以冷却带应从上部鼓入冷风，迫使冷空气多向上部流动。而预热带热烟气，则应从下部抽出，迫使烟气往下流。这样，就可以使隧道内上下气流均匀，温度均匀。

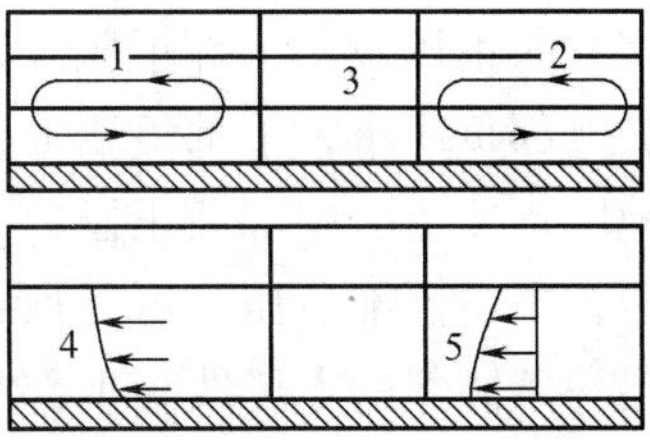

图2－25　隧道窑内的气体流速分布

1—预热带气体循环　2—冷却带气体循环

3—气体主流　4—预热带垂直断面的流速分布

5—冷却带垂直断面的流速分布

必须指出，只凭窑内各带温度不同造成的上下气体循环，对操作的影响并不严重，不是隧道窑内的主要问题。实际上在烧成带有一部分燃烧正在进行，燃烧本身有扰动作用，尤其是将煤气或重油喷入窑内燃烧，扰动作用更加激烈，所以烧成带上下温差是不大的。在冷却带有急冷风及窑尾直接冷风的喷入以及抽热风，本带另有几个气体循环，形成强烈的扰动，上下温差也不严重。最严重的是预热带，因为该带处于负压下操作，从窑的不严密处，如窑门、窑车接头处，砂封板不密处等漏入大量冷风，冷风密度大，沉在隧道下部，迫使密度较小的热烟气向上流动。另外料垛上部和拱顶空隙较大，阻力小，使大部分热气体由上部流过，因而促进了该带几何压头的作用，使气体分层十分严重，上下温差最大可达300～400℃，延长了预热时间。还有一个原因是窑车衬砖吸收了大量的热，使预热带下部烟气温度降低，进一步扩大了上下温差。

2. 静压头

隧道窑要通入空气和排除烟气，有鼓风，抽风，排烟等设备，使窑内气体的压强和外界空气的压强不同，给窑内造成各种静压头。

$$h_s = p - p_a$$

式中：h_s——静压头，Pa；

p——窑内压强（绝对压强），Pa；

p_a——窑外空气压强（绝对压强）Pa。

静压头所引起的气流方向是由压强高的地方流向压强低的地方。窑内凡有鼓风处，必呈正压，凡有抽风处，必呈负压。由正压至负压必经一个零压处。预热带由于烟囱或排烟机抽走烟气而成负压。冷却带急冷气幕喷入处和窑尾直接风鼓入处为正压，抽热风处为负压。该带气体的流向是由急冷处和窑尾流向抽热风处。

现在进一步考虑窑内几何压头对静压头的影响。

取隧道窑一个垂直截面来看，根据柏努利方程式，如果忽略断面上下动压的变化，则上部的几何压头和静压头之和应等于下部的几何压头和静压头之和。几何压头和静压头是可以相互转变的，下部几何压头最大，静压头最小。逐渐向上，几何压头转变为静压头，所以上部几何压头最小，静压头最大。

在任一垂直断面，上部静压总是大于下部静压，最多也只能出现一条零压线。在烧成带长度方向正压段，上部正压大，下部正压小，全断面均呈正压。在预热带长度方向负压段，上部负压小，下部负压大，全断面均呈负压。而在烧成带与预热带交界处所谓的零压地段，或上、中部微正压，下部零压；或上部微正压，中间零压，下部负压；或上部零压，中、下部负压。可见所谓零压位，实际上有一段长度范围，在这段长度上，可以画出一条倾斜的零压线。下部零压偏于烧成带，上部零压偏于预热带，中部零压在两带交界面附近。

零压位置与燃烧设备的类型，鼓风和抽风位置，风压大小，风量多少，喷出速度和料垛码法等有关。控制隧道窑零压位置极为重要，一般控制在预热带和烧成带交界面附近。如果零压（中部零压）过多地移向预热带，则烧成带正压过大，有大量热气体逸出窑外，不但损失热量，而且恶化操作条件。如果零压过多地移向烧成带，则预热带负压过大，易漏入大量冷风，造成气体分层，上下温差大，延长了烧成时间，多消耗了燃料。

冷却带的零压位，有的在急冷气幕和抽热风口之间，有的在窑尾和抽热风口之间（如窑尾无鼓风，则窑尾即为零压）。这些零压位也很重要，控制好急冷处和窑尾的正压和抽热风处的负压大小，就能稳定这些零压位，就能达到冷却带气体平衡，鼓入和抽出的气体量平衡，因而不干扰烧成带，也不会产生烟气倒流，可避免产品熏烟。

3. 动压头

$$h_k = \frac{u^2}{2}\rho$$

式中：h_k——动压头，Pa；

u——窑内气体流速，m/s；

ρ——窑内气体的密度，kg/m^3。

动压头给予气体流动的方向。隧道窑的各种气幕和循环装置就是利用动压头喷出的不同方向和强大的功能来削弱几何压头的作用，达到窑内上下温度均匀的目的。所以机械强制通风的窑炉，要求保持较高的气体流速，此时窑内的几何压头影响就可以不考虑。现在快速烧成的窑炉，窑内气体流速更大，所以气流的方向主要决定于动压的影响。

增加流速即增加动压头，还可以提高对流换热系数，缩短烧成时间。使用高速调温烧嘴就能达到这两个目的。但增加流速与增加动压头，也增加了窑内的阻力。

4. 阻力损失压头

阻力损失指窑外管道系统的阻力损失和窑内的阻力损失。阻力损失压头包括摩擦阻力、局部阻力以及料垛阻力。

窑外管路的阻力，关系到风机压强和功率或烟囱高度的设计。所以，应合理设计管道的长度、直径和布置方式，力求降低窑外阻力损失，达到最经济的风机和烟囱设计。

窑内的阻力损失，主要和窑的长度，截面积，料垛码法，烧嘴、鼓风、抽风和排烟口的布置，窑的产量和燃料消耗量等因素有关。阻力损失是靠消耗静压头来弥补的，如果窑内阻力损失大，则用于克服阻力的静压降也大，也就是窑内的正压和负压都大。如果正压过大，则漏出热气过多，燃料损耗大，操作条件不好。如果负压大，漏入冷空气必多，气体分层严重，上下温差大，延长了烧成时间，多消耗了燃料。所以设计窑炉和码装料垛应力求降低阻力。

（1）摩擦阻力（以压头表示）

$$h_f = \xi \frac{u^2}{2}\rho \cdot \frac{l}{d}$$

式中：h_f——摩擦阻力，Pa；

ξ——摩擦阻力系数，为0.03~0.05；

u——气体流速，m/s；

ρ——气体密度，kg/m^3；

l——气体通道长度，m；

d——气体通道的当量直径，m。

由公式可以看出，窑内的气体摩擦阻力和窑的长度成正比，窑越长，阻力越大。窑内的气体摩擦阻力又和气体通道的当量直径成反比，通道尺寸越大，阻力越小。通道是指料垛间的气体通道和料垛与窑墙、窑顶之间的空隙，所以适当稀码料垛，扩大料垛内部通道，可以减少阻力。但必须注意尽量减少料垛与窑墙、窑顶间的空隙，以免该处阻力过小，而使过多的热气体流过这些空隙，造成料垛内外温度不均。

摩擦阻力又和动压成正比，即和流速的平方成正比，流速对阻力的影响极大。如果窑的长度和截面相同，小时产量相同，气体流量相同，但改进码坯方法，维持各条通道的当量直径不变，而将气体通道总面积扩大1倍（如将横码改为顺码，增加通道条数），则流速减至原来的1/2，阻力减至原来的1/4（即减少了3/4）。如此，则窑内负压可以明显减小，漏入的冷风量也明显减小，上下温度均匀，可以快速烧成，窑的产量可以提高。

如果码坯方法不变，气体通道总截面积不变，窑的截面也不变，但增加窑长，由于窑的产量和窑长成正比，则每小时的气体流量和窑长成正比，流速也和窑长成正比，摩擦阻力则和窑长的3次方成正比，则窑的负压也和窑的3次方成正比，其漏入的冷风量显著增加，气体分层严重，上下温差扩大，延长了烧成时间，降低了窑的产量。实际上窑的产量并不会随窑长而增加。设计和操作隧道窑总是希望降低窑内阻力。降低窑内阻力的措施有：适当缩短窑长；合理稀码料垛，扩大气体通道尺寸及总面积，减少气体流速。

另外，严密窑车接头和砂封，减少冷风漏入，降低出窑废气温度，用轻质隔热材料砌窑，减少热损失，减少单位产品热耗，减少窑内气体流量，也能降低窑内阻力。但绝不能只从降低阻力一方面来考虑，更不能因为降低流速和流量使窑炉减产。另一方面，采用高速调温烧嘴，加速了气体循环，有利于上下温度均匀，又加强了对流传热，可以快速烧成。

（2）局部阻力

$$h_1 = \xi \frac{u^2}{2} \rho$$

式中：h_1——局部阻力，Pa；

ξ——局部阻力系数；

u——气体流速，m/s；

ρ——气体密度，kg/m^3。

料垛阻力可以看作一个局部阻力，设计时采取大致数据，认为每 1m 窑长的料垛阻力为 1Pa。

（二）料垛码法对流速和流量的影响

取 1m 窑长内的料垛来考虑，这 1m 长的料垛阻力可以作为一个局部阻力。分析料垛内部情况，就可以发现料垛与两侧窑墙和窑顶的空隙甚大，这些空隙叫做料垛外部空隙。料垛内部的空隙（气体通道）较小，而且这些内部气体通道大小也不相同。在这些空隙和大小通道中的气体流速和流量十分不同，如果码坯不恰当，几乎有 70% 以上的气体由料垛外部空隙流过，结果造成料垛外围温度过高，而内部温度不足。

就料垛每一条气体通道而言（外部空隙也是这样），可以按摩擦阻力来考虑，用方程式表示如下：

$$h_1 = \xi \frac{u_1^2}{2}\rho \cdot \frac{l_1}{d_1},\ h_2 = \xi \frac{u_2^2}{2}\rho \cdot \frac{l_2}{d_2},\ \cdots,\ h_n = \xi \frac{u_n^2}{2}\rho \cdot \frac{l_n}{d_n}$$

在 1m 长的料垛中，可以认为各条通道长度相等，损失的压头也相等，即：

$$l_1 = l_2 = \cdots = l_n,\ h_1 = h_2 = \cdots = h_n$$

由公式可得：

$$\frac{u_1^2}{d_1} = \frac{u_2^2}{d_2} = \cdots = \frac{u_n^2}{d_n}$$

$$\frac{u_1}{u_2} = \frac{\sqrt{d_1}}{\sqrt{d_2}} = \frac{d_1^{0.5}}{d_2^{0.5}}$$

可以看出，通道中的气体流速与该通道的当量直径 d 的 0.5 次方成正比。通道直径越大，其流速也越大，流量更大，因为流量等于流速乘通道截面积。

$$q_{V_1} = u_1 \cdot \frac{\pi}{4} d_1^2,\ q_{V_2} = u_2 \cdot \frac{\pi}{4} d_2^2$$

$$\frac{q_{V_1}}{q_{V_2}} = \frac{u_1 d_1^2}{u_2 d_2^2} = \left(\frac{u_1}{u_2}\right)\left(\frac{d_1}{d_2}\right)^2 = \left(\frac{d_1}{d_2}\right)^{0.5}\left(\frac{d_1}{d_2}\right)^2 = \left(\frac{d_1}{d_2}\right)^{2.5}$$

式中：h_1, h_2, h_3——各条通道的摩擦阻力，Pa；

l_1, l_2, l_3——1m 长的料垛，各条通道的长度，m；

d_1, d_2, d_3——各条通道的当量直径，m。

由公式可知：各通道的流量 q 与其当量直径的 2.5 次方成正比。所以在隧道窑中大部分气流是由靠窑墙窑顶的大空隙中流过，小部分气流由料垛内部通道流过，这是造成料垛内外温度不均匀的原因。如果料垛内部码得太密，周围和窑墙窑顶距离太大，往往造成周边过烧而内部生烧。要使料垛温度均匀，必须合理码垛，使通道分布均匀合理，气流分布合理。适当稀码，使大量气流通过，易于升温或降温，可以快速烧成就是这个道理。

码垛必须上密下稀，增加上部阻力，避免上部过多气流通过，削弱几何压头影响，减少气体分层现象。料垛中平行于窑长方向的通道是必需的，以便足够的热气体流过，供给足够的热量，将制品烧熟。同时为了气体能在窑内循环，使温度均匀，还要适当的留一定的垂直于窑长方向的水平通道，尤其是采用高速烧嘴时，这种循环通道更不可少。

知识点八　隧道窑窑内的传热

传热的方式有传导传热（又称导热）、对流传热和辐射传热。导热又分稳定导热和不稳定导热，对流传热又分湍流对流传热和层流对流传热，辐射传热又分固体辐射传热和气体辐射传热。这几种传热都和隧道窑的传热有关。在某一地带、某一范围、某一条件下，一般有一种传热起主要作用。

在预热带和烧成带，燃烧产物或烟气将热以对流及辐射的方式传给制品。在800℃以上的高温阶段，以辐射传热为主。在800℃以下的低温阶段以对流传热为主。隧道窑内的气体处于湍流状态，湍流对流传热随着流速的增加而增加，如果窑内采取气体循环，特别是采用高速调温烧嘴时，提高了窑内气体流速，加快了对流传热。电热窑炉是靠发热元件辐射传热加热制品的。

在冷却带，一方面产品是以辐射方式把热传给窑炉墙壁和拱顶，另一方面是靠空气对流从产品表面带走热量。

制品在加热时，表面获得热量后以不稳定导热方式将热传向内部，产品冷却时则相反。隧道窑的窑墙窑顶温度不随时间而变，窑墙窑顶内表面获得热量后以稳定的导热方式传至外表面。其内表面的得热方式和制品得热相同，而外表面的散热方式则是该外表面向周围外界的辐射和外界空气的层流对流将外表面的热量带走。

热量由温度高处流向温度低处，温度差是传热的推动力，两个温度相等的物体，彼此虽有相互辐射传热，但彼此辐射的热量相同，最终可以认为没有传热。隧道窑的设计计算都认为预热带和烧成带的窑墙、窑顶内表面温度等于制品温度，制品和窑墙、窑顶之间没有传热现象。这是就目前窑墙窑顶的结构、砌筑材料和厚薄、料垛码法、传热方法等考虑的一个简化计算方法。目前窑墙窑顶散热大，同时窑内码满料垛，料垛外部空隙比中空窑小很多，气体辐射层厚度小，辐射给窑墙窑顶的热量不多。结果是气体对流和辐射给窑墙窑顶之热约等于窑墙窑顶向外散失之热。这种情况和制品得热相似，可以认为窑墙窑顶和制品的温度相同。如果采用高温高强的隔热材料，如陶瓷棉或高铝空心球砖等砌筑窑墙窑顶，取消匣钵，扩大气体通道，接近中空窑，并采取高速烧嘴，增加对流传热，则气体传给窑墙窑顶的热量多，窑墙窑顶向外散失之热量少，此时，其内表面温度必然高于制品温度，而有热量自窑墙窑顶辐射给制品。

(一) 隧道窑内的气体对流传热

对流传热是隧道窑预热带和冷却带的主要传热方式，在采用了高速烧嘴以后，窑内是属于湍流对流传热。烧成带对流传热的分量也很高。要快速烧成，提高对流传热是一个有效的途径。对流传热的公式为：

$$Q = k(t - t_m) \cdot A$$

式中：Q ——气体对流传给制品表面的热，W；

k ——对流传热系数，W/(m^2 · ℃)

t ——气体的温度，℃；

t_m ——制品表面的温度，℃；

A ——制品的加热表面，m^2。

从公式可以看出，增加对流传热有以下几个途径：

(1) 扩大传热面积　将制品稀疏码放，使制品能被热气体包围，所有表面都成为加热面，尽量成为双面加热。

(2) 提高气体温度　在烧成带用最合理的空气过剩系数，预热空气，减少各种热损失，尽量提高实际火焰温度。在预热带防止漏入过多冷空气，以免降低气体温度。现在提高了气体温度，扩大了气体与制品间的温度差，使传热加快。以上是指制品加热阶段。如果在冷却阶段则相反，应鼓入大量冷风，也是扩大产品与空气的温度差，以加快对流传热。

(3) 提高对流传热系数　增加窑内的气体循环，采取高速调温烧嘴，对提高对流传热系数、缩短烧成时间、达到快速烧成作用很大。采用高速调温烧嘴，应和取消匣钵相配合。如果不取消匣钵，陡然加快了对流给匣钵之热，而匣钵内部的制品却仍靠流速极小的层流对流（自然对流）来传热，把热量从匣钵内表面传给制品，还是快不起来。

(二) 隧道窑内的气体辐射传热

火焰窑炉内烧成带及预热带高温段主要靠燃料燃烧产物辐射传热给制品。预热带低温段由于温度低，辐射热和对流热相比居于次要地位。冷却带只有空气，空气为同一元素的二原子气体，不能接受辐射热，所以在该带无气体辐射传热，产品冷却时放热靠空气对流带走。

固体表面辐射能力和材料成分关系不大，而气体辐射却与具有辐射能力的气体成分有关。不同的气体有不同的辐射能力。将重油喷到窑内燃烧，燃烧产物中含有很多雾状油滴，可以大大提高辐射能力。

只有分子结构比较复杂的三原子以上气体和不同元素的二原子气体才有辐射能力。燃烧产物中含有 CO_2、H_2O、C_mH_n、CO、游离碳，油蒸气等，这些成分具有辐射能力（因燃烧产物中 CO 含量不多，其辐射热往往不计）。

气体辐射和固体表面辐射有不同的地方。固体表面辐射只限于表面很薄的一层，和它的体积厚度无关。而气体辐射是分子辐射，在整个体积内进行，与气体体积，即辐射层厚度有关。所以窑内料垛适当稀码，空隙大些，可以多容纳些具有辐射能力的气体分子，气体辐射层的厚度大些，可以提高辐射能力，加速烧成。为了增加窑内气体辐射层的厚度，把烧成带做得宽些、高些，配以适当大的料垛内部气体通道，易于快速烧成。

料垛通道中气体与制品的辐射传热与气体的黑度成正比，黑度与辐射层厚度有关，辐射层厚度又与通道当量直径有关。气体的黑度随着通道当量直径的增大而增加。大通道的黑度大，气体辐射给出的热量多，所以稀码可以快速烧成。

（三）隧道窑内的综合传热

当隧道窑内窑墙窑顶内表面温度等于制品温度的情况下，预热带和烧成带内气体以对流和辐射方式将热传给匣钵外表面，这两者是并联传热；匣钵外表面以导热方式将热传给内表面；匣钵内表面以辐射方式及钵内气流以对流方式将热传给制品，这两者也是并联传热。以上三种传热又是串联传热。

1. 取消匣钵对传热的影响

装匣钵烧成陶瓷的优点是防止火焰直接冲刷制品，又可以减少制品变形。但装匣钵后，大大减低了气流给制品的对流传热和辐射传热速度。在低温段就对流传热来看，窑内气流以对流方式传热给匣钵，将匣钵加热，然后匣钵内的气体再以缓慢的自然对流从匣钵取得热量，带给制品，所以烧成时间长。即使采用了高速调温烧嘴，加快了匣钵外的对流传热，而匣钵内的对流传热还是提不高，还是达不到快速烧成的目的。当然，在烧成带正压情况下，也有气体进入匣钵内，在预热带负压下，也有气体自钵内漏出进行热交换，但对传热的作用却不大。至于辐射传热，因为隔了一层匣钵，气体辐射给制品的传热速度大大削弱。

如果采用重油雾化燃烧，或煤气火焰增碳，则火焰黑度大，可以认为接近于匣钵和制品的黑度。则有匣钵时火焰传给制品之热只有取消匣钵时的一半。如果采用完全燃烧的煤气火焰，其黑度较固体黑度小很多，则匣钵的影响较小。

2. 隧道窑窑车的积热和散热

隧道窑窑车衬砖自预热带到烧成带，上表面接受烟气、燃烧产物或电热元件供给的热量，逐渐把热量向内层传递，使衬砖升高温度积热。当热量传到下表面时，也向车下坑道散热。到了冷却带，窑车衬砖两面都向外散热。这种积热和散热属周期性的不稳定导热。

窑车在预热带和烧成带的积热与衬砖材料的性能有关，当衬砖的密度、比热容和导热系数增加时，积蓄的热量增多，所以采用轻质隔热材料作窑车衬砖可以减少积热。窑车积热还和加热周期有关，加热周期长，积热多，所以快速烧成可以减少积热。积热还和烧成最高温度有关，如能低温快速烧成，可减少积热。窑车的积热和散热损失往往占全部热耗的20%～25%。从经济上看，减少窑车衬砖积热是十分重要的。可以提高窑内下部温度，减少气体分层现象，上下温度均匀，有利于快速烧成。而且冷却带窑车放出的热较少，可以加快产品冷却，缩短冷却带长度，有利于快速烧成。

3. 隧道窑内制品的加热和冷却

隧道窑内制品的加热和冷却属于不稳定导热，一般陶瓷制品属厚壁制品。制品表面自外界获得热量的速度快，向内部传送热量慢，形成内外温差。因制品内外温度不同，引起制品内部产生应力。

在加热阶段，表面温度高于内部温度，表面排除水分快收缩大，内部处于受压缩的状态，表面处于被拉伸状态，形成一对剪力，如果超过应力极限，则制品变形或开裂。在冷却阶段，表面比内部冷得快，表面收缩快，内部收缩慢。温度分布越不均匀，则应力越大，越易造成废品。

制品内部的温度分布，除与制品本身的性质、形状、厚薄有关外，更和窑内的加热条件、升温（或降温）速度有关。升（降）温越快，内外温差越大，产生的热应力也越大。

知识点九　隧道窑的烘烤与调试

隧道窑在施工砌筑及设备安装结束以后，必须进行烘烤。烘烤的目的是通过加热窑体使之均匀地排除砌体中所含的水分，使砌体达到一定的稳定状态，从而提高结构强度，确保窑炉的使用寿命和安全生产。

（一）点火前的准备

1. 清扫检查

点火前对窑体和设备全面进行竣工质量检查和大清扫，把窑内外各部位的杂物清扫干净，尤其是烟道内、膨胀缝内、轨道及轨道接头处的杂物要清除掉。膨胀缝用相应的棉塞好，热电偶孔也要用棉塞好，并且要控制好插入窑内深度（一般在 30 ~ 50mm）。检查各阀门开关是否灵活，方向标注是否与开关一致；检查烧嘴与烧嘴砖是否紧贴好，是否水平同心，方向对不对等。气动阀、电磁阀、过滤器的安装及使用性能能否达到要求；对窑内窑外、窑上窑下进行全面检查。

2. 冷试车

在砂封槽内装填好砂子，其装填深度应使砂填充裙板插入砂内 40 ~ 60mm。检查拖车运转的平衡性及拖车轨道与窑内外轨道的衔接情况；检查窑车的润滑情况、外形尺寸、衬砖砌筑是否符合要求等。并把窑车逐辆推入窑内，检查试运行情况及曲封、砂封、车封情况。油压顶车机应检查密封情况，并进行试运转，观察窑内装满空窑车后推车压力的变化情况。所有风机应试运转 48h 以上，并观察其运转情况。检查各测量仪表及自动控制设备的安装是否符合设计要求，安装的稳固性、操作的灵活性等也应全面检查。

3. 燃气管道气体置换和吹扫

关闭各调节单元燃气阀门，全开燃气主管旁路阀门，打开燃气总管道尾部放散阀（放散管连接到室外屋面以上），放散 5 ~ 10min，将管内空气排尽。打开燃气主管阀门，关闭其旁路阀门。关闭所有助燃风嘴前手动球阀，从烧成带尾部开始，依次打开各单元燃气管道阀门吹扫。将欲点火的组支管进行排空和置换，即将对应组烧嘴前煤气支管阀门开启 10 ~ 20s，听到没有“爆爆”声说明空气已排尽，此时应迅速关闭燃气支管，并开启助燃风支阀将燃气吹扫。此排空程序是在第一次点燃此组中烧嘴前进行。清扫烧嘴前孔板，做好点火准备。注意严禁带明火进入车间。

4. 烘烤升温曲线的制定

隧道窑的烘烤必须制定合理的升温曲线，烘窑各阶段的升温和保温时间应根据窑炉结构特点（窑体尺寸、燃烧结构形式）、砌体特性（材料种类、含水量多少、砌筑质量等）、燃料的种类来确定。新建的隧道窑烘窑时间，一般以 10 ~ 15d 为宜，具体见表2 –5。

表2 –5　　新建隧道窑烘窑时间表

升温范围/℃	室温 ~300	300 保温	300 ~500	500 ~600	600 保温	600 ~900	900 ~1100	1100 ~ 最高烧成温度
所需时间/d	2 ~3	0.5	2 ~2.5	1 ~2	0.5	2 ~3	1 ~2	1 ~2

对于使用了一段时间的窑炉，停窑检修后再次烘烤的时间，则根据停窑时间的长短，检修量的大小以及检修部位条件不同而异，一般以 24 ~32h 为宜，具体见表2 –6。

表2 –6　　停窑检修后烘烤时间表

升温范围/℃	室温 ~500	500 ~1000	1000 ~ 最高烧成温度
所需时间/h	6 ~8	12 ~15	6 ~10

（二）点火

窑炉的点火是紧接着燃气管路气体置换和吹扫后进行，具体步骤如下：

（1）开启排烟风机，进口总闸板控制在 1/3 开度。

（2）开启助燃风机，进口总闸板控制在 1/3 开度。

（3）将欲点火的烧成带尾部下调节单元调节器置“手动”状态，开度 30%。

（4）点燃烧成带尾部下排左右侧各一个烧嘴。方法是：将火焰靠近烧嘴点火孔，轻轻开启烧嘴前燃气阀门（开度要小），由烧嘴观察孔或观察孔观察烧嘴燃烧情况，烧嘴燃烧一会儿后，再慢慢开启助燃风阀（开度要小，以免吹熄烧嘴），通过两阀门手动调节风、气配比，使烧嘴稳定燃烧。

（5）经常观察烧嘴燃烧情况，一旦发现熄灭，应迅速关闭燃气阀门，开助燃风阀门，用助燃风吹扫 2min 后，关闭助燃风阀，并重新按上述方法点火。

（三）烘窑及热调试

1. 烘窑

（1）严格按升温曲线升温，根据全窑温度分布情况，依照烘窑升温曲线，逐步间隔成对增点各节下部烧嘴（点火方法同前）。

（2）随着烧嘴数量的增加，全窑温度相应地升高，助燃风、燃气总阀相应地开大。

（3）在升温的过程中注意从观察孔观察对面烧嘴的燃烧情况，火焰发黄、发白至淡蓝色时最佳，如果火焰底部为黄色、红色，则燃烧不正常，需增加助燃风量或减小燃气量，这种情况应立即处理。

（4）在窑温低于600℃时，如烧嘴熄灭，应立即用火焰重新点燃。

（5）将余热风总阀打开，并且从窑尾方向将各支阀逐步打开，通过自然抽力，将高温部的热量流至冷却带，对冷却带进行烘烤。

（6）控制升温速度的方法，改变燃气量的大小，调节排烟支阀和总阀板的开度，排烟风机闸阀的开启程度主要根据窑内烟气不外逸为宜。200℃ 以上随着窑温和烟气温度升高，抽力增大，其总闸阀应逐渐关小，并开始利用排烟支阀调节预热带温度和压力，防止预热带升温过快。

（7）排烟、余热风机轴承温度不宜过高，不得超过使用温度，如果温度过高须开大冷却循环水的阀门。

（8）当烧成温度达到350～400℃时，开始启动顶车机，向窑内推进空窑车，以后每隔一定时间进一车。开始时，以一辆装有空匣钵的窑车和一辆空窑车交替进行，这样可以增大烟气的流动阻力。同时也可以增加烟气在窑内的停留时间，提高热利用率，加快烘窑速度。空匣钵的蓄热带到冷却带，可以用来烘烤冷却带。

（9）随着窑温的升高，可以连续推满车进窑，酌情增加推车速度。温度升至700～800℃时，须控制各抽、排热风和送冷风量，即启动余热风机，并逐步打开其支阀，先开高温的，后开低温的，注意进入热风管（余热、排烟）的热风温度，如果高于风机的允许介质温度，需打开配温阀调节温度；当烧成带最高温度达到1000℃左右时，冷却风机也应启动，封闭、搅拌气幕应有所打开，并且装入半成品，为试烧打基础。

（10）注意调节窑炉的温度、气氛和周期。窑车配装的原则是：先小件，后大件；先半车，后满车，最后才进正常配装的窑车，为减小温差，搅拌风相应有所打开。在烧成带尚未达到最高温度前，应使冷却带抽出风量大于鼓入冷风量，造成烟气倒流，以提高冷却带温度；1000℃至产品烧成温度时，根据生坯的烧结情况细调烧成曲线和烧成周期；然后在此周期下进坯。

（11）根据产品烧成情况，调节窑炉的温度曲线，反复试验最后确定产品在本窑的最佳烧成曲线、烧成周期、窑内各段压力等热工参数。根据产品出窑温度和是否冷炸情况，通过其闸阀控制冷却风量。按烧成制度设定温度调节范围，将温度仪表控制设为自动，计算机控制系统设为自动，窑炉温度调节进入自动控制状态。

2. 调试

烘烤结束，必须将正常配装的窑车按设计的推车速度推入窑内进行热工制度的调整和试生产。进行隧道窑热工调试，首先应将各项热工指标尽量调节到接近预先设计的要求，然后在这个基础上，再依照出窑产品质量变化，针对缺陷找原因，有的放矢地进行调整，直到产品质量符合要求后，记录各项热工参数，便可正式投入生产。

烘窑结束时，窑内已达到最高烧成温度，应控制这一温度使其波动在一定范围内，然后依照其产品的烧成质量及其缺陷，有针对性地调节。

如果窑内尚未达到最高烧成温度，则应从烧嘴上调节。一般应加大一次风量和燃料量，若两者配比不当则要改变它们的配比。如果烧成带温度过高，而烧成带末端的热电偶温度偏低（甚至很低），可能是冷却带的冷风进入烧成带太多，应减少窑尾鼓风量。也可能是烧成带的热烟气进入冷却带太多，则应减少靠近烧成带的热风抽出量。如果整个预热温度普遍偏低，尤其是靠近烧成带的温度更低，则可能是烟囱或排烟风机抽力不足。造成抽力不足的因素较多，应找出原因进行调节。

3. 注意问题

（1）要密切注意窑体耐火材料和钢结构的膨胀情况，操作人员在窑顶上行走，不能踩在吊顶砖上。

（2）观察零压点的变化，若吸入冷风量过大，应减少抽力，加大冷风。若窑内热量外逸严重，应加大抽力，减少冷风。

（3）工程技术人员应对窑体、传动系统、通风系统、控制系统、燃烧系统进行日夜巡视，并且做好文字记录，交接班时应有交接手续。

（4）窑体在加热烘烤时会产生体积膨胀，因此应经常通过观察孔检查各部位的情况，若发现开裂或吊顶砖脱落应及时研究处理，或进行保温，或适当调慢升温速度。

（5）预热带在烘烤过程中往往温度上升快且不易下降，为了防止窑头升温过急而导致窑顶保温材料脱落，要注意升温情况，适当调节烟风机风阀和预热区挡火板高度。

（6）各设备的闸板调整次数不能太多，而且每次开阀改变量不宜太大，使窑内气流速度平稳，温度变化缓和。

（7）定期检查各机电设备运行情况和热工测量仪表是否正常，以及油压、风压是否稳定。

知识点十　隧道窑的操作控制

隧道窑操作主要是通过调节各种阀门的开度来实现温度、气氛、压力制度的控制，调整时必须全面考虑和相互配合，每一次调整尽可能固定大多数参数，而调节变动个别或少数因素。因为调整后各个因素间需要经过一段时间才能达到平衡，产生实际效果。因而每次调整后应当经过一定时间，看到实际效果后再做下一次调整，否则容易产生调整混乱，达不到预期效果，找不到问题的关键。同时每次调整幅度不宜太大，以免各参数波动剧烈。

隧道窑的操作控制包括温度、气氛和压力控制三个部分。压力制度是温度制度和气氛制度的保证。

（一）各带温度的控制

根据制品的原料性质、制品的形状和大小以及入窑水分等工艺要求制定一条合理的烧成温度曲线，烧成时就按照这条曲线来保证升温、保温和冷却制度。

1. 预热带的温度控制

预热带的温度控制是保证制品自入窑起能按升温曲线均匀地加热。通常借助几支关键性热电偶控制窑头、预热带中部约500℃以及末端约900℃的温度稳定。如窑头温度过高，易使入窑水分高的坯体炸裂。快速烧成的窑炉，控制入窑坯体水分低于0.5%，窑头温度可以高达300~400℃而不出废品。500℃左右是石英晶型的转化温度，有体积变化，应维持温度稳定。

预热带不仅要控制热电偶指示的窑顶温度，还要控制近车台面的温度，使上下温差减小。预热带温度的控制手段主要是通过调节排烟总闸、排烟支闸以及各种气幕来实现的。总闸开度大，则预热带负压大，易漏入冷空气，加剧气体分层，增大上下温差。总闸开度小，则抽力不足，排烟量减少，不易升温。合理控制总闸是极其重要的。排烟支闸的作用是分配各段的烟气，以满足各点的温度要求。如果预热带末端支闸开度大，则大量热烟气过早地排出，热利用差，窑头温度低。如末端支闸不开，则大量热烟气涌向窑头，使窑头温度过高。窑头支闸开度不能过大，以免该处负压过大，从窑门吸入过多冷空气。如果汇总烟道在窑侧时，则近总烟道的排烟支闸也不宜开得太大，以免把热烟气集中在该处，使该处温度过高，引起坯体炸裂。

要减少预热带的上下温差，可以采用封闭气幕和扰动气幕，扰动气幕温度过低，喷速又小，只是起着窑顶降温作用，而失去扰动作用。采用气体循环或高速调温烧嘴对减少上下温差有较显著效果。

要减少预热带上下温差，窑车接头处要严密不漏气，砂封板接头要靠紧，砂封板要埋入砂下40~60mm，有足够的深度，减少漏气。同时可采用二重门或卷帘门。

合理的码坯，能减少上下温差，料垛必须码得上密下稀，料垛与窑顶和窑墙之距离不能太大，料垛内部应留有足够的气体通道，增加上部气流阻力，减少上部和周边气流，使气流在料垛中分布均匀，尤其下部要留出适当气体通道，达到上下内外温度均匀。

2. 烧成带的温度控制

烧成带的温度控制是控制实际燃烧温度和最高温度点。实际火焰温度应高于制品烧成温度50~100℃。火焰温度的控制是调节单位时间内的燃料消耗量和空气配比。单位时间燃烧的燃料多而空气配比又恰当，则火焰温度高。烧油的窑控制喷油量和空气配比，就可以控制温度。烧煤气时燃烧在窑内进行，烧成带温度较均匀，上下温差不大，一般不超过50℃ 。烧煤气的无焰烧嘴，采用高速喷出能使烧成带温度均匀。烧油的窑，对油温、油压和雾化风压的稳定也很重要。

最高温度点一般控制在最末一两对烧嘴之间，使制品在窑内有一定的保温时间。保温时间过长易使制品过烧变形，保温不足易形成欠烧。烧还原气氛的窑，其烧成带还要控制气氛转化温度，一般由氧化气氛转化为还原气氛的温度在1050℃左右。也有些原料需要将转化温度提前，这要通过工艺试验决定。

3. 冷却带的温度控制

产品在700℃以前可以急冷，靠急冷气幕喷入的冷空气将产品急冷。大件未装匣钵的产品，为了避免冷风喷入不均匀引起产品炸裂，可抽200℃以下（由冷却带夹墙，夹顶抽）的热空气作急冷之用（也可采用间接冷却）。窑尾则直接鼓入冷风，使产品由400℃冷至80℃左右出窑。自700℃至400℃一段为缓冷阶段，靠分布在该段的热风抽出口将产品冷却。要注意高温急冷风的位置和风量应根据产品性质、装车情况和推车速度来决定。

（二）烧成带气氛的控制

烧氧化气氛的窑气氛容易控制，控制空气过剩系数大于1，但也不要太大，以节约燃料和提高温度。烧还原气氛的窑在烧成带前一小段要控制氧化气氛，后一大段控制还原气氛，用氧化还原气氛转换气幕来分隔这两段。

气氛气幕应抽冷却带的热空气，避免过多地降低窑内温度。氧化炉既要有充分的空气以烧尽残余的一氧化碳，还要维持一定的温度（900～1050℃）。氧化炉的作用是使进入还原期前将坯体中的有机物完全烧尽，硫化物、碳酸盐等充分分解，以免后期产生坯泡。

燃油或烧煤气的窑，控制燃料量和空气配比即可控制气氛。氧化气氛时空气过量，还原气氛时空气微不足。通过火焰的颜色也可以判断气氛情况。氧化气氛时，火焰清晰明亮，可以一望到底，清楚地看到料垛；还原气氛时，火焰混浊，不容易看清料垛。

气氛的控制和温度的控制密切相关。例如烧氧化气氛时，由于原来空气过多，如果维持燃料不变而减少过多空气，则火焰温度提高，当减少空气至空气过剩系数接近于1时，此时温度最高。再继续减低空气，使空气不足，则温度又降低而进入不完全燃烧的还原气氛。相反，当烧还原气氛时，由于原来空气不足，如果维持燃料不变而增加空气时，由于燃烧更趋完全，火焰温度升高。继续增加空气至理论需要量（空气过剩系数接近于1）时，燃烧温度最高。如再增加空气，则温度降低而变为完全燃烧又有过多空气的氧化气氛。所以从温度的变化也可以判断气氛的变化。

（三）各带压力的控制

压力制度是为了保证温度制度和气氛制度的实现。隧道窑内最重要的是控制烧成带两端的压力稳定。如果窑内负压大，漏入的冷空气必然多，一方面温度低，气体分层严重，上下温差大，另一方面烧成带难以维持还原气氛。如果窑内正压过大，则大量热气体向外界冒出，损失热量并恶化劳动条件。进入车下坑道还会烧毁窑车，造成事故。最理想的操作是维持零压。但要隧道窑全窑维持零压是办不到的，只能在关键性的烧成带维持零压附近，因为预热带要抽走烟气，必然处于负压，而冷却带要鼓入冷空气冷却产品，必然处于正压。由正压到负压要经过零压，由冷却带到预热带要经过烧成带，所以烧成带处于零压附近操作。烧成带也不是全带处于零压，而只有一个零压面。控制烧成带零压面的位置十分重要，烧煤气、烧油的窑，零压面一般控制在烧成带和预热带的交界面附近，使烧成带全带处于微正压，容易烧还原气氛。如烧成带负压大就难维持还原气氛，因为烧成带会漏入冷空气。尤其是预热带负压大，漏入冷风多，上下温差大。

冷却带急冷和直接风冷鼓入的风必须和抽出的热风相平衡，也就是说鼓入的冷风应等于抽出的热风，才不致有冷风流入烧成带，使烧成带能控制最高烧成温度和还原气氛。如果急冷处正压过大，大大超过烧成带最末一对燃烧室处的正压，说明急冷鼓入的冷风过多而未抽走，大量温度不高的空气进入烧成带，可能引起保温不足，产品生烧，或还原气氛不足，产生二次发黄。如果急冷处正压不足而呈现负压。由于热风抽出过多，或急冷鼓风太少，则烧成带有烟气倒流至冷却带，使产品熏烟而成废品。

除了控制隧道内的压力制度外，还要控制车下坑道的压力，坑道的压力与窑内压力最好接近平衡，即冷却带车下维持正压，预热带车下维持负压，烧成带在零压附近。这样，车上车下互不干扰，预热带没有冷空气自坑道漏入窑内，冷却带也无热气冒向坑道。如果控制压力接近平衡有困难，则控制预热带及烧成带车下坑道压力小于窑内的压力，避免漏进大量冷风，增大窑内上下温差。冷却带车下坑道压力应大于窑内的压力，避免烧坏窑车。

（四）操作注意事项

（1）当窑内已达到最高温度，生烧产品多时，则要从调整950℃到最高烧成温度的烧成曲线入手；产品炸裂严重，则要分析是预热带入窑温度过高造成的，还是冷却带冷却过急造成的，当然还需要分析和排除烧成前各工序所造成的原因；如果是窑头温度过高可适当调节各支阀，如果是由于冷却过急造成产品开裂，则应调节冷却曲线；如果700℃以下冷却降温速率不合理，则应通过调整低温热风闸板和窑尾鼓风量来调节；如果产品颜色黯淡，色泽不亮，则应考虑各喷枪燃烧的火焰情况和从解决烟气倒流着手进行调节。

（2）若窑内达不到最高烧成温度，则应调节喷枪。对烧油和煤气的隧道窑来讲，一般是加大雾化风量和燃料量，但也有可能是雾化不好或雾化风量与燃料量配合比例不适当所致，这就应当从调节风与燃料的比例来加以解决。

（3）如果燃烧区温度过高，而靠近冷却带温度偏低，则可能是冷却带的冷风进入烧成带太多（窑尾作冷），也可能是烧成带烟气倒流进入冷却带太多（倒烟）；若是窑尾作冷，应减少急冷风鼓入量（或窑尾鼓风量）；若是倒烟，应减少高温热风抽出量。

（4）如果整个预热带温度偏低则可能是排烟风机抽力不足，则应从压力制度、排烟闸板开度大小、风机功率、风机风管口径、有无漏风等方面寻找原因。

知识点十一　隧道窑初步设计计算

隧道窑的初步设计计算包括原始资料的收集、窑型的确定、窑体主要尺寸及结构的计算、工作系统的确定、窑体材料的选择、燃料燃烧及燃烧设备的计算、物料平衡计算、热平衡计算、通风设备及其他附属设施的设计等。

（一）原始资料的收集

进行隧道窑设计时必须有一些已知的数据，主要包括：

（1）生产任务　即年产量（或日产量、小时产量），一般由设计任务书给定。是根据工厂生产能力决定的，可考虑为将来扩大生产留有余地。

（2）产品种类和规格 一般由设计任务书给定。

（3）工作日 按窑的结构、设备性能、维修能力，确定窑连续工作的时间。

（4）成品率 根据窑的结构、操作情况、产品类型来决定。可参照同类窑炉的情况确定，不可定得太低，也不可定得太高。

（5）燃料的种类与组成 根据本地燃料供应与使用情况，确定燃料种类，并了解燃料的主要性能，如低热值及组成等。

（6）坯体入窑水分 根据窑炉结构对入窑坯体提出要求，或由干燥设备的性能而定。

（7）原料的组成 根据坯料配方与原料情况确定。

烧成制度是根据制品在烧成过程中的物理化学变化、制品的特性等来拟定。包括温度制度、气氛制度、压力制度。

（二）窑体主要尺寸的计算

1. 隧道窑容积的计算

隧道窑容积是根据生产任务、成品率、烧成时间及装窑密度四个因素决定的。

计算公式为：

$$V=\frac{G\cdot\tau}{K\cdot g}$$

式中：V——隧道容积，m^3；

G——生产任务，kg/h 或件/h；

τ——烧成时间，h；

K——成品率，%；

g——装窑密度，kg/m^3 或件/ m^3。

2. 窑型选择

根据原始资料，参考同类产品烧成的实例，确定窑型。包括燃料、窑车、窑具等。既要能保证产品质量，又要保证产量，降低燃料消耗，改善工人操作条件，并降低窑的造价等。

3. 隧道窑内高、内宽、长度及各带长度的计算

隧道窑内高指窑内可装制品部分的空间高度，即从窑车装载面至拱顶的高度。隧道窑内高的确定，应考虑窑垂直断面温度分布的均匀性、制品规格以及工人操作的方便等。窑越高气体分层越严重，窑内温度越不均匀。窑太矮则不能满足生产任务的要求。一般内高为1～2m，快速烧成的隧道窑内高较低。

隧道窑内宽指窑内两侧墙间的距离。内宽的确定要考虑水平断面温度的均匀性、制品尺寸和装车方法。太宽则火焰不易到达隧道中心，使窑两侧与中心温差大。太窄不经济，加宽比加高有利。一般隧道窑内宽为1～2m。

确定了隧道窑的内高、内宽，就可计算隧道截面积，并确定隧道窑的长度。隧道窑长些，容易达到预定的烧成制度。但隧道过长，则阻力加大，为克服窑内阻力，相应的鼓风、抽风压力也要大，使窑处于较大的正压或负压下操作。若正压力过大，热气体冒

出窑外，操作条件恶劣，燃料增加，且易烧损窑车。负压过大，则容易漏进冷空气，窑内上下温差大，降低了产品的产量、质量，也增加了燃料消耗。一般隧道窑长度在70m左右，长的约120m。快速烧成的窑较短。

对一些大件产品，设计时也可根据合理的装车图，首先确定窑车尺寸，根据每车制品的装载量直接求出窑的长度及各带长度，再根据窑车宽和制品的尺寸，确定窑的内宽和内高。

窑长计算公式：

$$L = \frac{V}{A} = \frac{G \cdot \tau}{K \cdot g_1}$$

式中：L——隧道窑理论窑长，m；

A——隧道窑有效截面积，m^2；

g_1——每米窑长的平均装窑密度，kg/m或件/m。

隧道窑实际长度应取窑车长度的整数倍，并考虑一定的余量。如果考虑进车室一个车位的长度和出车端0.5m的余量。同时计算出窑内容车数、窑有效长度，预热带，烧成带、冷却带、进车室、出车室和窑总长。则：

$$L_{窑} = (n+1)L_{车} + 0.5$$

$$L_{预} = L_{窑}\frac{\tau_{预}}{\tau}$$

$$L_{烧} = L_{窑}\frac{\tau_{烧}}{\tau}$$

$$L_{冷} = L_{窑}\frac{\tau_{冷}}{\tau}$$

式中：$L_{窑}$——隧道窑实际长度，m；

n——窑内容车数；

$L_{车}$——一个窑车的长度，m；

$L_{预}$、$L_{烧}$、$L_{冷}$——分别为隧道窑预热带、烧成带、冷却带的长度，m；

$\tau_{预}$、$\tau_{烧}$、$\tau_{冷}$——分别为隧道窑中制品的预热时间、烧成时间、冷却时间，h。

窑内宽根据窑车和制品尺寸确定。窑内侧墙高（窑车装载面至拱脚）根据制品最大尺寸（并留有空隙）确定，同时要确定拱心角、拱高、轨道至窑车衬砖面高、侧墙总高（轨道面至拱脚）等。计算出推车时间（min/车）、小时推车数量（车/h）。

（三）工作系统的确定

窑型及窑的主要尺寸确定后，应确定窑的工作系统，即燃烧系统和通风系统，包括供油或供气管路、燃烧室、排烟口、支烟道、主烟道、烟囱如何布置，采用什么冷却方式，要否二次空气，如何抽余热，气幕如何布置，风机如何安排，是否设有检查坑道等。

工作系统的确定原则是要满足制品的烧成要求，减少窑内温差，加速传热和充分利用余热，便于施工以及操作控制等。而且还要考虑当地实际情况，就地取材，节约投资。例如：采用齿轮泵供油易控制，雾化效果好，但如条件限制，也可采取高位油槽供油。又如隧道窑两侧主烟道在窑墙内平行引向窑头汇合进烟囱（不先在窑底汇合由一侧进烟囱），可以减少阻力，降低烟囱高度。并且在风机安排上，最好每个供风系统有各自的专用风机。这样每台风机容量小，功率小，而且便于控制各点的气氛和温度。但有时受条件限制，也可一机数用，即几个供风系统共用一台风机。

（四）窑体材料及厚度的确定

窑墙、窑顶所用材料及厚度应考虑该处的温度，对窑墙、窑顶的要求，砖型及外形整齐等来决定。每层材料的厚度应通过传热计算确定。材料及厚度确定后可进行材料的概算。通过逐段逐层计算，确定全窑的材料消耗量。表2－7为某隧道窑窑体材料与厚度实例。

表2－7　窑体材料和厚度实例　单位：mm

温度/℃	窑墙							窑顶			
	该段长度/m	轻质高铝砖	聚轻高铝砖	轻质黏土砖	硅酸铝棉	硅酸钙硬板	该段厚度	堇青莫来石板	莫来石绝热砖	硅酸铝纤维	该段厚度
20～900	26	114		230		10	354	20		230	250
900～1220	20		114	230	100	10	454		230	230	460
1220～800	8		114	230	100	10	454		230	230	460
800～80	28	114		230		10	354	20		230	250

（五）燃料燃烧的计算

燃料燃烧的计算包括：燃烧所需空气量的计算、燃烧生成的烟气量的计算及实际温度的计算。

在已知燃料组成的情况下，可用列表计算的方法，较为精确地求出燃料燃烧所需的空气量、生成的烟气量及烟气组成。也可根据经验公式求得燃料燃烧所需理论空气量、空气过剩系数、实际空气需要量、理论烟气量、实际烟气量等。

计算实例：

1. 助燃空气量计算

所用燃料为天然气，低位发热量：$Q_{net,ar}=36000\text{kJ/m}^3$。

查资料，天然气燃烧的理论空气量计算公式：

$$V_a^0=0.264\times\frac{Q_{net,ar}}{1000}+0.05\ (\text{m}^3/\text{m}^3)$$

则燃烧理论空气量为：

$$V_a^0=0.264\times\frac{36000}{1000}+0.05=9.554\ (\text{m}^3/\text{m}^3)$$

取空气过剩系数为1.2，则实际需要空气量为：

$$V_a=\alpha V_a^0=1.2\times9.554=11.4648\ (\text{m}^3/\text{m}^3)$$

2. 燃烧烟气量计算

查资料，天然气燃烧理论烟气量计算公式：

$$V^0 = 0.264 \times \frac{Q_{\mathrm{net,ar}}}{1000} + 1.05\ (\mathrm{m^3/m^3})$$

则燃烧理论烟气量为：

$$V^0 = 0.264 \times \frac{36000}{1000} + 1.05 = 10.554\ (\mathrm{m^3/m^3})$$

实际烟气量为：

$$V = V^0 + (\alpha - 1)\ V_a^0 = 10.554 + (1.2 - 1) \times 9.554 = 12.4648\ (\mathrm{m^3/m^3})$$

3. 燃烧温度计算

理论燃烧温度的计算公式为：

$$t_{th} = (Q_{\mathrm{Dw}} + V_a \cdot c_a \cdot t_a + c_f \cdot T_f)\ /(V \cdot c)$$

查资料：在 $t = 1730℃$ 时的烟气比热容为 $c = 1.64\ \mathrm{kJ/(m^3 \cdot ℃)}$，在室温20℃时空气比热容为 $c_a = 1.30\mathrm{kJ/(m^3 \cdot ℃)}$，天然气的比热容为 $c_f = 1.56\ \mathrm{kJ/(m^3 \cdot ℃)}$，代入公式得：

理论燃烧温度为：$t_{th} = \dfrac{36000 + 11.4648 \times 1.30 \times 20 + 1.56 \times 20}{12.4648 \times 1.64} = 1777\ (℃)$

相对误差为：$\dfrac{1777 - 1730}{1777} = 2.64\% < 5\%$，认为合理。

取高温系数 $\eta = 0.8$，则实际燃烧温度为 $t_p = \eta t_{th} = 0.8 \times 1777 = 1421.6\ (℃)$

$1421.6 - 1220 = 201.6\ (℃)$，比烧成温度高出201.6℃，基本合理。

（六）物料平衡计算

包括每小时烧成的干制品质量、进入窑内的干坯质量、湿坯质量、蒸发的自由水质量、产生的 CO_2 质量、排除的结构水的质量、窑具的质量等。主要为热平衡计算提供数据。

计算实例

1. 每小时烧成干制品的质量

每车装制品18件，单件制品平均质量按25.3kg计算，每车制品质量455kg，每小时进3.2车。

$$G_m = 推车速度 \times 每车载重 = 3.2 \times 455 = 1456\ (\mathrm{kg/h})$$

2. 每小时入窑干坯的质量（坯体的烧失量为2.2%）

$$G_1 = G_m \cdot \frac{100}{100 - w\ (\mathrm{I.L}) \times 100} = 1456 \times \frac{100}{100 - 4.8} = 1529.4\ (\mathrm{kg/h})$$

3. 每小时欲烧成湿制品的质量（坯体的入窑水分为2.2%）

$$G_2 = G_1 \cdot \frac{100}{100 - w} = 1529.4 \times \frac{100}{100 - 2.2} = 1563.8\ (\mathrm{kg/h})$$

4. 每小时蒸发的自由水的质量

$$G_W = G_2 - G_1 = 1563.8 - 1529.4 = 34.4\ (\mathrm{kg/h})$$

5. 每小时从精坯中产生的 CO_2 的质量

（1）每小时从精坯中引入的CaO和MgO质量计算

$$G_{\mathrm{CaO}} = G_1 \cdot w\ (\mathrm{CaO}) = 1529.4 \times 0.32\% = 4.894\ (\mathrm{kg/h})$$

$$G_{\mathrm{MgO}} = G_1 \cdot w\ (\mathrm{MgO}) = 1529.4 \times 0.23\% = 3.518\ (\mathrm{kg/h})$$

（2）产生的CO_2质量

$$G_{CO_2}=G_{CaO}\cdot\frac{M_{CO_2}}{M_{CaO}}+G_{MgO}\cdot\frac{M_{CO_2}}{M_{MgO}}=4.894\times\frac{44}{56.1}+3.518\times\frac{44}{40.3}=7.68\ (kg/h)$$

6. 每小时从精坯中排除结构水的质量 G_{ip}

$$G_{ip}=G_1\times w\ (I.L)\ -G_{CO_2}=1529.4\times4.8\%-7.68=65.73\ (kg/h)$$

7. 窑具的质量 G_b

每车有20个火道支柱，20个支帽，12根横梁，14块棚板，共重约300kg。

每小时进入的窑具质量为：$G_b=300\times3.2=960$（kg/h）

（七）预热带及烧成带的热平衡计算

隧道窑的热平衡计算分为两部分：一部分是预热带和烧成带的热平衡，其目的是计算每小时的热耗，即每小时的燃料消耗量。另一部分为冷却带的热平衡，其目的是计算冷空气鼓入量和热风抽出量。

通过热平衡计算，除了能求出每小时全窑的燃料消耗量以外，还可以从热平衡的各个项目中判断出窑的工作系统、结构等各方面是否合理，哪些项目热耗最大，能否采取措施改进等。

1. 预热带和烧成带热平衡计算的主要工作

（1）确定热平衡计算基准　因为隧道窑是连续生产的，燃料是源源不断地燃烧，制品不断地推进推出，计算时必须划出一个时间阶段作为基准，通常以1h作为时间基准，以0℃作为温度基准。

（2）确定热平衡计算范围　计算燃料消耗量时，热平衡的计算范围为预热带和烧成带，不包括冷却带。

（3）画热平衡示意图（图2-26）　为了防止将热收入和热支出的项目遗漏，常用一个方框图把预热带、烧成带的所有热收入和热支出逐项表示出来。

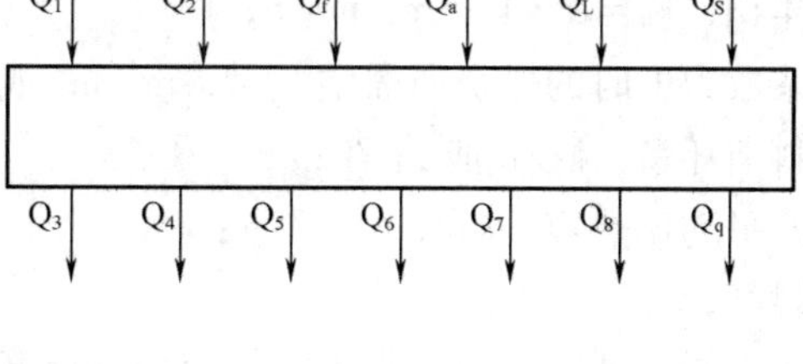

图2-26　预热带和烧成带的热平衡示意图

热收入：Q_1—坯体带入显热　Q_2—棚板、支柱等窑具带入显热　Q_f—燃料带入化学热及显热　Q_a—助燃空气带入显热　Q_L—预热带漏入空气带入显热　Q_S—气幕、搅拌风带入显热

热支出：Q_3—产品带出显热　Q_4—棚板、支柱等窑具带出显热　Q_5—窑墙、顶总散热　Q_6—物化反应耗热　Q_7—窑车蓄热和散失热量　Q_8—其他热损失　Q_q—烟气带走显热

画图时要注意：凡有制品、气体、燃料等进窑就有热收入，凡有产品、气体等离窑就有热支出。此外还有制品在窑内的物化反应耗热，通过窑墙、窑顶的散热，以及其他

不可估计的热损失。

（4）对各项热收入和热支出项目分别计算　列出热平衡方程，求出燃料消耗量。

2. 热收入项目计算

（1）坯体带入显热 Q_1　计算公式：

$$Q_1 = G_1 \cdot c_1 \cdot t_1$$

式中：Q_1——坯体带入显热，kJ/h；

G_1——入窑坯体的质量，kg/h；

c_1——入窑坯体的平均比热容，kJ/(kg · ℃)；

t_1——入窑坯体的温度,℃。

（2）窑具或棚板等带入显热 Q_2　计算公式：

$$Q_2 = G_2 \cdot c_2 \cdot t_2$$

式中：Q_2——窑具或棚板等带入显热，kJ/h；

G_2——匣钵或棚板的质量，kg/h；

c_2——匣钵或棚板等的平均比热容，kJ/(kg · ℃)；

t_2——入窑匣钵或棚板等的温度,℃。

（3）燃料带入化学热及显热 Q_f　计算公式：

$$Q_f = x\ (Q_D + c_f \cdot t_f)$$

式中：Q_f——燃料带入化学热及显热，kJ/h；

x——每小时燃料消耗量，kg/h 或 m^3/h；

Q_D——燃料的低热值，kJ/kg 或 kJ/m^3；

c_f——入窑燃料的平均比热容，kJ/(kg · ℃)；

t_f——入窑燃料温度,℃。

（4）助燃空气带入显热 Q_a　计算公式：

$$Q_a = V_a \cdot c_a \cdot t_a$$

式中：Q_a——助燃空气带入显热，kJ/h；

V_a——助燃空气体积，$V_a = \alpha \cdot V_a^0 \cdot x$，$m^3$/h；

V_a^0——空气过剩系数为 1 时的燃烧所需空气量，m^3/m^3 或 m^3/kg；

x——每小时燃料消耗量，kg/h 或 m^3/h；

c_a——助燃空气的平均比热容，kJ/(m^3 · ℃)；

t_a——助燃空气温度,℃。

若一、二次空气温度不同，则助燃空气带入显热应分别计算。

（5）气幕、搅拌风带入显热 Q_s 一般包括窑头封闭气幕、气氛气幕和搅拌气幕所带入的显热。气幕、搅拌风量一般采用经验数据，一般为理论助燃空气量的 1.5 ~ 3 倍。也可参比同类窑炉的气幕搅拌风量。带入显热的计算公式与助燃空气带入显热的计算方法相同。

（6）从预热带不严密处漏入空气带入显热 Q_L　计算公式：

$$Q_L = V'_a \cdot c_a \cdot t_a$$

式中：Q_L——漏入空气带入显热，kJ/h；

V_a'——漏入空气体积，m^3/h；

$$V_a' = [(\alpha_g - \alpha_f)V_a^0]x - \sum V_{幕}$$

α_f——烧成带的空气过剩系数；

α_g——离窑时烟气中的空气过剩系数；

$\sum V_{幕}$——各气幕搅拌风量之和，m^3/h；

c_a——漏入空气的平均比热容，kJ/(m³·℃)；

t_a——漏入空气的温度,℃。

（7）窑车带入显热和热支出项目中窑车积蓄和散失热量合并考虑。

3. 热支出项目计算

（1）产品带出显热 Q_3 计算公式：

$$Q_3 = G_3 \cdot c_3 \cdot t_3$$

式中：Q_3——产品带出显热，kJ/h；

G_3——出烧成带产品质量，kg/h；

c_3——出烧成带产品的平均比热容，kJ/(m³·℃)；

t_3——出烧成带产品的温度,℃。

（2）匣钵或棚板等带出显热 Q_4 计算公式：

$$Q_4 = G_4 \cdot c_4 \cdot t_4$$

式中：Q_4——匣钵或棚板等带出显热，kJ/h；

G_4——匣钵或棚板出烧成带质量，kg/h；

c_4——出烧成带匣钵或棚板的平均比热容，kJ/(m³·℃)；

t_4——出烧成带匣钵或棚板的温度,℃。

（3）烟气带走显热 Q_q 计算公式：

$$Q_q = V_q \cdot c_q \cdot t_q$$

式中：Q_q——烟气带走显热，kJ/h；

V_q——离窑烟气体积，m^3/h；

$$V_q = [V_q^0 + (\alpha_q - 1)V_a^0]x$$

V_q^0——空气过剩系数为1时的烟气体积，以标准状况表示，m^3/m^3 或 m^3/kg；

α_q——离窑烟气的空气过剩系数；当窑内负压不大时，$\alpha_q = 2 \sim 4$，当窑内负压较大时，$\alpha_q = 3 \sim 7$。

c_q——离窑烟气的平均比热容，kJ/(m³·℃)；

t_q——离窑烟气温度,℃。

若有气幕时，尚需加入气幕的空气体积。

（4）通过窑墙，窑顶散失之热 Q_5 按通过多层墙壁稳定导热计算。一般是沿窑长方向把预热带、烧成带分成若干个区段，分别计算窑墙、窑顶的散热，然后相加得到总散热。

计算举例：

①20～600℃段：该段窑长度为17.4m，窑宽为3.55m。窑外壁表面平均温度80℃，窑内壁表面平均温度：（20+600）/2=310℃

a. 窑墙部分散热计算

此部分用材料如下：轻质高铝砖厚度 $\delta_1=114$mm，导热系数 $\lambda_1=0.706$W/(m·℃)；轻质黏土砖厚度 $\delta_2=230$mm，导热系数 $\lambda_2=0.342$W/(m·℃)；硅酸钙硬板厚度 $\delta_3=10$mm，导热系数 $\lambda_3=0.07$W/(m·℃)。

$$\text{热流 } q_1=\frac{t_1-t_0}{\frac{\delta_1}{\lambda_1}+\frac{\delta_2}{\lambda_2}+\frac{\delta_3}{\lambda_3}}=\frac{310-80}{\frac{0.114}{0.706}+\frac{0.23}{0.342}+\frac{0.01}{0.07}}=235.5\ (\text{W/m}^2)$$

不考虑车台面以下部分的窑墙散热，窑内高按 1200mm 计算，

则两侧窑墙散热量：$Q_1'=2\times235.5\times17.4\times1.2\times3.6=35404.1$(kJ/h)

b. 窑顶部分散热计算

此部分用材料如下：堇青莫来石板厚度 $\delta_1=20$mm，导热系数 $\lambda_1=0.2$W/(m·℃)；硅酸铝棉厚度 $\delta_2=230$mm，导热系数 $\lambda_2=0.24$W/(m·℃)。

$$\text{热流 } q_2=\frac{t_1-t_0}{\frac{\delta_1}{\lambda_1}+\frac{\delta_2}{\lambda_2}}=\frac{310-80}{\frac{0.02}{0.2}+\frac{0.23}{0.24}}=217.3\ (\text{W/m}^2)$$

窑顶散热量：$Q_2'=217.3\times3.55\times17.4\times3.6=48321.4$ (kJ/h)

所以，20 ~600℃段的窑体散热总量为：

$Q_a'=Q_1'+Q_2'=35404.1+48321.4=83725.5$ (kJ/h)

② 600 ~900℃段：该段长度为 8.6m，窑外壁表面平均温度 80℃，窑内壁表面平均温度：(600 +900) /2 =750℃

a. 窑墙部分散热计算

此部分用材料如下：轻质高铝砖厚度 $\delta_1=114$mm，导热系数 $\lambda_1=0.706$W/(m·℃)；轻质黏土砖厚度 $\delta_2=230$mm，导热系数 $\lambda_2=0.342$W/(m·℃)；硅酸钙硬板厚度 $\delta_3=10$mm，导热系数 $\lambda_3=0.07$W/(m·℃)。

$$\text{热流 } q_3=\frac{t_1-t_0}{\frac{\delta_1}{\lambda_1}+\frac{\delta_2}{\lambda_2}+\frac{\delta_3}{\lambda_3}}=\frac{750-80}{\frac{0.114}{0.706}+\frac{0.23}{0.342}+\frac{0.01}{0.07}}=685.9\ (\text{W/m}^2)$$

则两侧窑墙散热量：$Q_3'=2\times685.9\times1.2\times8.6\times3.6=50965.1$ (kJ/h)

b. 窑顶部分散热计算

此部分用材料如下：堇青莫来石板厚度 $\delta_1=20$mm，导热系数 $\lambda_1=0.2$W/(m·℃)；硅酸铝棉厚度 $\delta_2=230$mm，导热系数 $\lambda_2=0.24$W/(m·℃)。

$$\text{热流 } q_4=\frac{t_1-t_0}{\frac{\delta_1}{\lambda_1}+\frac{\delta_2}{\lambda_2}}=\frac{750-80}{\frac{0.02}{0.2}+\frac{0.23}{0.24}}=633.1\ (\text{W/m}^2)$$

窑顶散热量：$Q_4'=3.55\times633.1\times8.6\times3.6=69582.8$ (kJ/h)

所以，600 -900℃段的窑体散热总量为：

$$Q_b'=Q_3'+Q_4'=50965.1+69582.8=120547.9\ (\text{kJ/h})$$

③ 900 ~1220℃段：该段长度为 20m，窑外壁表面平均温度 80℃，窑内壁表面平均温度：(900 +1220) /2 =1060℃

a. 窑墙部分散热计算

此部分用材料如下：聚轻高铝砖厚度 $\delta_1 = 114mm$，导热系数 $\lambda_1 = 0.45W/(m \cdot ℃)$；硅酸铝棉厚度 $\delta_2 = 100mm$，导热系数 $\lambda_2 = 0.24W/(m \cdot ℃)$；轻质黏土砖厚度 $\delta_3 = 230mm$，导热系数 $\lambda_3 = 0.342W/(m \cdot ℃)$；硅酸钙硬板厚度 $\delta_4 = 10mm$，导热系数 $\lambda_4 = 0.07W/(m \cdot ℃)$。

$$热流\ q_5 = \frac{t_1 - t_0}{\frac{\delta_1}{\lambda_1} + \frac{\delta_2}{\lambda_2} + \frac{\delta_3}{\lambda_3} + \frac{\delta_4}{\lambda_4}} = \frac{1060 - 80}{\frac{0.114}{0.45} + \frac{0.10}{0.24} + \frac{0.23}{0.342} + \frac{0.01}{0.07}} = 659.8\ (W/m^2)$$

不考虑车台面以下部分的窑墙散热，窑内高按 1300mm 计算，

则两侧窑墙散热量：$Q'_5 = 2 \times 659.8 \times 1.3 \times 20 \times 3.6 = 123514.6$（kJ/h）

b. 窑顶部分散热计算

此部分用材料如下：莫来石绝热砖厚度 $\delta_1 = 230mm$，导热系数 $\lambda_1 = 0.3W/(m \cdot ℃)$；硅酸铝棉厚度 $\delta_2 = 230mm$，导热系数 $\lambda_2 = 0.24W/(m \cdot ℃)$。

$$热流\ q_6 = \frac{t_1 - t_0}{\frac{\delta_1}{\lambda_1} + \frac{\delta_2}{\lambda_2}} = \frac{1060 - 80}{\frac{0.23}{0.3} + \frac{0.23}{0.24}} = 568.1\ (W/m^2)$$

窑顶散热量：$Q'_6 = 20 \times 568.1 \times 3.55 \times 3.6 = 149807.2$（kJ/h）

所以，900 ~ 1220℃段的窑体散热总量为：

$$Q'_c = Q'_5 + Q'_6 = 123514.6 + 149807.2 = 273321.8\ (kJ/h)$$

④预热带和烧成带窑体散失热量总和为：

$$Q_5 = 83725.5 + 120547.9 + 273321.8 = 477595.2\ (kJ/h)$$

（5）物化反应总吸热 Q_6

物化反应总吸热 Q_6：

$$Q_6 = Q_w + Q'_w + Q_r\ (kJ/h)$$

①自由水蒸发吸热 Q_w：

$$Q_w = G_w(2490 + 1.93t_g)\ (kJ/h)$$

式中：G_w—— 入窑制品所含自由水的质量，kg/h；

2490 —— 0℃时，1kg 自由水蒸发所需热量，kJ/kg；

1.93 —— 在烟气离窑时的水蒸气平均比热容，kJ/(kg · ℃)；

t_g—— 离窑烟气温度，℃。

②结构水脱水吸热 Q'_w：

$$Q'_w = G'_w \times 6700\ (kJ/h)$$

式中：G'_w——入窑制品所含结构水质量，kg/h；

6700——1kg 结构水脱水所需热量，kJ/kg。

③其余物化反应吸热 Q_r：此项热支出要根据原料情况，查阅有关资料，但由于陶瓷烧成反应极为复杂，常根据经验数据大致估计，或用 Al_2O_3 的反应热近似地代替。

$$Q_r = G_r \times 2100 \times w\ (kJ/h)$$

式中：G_r——入窑干制品质量，kg/h；

2100——1kg Al_2O_3 的反应热，kJ/kg；

w——制品中 Al_2O_3 含量，%。

（6）窑车积蓄和散失之热 Q_7　窑车积散热是不稳定的传导传热，往往采用经验数据，传统窑车此项热支出占总收入的20%～25%，对全纤维窑车此项热支出占总收入的2%～3%。如果采用辊子或推板输送物品或采用轻型窑车，则此项热损失甚小。

（7）其他热损失 Q_8　该项热支出要根据具体情况，对比现有同类型的窑加以确定，一般占总收入的5%～10%。

4. 列出热平衡方程式

根据热收入＝热支出，可求出燃料消耗量。

$$Q_1 + Q_2 + Q_f + Q_a + Q_L + Q_S = Q_3 + Q_4 + Q_q + Q_5 + Q_6 + Q_7 + Q_8$$

列出预热带及烧成带热平衡表，见表2－8。

表2－8　　预热带及烧成带热平衡表

热收入			热支出		
项目	kJ/h	%	项目	kJ/h	%
坯体带入显热 Q_1			产品带出显热 Q_3		
垫板、支柱显热 Q_2			垫板、支柱显热 Q_4		
燃料化学热、显热 Q_f			烟气显热 Q_q		
助燃空气显热 Q_a			窑墙、窑顶散热 Q_5		
漏入空气显热 Q_L			物化反应热 Q_6		
气幕、搅拌风显热 Q_S			窑车积、散热 Q_7		
			其他热损失 Q_8		
总计			总计		

（八）冷却带的热平衡计算

冷却带热平衡的计算方法与预热带、烧成带的热平衡计算方法相似。

1. 冷却带热平衡计算的主要工作

（1）先确定热平衡计算基准　时间基准1h，温度基准0℃。

（2）确定计算范围　冷却带。

（3）画出冷却带热平衡示意图（图2－27）　列出热收入、热支出的所有项目。热收入项目主要有离烧成带而进入冷却带时产品带入显热，棚板带入显热，窑车带入显热，冷却空气带入显热等。热支出项目主要有离窑时产品带出显热，匣钵、棚板带出显热，窑车带出显热，窑墙、窑顶散热，抽送干燥热空气带走显热，作气幕气体带走显热，其他热损失等。

（4）列热平衡方程式　在这个热平衡方程式中也只能有一个未知数，即冷却空气需要量 V（或可供干燥的热空气量）。其他一切项目都应已知，或用 V 代替，或事先用分段热平衡的办法算出，所以 V 可求。而可供干燥的热空气抽出量是由冷却空气鼓入量和助燃二次空气量决定的，也可求出。

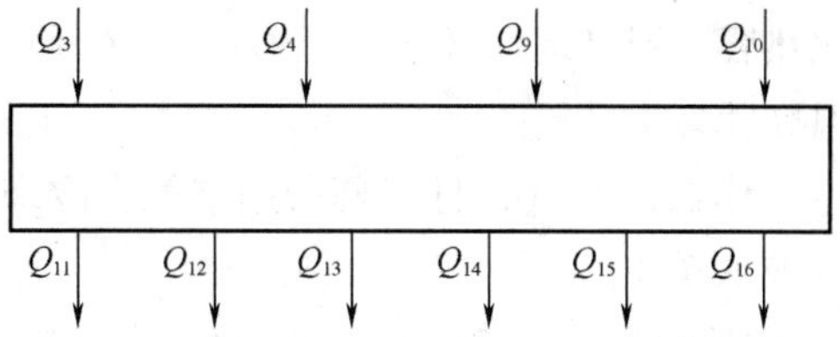

图 2－27 冷却带的热平衡示意图

热收入：Q_3—制品带入显热 Q_4—棚板、支柱等窑具带入显热 Q_9—窑车带入显热

Q_{10}—急冷风带入显热与冷却带末端送入冷却风带入显热

热支出：Q_{11}—制品带出显热 Q_{12}—棚板、支柱等窑具带出显热 Q_{13}—窑车蓄热、带出及散失之热

Q_{14}—窑墙、顶总散热 Q_{15}—抽走余热风带走热量 Q_{16}—其他热损失

2. 热收入项目计算

（1）产品带入显热 Q_3 此项热量即为预热带、烧成带产品带出显热。

（2）垫板、支柱带入显热 Q_4 此项热量即为预热带、烧成带垫板、支柱带出显热。

（3）窑车带入显热 Q_9 预热带、烧成带窑车散失的热量约占窑车积热、散热的5%，而95%的积热带进冷却带。

（4）冷却带末端送入空气带显热 Q_{10} 用公式计算：$t_a = 20℃$，此温度下空气平均比热容为：$c_a = 1.3 kJ/(m^3 \cdot ℃)$。

3. 热支出项目计算

（1）产品带出显热 Q_{11} 计算公式：

$$Q_{11} = G_{11} \cdot c_{11} \cdot t_{11}$$

式中：Q_{11}——产品带出显热，kJ/h；

G_{11}——出窑产品质量，kg/h；

t_{11}——出窑产品温度，一般 $t_{11} = 80℃$，

c_{11}——出窑产品平均比热容，80℃时，$c_{11} = 0.896 kJ/(kg \cdot ℃)$。

（2）垫板与支柱带出显热 Q_{12} 计算公式：

$$Q_{12} = G_{12} \cdot c_{12} \cdot t_{12}$$

式中：Q_{12}——垫板与支柱带出显热，kJ/h；

G_{12}——出窑垫板与支柱质量，kg/h；

t_{12}——出窑垫板与支柱温度，一般 $t_{12} = 80℃$；

c_{12}——出窑垫板与支柱的平均比热容，$kJ/(m^3 \cdot ℃)$。

（3）窑车带走和向车下散失的热量 Q_{13} 此项热量占窑车带入显热的55%。

（4）窑墙，窑顶散热 Q_{14} 同样根据窑的结构、材料，并考虑温度范围，将窑墙、窑顶分成若干段计算，间壁冷却段的计算用换热器的传热计算方法。侧墙无间壁处散热及其余各段散热计算同预热带窑墙散热计算。

（5）抽送余热风带走湿热 Q_{15} 计算公式：

$$Q_{15} = V_x \cdot c_{15} \cdot t_{15}$$

式中：V_x——抽送热空气的体积，m^3；

c_{15}——热空气的比热容，$kJ/(m^3 \cdot ℃)$；

t_{15}——热空气的温度，℃。

如果不用冷却带热空气作二次空气，且气幕所用空气由冷却带间壁抽出，所以，热空气抽出量即为冷却空气鼓入量 V_a。

设抽送干燥器用的空气温度为 $t_{15}=200℃$，此温度下的空气平均比热为 $c_{15}=1.32$ $kJ/(m^3 \cdot ℃)$。

（6）其他热损失 Q_{16}　取经验数据，占总热收入的5%。

4. 列热平衡方程式

根据热收入＝热支出，可求出冷却空气需要量或热空气抽出量。

$$Q_3+Q_4+Q_9+Q_{10}=Q_{11}+Q_{12}+Q_{13}+Q_{14}+Q_{15}+Q_{16}$$

列出预热带及烧成带热平衡表，见表2－9。

表2－9　　冷却带热平衡表

热收入			热支出		
项目	kJ/h	%	项目	kJ/h	%
产品带入显热 Q_3			产品带出显热 Q_{11}		
垫板、支柱带入显热 Q_4			垫板、支柱带出显热 Q_{12}		
窑车带入显热 Q_9			窑车带出显热及车下散热 Q_{13}		
空气带入显热 Q_{10}			窑墙、窑顶散热 Q_{14}		
			抽送余热风带出显热 Q_{15}		
			其他热损失 Q_{16}		
总计			总计		

（九）烧嘴的选用及燃烧室的计算

计算出每小时全窑燃烧消耗后，可求每小时烧嘴的燃料消耗量，选用合适的烧嘴，及进行燃烧室尺寸的计算。燃烧室的计算是根据燃烧室空间热强度即每1m^3燃烧空间每小时能发出的热，求出燃烧室的体积；根据窑墙的厚度，烧嘴砖的尺寸，确定燃烧室的深度，求出燃烧室的截面积；再根据砖形及工艺要求算出燃烧室的宽度和高度。

（十）烟道和管道计算，阻力计算和风机选型

窑的工作系统已确定，但窑各部分的具体尺寸，如排烟口、热风抽出口、窑墙内各通道、各金属管道的尺寸等尚未决定。因此必须进一步计算，并计算各部分的阻力，以便对风机选型。常用风机型号举例见表2－10。

表2-10　　常用风机型号举例

用途	风机名称	机型	转速/(r/min)	全压/Pa	风量/(m^3/h)	电动机	
						型号	功率/kW
搅拌风机	离心通风机	G6-43No3.3	2840	1785	1474	Y190S-2	1.5
车下风机	离心通风机	G6-43No6.3	1440	1652	5896	Y132S-4	5.5
排烟风机	锅炉引风机	Y8-39No5.6	2900	3971	12214	Y200L1-2	30
助燃风机	离心通风机	G6-43No6.3	1440	1797	3106	Y132S-4	5.5
快冷风机	离心通风机	G6-43No8.5	1470	3271	13034	Y160M-4	22
抽热风机	锅炉引风机	Y4-73No9D	1450	1644	25976	Y180L-4	22
急冷风机	离心通风机	G6-43No6.3	1440	1652	5896	Y132S-4	5.5

任务一　隧道窑烧成缺陷分析

(一) 操作要求

根据烧后制品的外观特征与内部性能，分析制品缺陷的产生原因，提出解决方案与措施。

(二) 操作准备

(1) 带有各类缺陷的陶瓷制品若干件（如变形、开裂、起泡、生烧与过烧、阴黄、釉面针孔等）。

(2) 常用的检查工具。

(三) 操作步骤

(1) 根据制品缺陷特征，判断缺陷的类型。

(2) 根据缺陷的情况分析可能产生缺陷的原因。

(3) 通过缺陷原因分析，初步提出解决方案。

(4) 如果条件允许，根据提出的解决方案进行试验，直至缺陷消除。

(四) 相关知识

陶瓷生产是一个非常复杂的过程，从原料至烧成任何一道工序稍有疏忽，即有引起缺陷甚至报废的可能。这些缺陷，有的发现在烧成之前；有的是产生于烧成之前但烧成前未被发现，而在烧成中才暴露出来；有的则是由于烧成不当而形成的。由于造成缺陷的原因错综复杂，并且企业生产情况又不尽相同，所以也很难做出全面而又普遍的解决方案。在遇到缺陷时应该首先从多方面深入调查，甚至包括生产组织与管理制度等方面的问题，从中分析研究找出原因，然后根据实际情况采取相应的措施，通过调试得以解决。

1. 变形

(1) 缺陷特征　变形是陶瓷生产中最常见的缺陷，一般表现为制品口径歪扭不圆，几何形状有不规则的改变。

（2）产生原因 产生变形的原因极为复杂，几乎整个生产过程都会产生变形。归结起来，产生变形的原因主要是坯料组成、机械应力和结构应力三个方面。坯料中塑性黏土用量过多、泥料过细或真空练泥时坯泥颗粒呈定向排列，都会使坯体在干燥和烧成时产生不均匀收缩而变形。成型时投泥、压坯、脱模操作不当，坯料烧结温度范围过窄或烧成控制不当也容易引起变形。窑内温度过高、高火保温时间过长，窑内上下温差、水平温差过大，制品受热不均产生热应力而变形。坯料熔剂量过多，烧结时液相量过多，自重变形的倾向增大，也容易引起变形。此外，器形设计不合理，装钵不当，钵底与垫片收缩不一致，匣钵本身抗高温荷重软化能力较差等都是引起变形的原因。

（3）克服措施 克服变形应从产生缺陷的主要原因入手。在烧成过程中改善的方法是采用合理的装钵与装窑方法，采用高温强度大的匣钵与平整的垫片，使垫片与坯体收缩一致；选用合理的窑型，制定适宜的烧成制度并严格执行，控制窑内温差。

2. 开裂

（1）缺陷特征 制品的坯釉层同时出现大小不同的裂纹。一般在低温阶段和高温阶段因升温过快引起的开裂，其特征为坯与釉同时开裂，其断面粗糙而不锋利；而冷却阶段引起的开裂特征为裂纹细小、断口光滑而锋利。

（2）产生原因 上釉后的生坯在搬运过程中因碰撞而产生的微细裂纹在烧成前不易被发现，在高温中应力释放就暴露出裂纹；坯体入窑水分过高，升温过急引起坯体内外收缩不均匀，当产生的破坏应力超过制品强度时就产生开裂；高温阶段升温过快，收缩过大，也容易产生开裂。此外，坯体在晶型转化阶段冷却过快和器形设计不合理也都是产生开裂的重要原因。

（3）克服措施 严格执行装钵、装窑操作制度，减少坯件的碰撞，轻拿轻放，提高坯体入窑质量。控制坯体入窑水分，严格执行烧成制度，特别注意在750～400℃的冷却速度不宜过快，应适当减少冷却风量。对于有壶把、壶嘴、杯把等粘接件的制品，坯体的厚薄应均匀，粘接件的大小与粘接位置应恰当。为了避免开裂，可以在粘接浆中适量加入10%～15%的釉料，使附件与主件很好地熔合在一起。

3. 起泡

（1）缺陷特征 起泡分坯泡与釉泡两种，坯泡又分氧化泡和还原泡。氧化不彻底所造成的坯泡为氧化泡，泡有小米粒大小，又称小米泡，外面有釉层覆盖，不易用手摸破，断面呈灰黑色，多产生在低温处。由于还原不足而产生的坯泡称还原泡，直径比小米泡大，又称过火泡，断面发黄，多产生在高温近喷火口部位的制品。釉泡一般细小，鼓在釉层表面，易用手摸破，破后粘污成黑色小点。

（2）产生原因 氧化期温度偏低，氧化气氛不足，使得坯体氧化不充分；预热带温度低，使坯体氧化分解的时间变短，坯体氧化不充分；窑内气氛控制不当，还原气氛过浓，影响到氧化阶段的气氛，致使坯体氧化不足；预热带温差过大，坯体中含有较多的有机物、碳酸盐、硫酸盐和碳素，它们未能烧尽，氧化分解不彻底；烧成温度过高或局部温度过高，超过了坯体的烧成温度范围，使坯体产生过火泡；装窑密度不当，使窑内温差加大；坯体入窑水分过高，窑内水蒸气较大，如同时出现预热带温度低或进车过快，更容易造成气泡；还原气氛过淡或过强，结束时间过早或过晚，均可能形成还原泡。

（3）克服措施 适当提高氧化温度，延长氧化保温时间，保持窑内有足够的氧化气氛和氧化温度；减少坯料中碳酸盐、硫酸盐、有机物等杂质含量，装窑时要注意稀密适当，尽量缩小窑内温差；严格控制坯体入窑水分，适当提高釉料的始熔温度，使杂质能在釉层熔化封闭前充分分解完毕，各种气体能顺利排除。

4. 生烧与过烧

（1）缺陷特征 生烧时坯体未达到预定烧成温度，吸水率偏高，釉面光泽差，粗糙发黄和声音不脆。过烧时制品发生软化变形，釉面起泡或流釉。

（2）产生原因 产生生烧的主要原因是坯料配方不当，烧成温度偏低，保温时间过短，窑内温差过大等。产生过烧的原因是由于烧成温度过高，保温时间过长，窑内局部温度超过坯的烧成温度范围而引起坯体软化变形。如果釉的熔融温度低、高温黏度小和釉层太厚，容易在高温时产生流釉。坯体过烧时氧化铁的分解会使釉层中出现小而密集的气泡。

（3）克服措施 检查并调整坯釉料配方，使之适应烧成制度；严格按烧成制度控制好烧成温度和保温时间；合理调整装窑密度，改进通风，尽量缩小窑内温差。

5. 阴黄

（1）缺陷特征 制品局部或全部发黄。这是南方瓷常见的一种缺陷。

（2）产生原因 还原焰烧成时还原不足是产生阴黄的主要原因。还原起始温度过高、还原阶段的还原气氛过弱、装窑密度偏大及烟囱抽力过大都可能造成还原不足。使坯体中的 Fe_2O_3 未能还原成 FeO 而致使产品色泽呈阴黄。

氧化焰烧成时，坯料中 Fe_2O_3 含量达到 0.35% 就会使制品呈现黄色。另外，生烧或过烧及 800℃以前冷却过慢，引起 FeO 的重新氧化也会造成阴黄缺陷。

（3）克服措施 加强原料的精制和除铁；严格控制合适的还原气氛，不可太强，也不可太弱，掌握好还原温度，尽量缩小窑内温差；控制好车下压力，不让冷风吸入窑内而产生氧化气氛。

6. 烟熏

（1）缺陷特征 制品表面出现局部或全部黑色熔斑或黑点，称为烟熏，又称吸烟。

（2）产生原因 烟气严重倒流，引起釉面吸烟；坯体氧化不完全，还原过早，还原气氛过强或结束过迟，使坯体内的碳素、有机物或低温沉碳未能烧尽，而被釉层封闭。断面通常呈黑色或夹有黑心。釉料中钙含量偏高也易引起烟熏。

另外，注浆制品烟熏缺陷高于塑性成型产品，并与加入电解质的种类有关，加入 Na_2CO_3 导致烟熏最为严重。控制注浆料中结合黏土用量及采用压滤后泥饼再化浆制备工艺，以减少料浆中的硫酸盐，均有利于防止烟熏缺陷。

（3）克服措施 适当增大急冷气幕，提高急冷风机的压力，防止烟气倒流；正确控制还原作用的时间与还原气氛的强弱，使碳素不致沉积在制品表面；适当加大窑内烟气流速，使碳素充分氧化和排除；在还原气氛前要做好中火保温。

7. 橘釉

（1）缺陷特征　釉面不平呈橘皮状时称为橘釉。

（2）产生原因　坯体表面修整不善而釉层过薄不足以弥补坯体表面不平的缺陷；釉料颗粒粗，熔化不透；釉料高温黏度大而流动性差；烧成温度过低，保温时间过短，釉面在高温下未能充分流动等。

（3）克服措施　可以通过控制原料质量、坯釉料组成与细度、釉层厚薄等予以克服。改进釉料配方，提高其高温流动性；烧成时升温均匀，烧成温度与高温保温时间适当。

8. 釉面针孔

（1）缺陷特征　制品釉面分散着细微小孔时俗称针孔，又称棕眼和猪毛孔。

（2）产生原因　原料中的有机物、碳素、氧化铁、硫酸盐等杂质含量高，烧成时氧化分解不充分或还原不彻底，在高温阶段继续分解，反应放出的气体逸出釉面而造成小孔。还原气氛烧成过程中，碳素沉积在釉面上，高温时烧去碳粒就留下凹痕。窑内气氛中的水蒸气被坯体和釉吸收再脱去时，也会引起针孔。

（3）克服措施　采用含铁量低、有机物杂质少的原料作坯料；采用高温黏度小、流动性好的釉料配方；控制釉浆浓度，釉层厚度适当；升温速度要适当，氧化阶段要烧清，烧成温度、高温保温时间与烧成气氛要适宜，避免碳素沉积釉面。

9. 惊釉与惊裂

（1）缺陷特征　制品釉面有头发丝粗细的裂纹称为惊釉，坯、釉皆裂称惊裂。

（2）产生原因　坯与釉的膨胀系数相差过大，烧成温度过高，冷却制度不合理，釉层过厚等。

（3）克服措施　改进坯、釉配方，使坯与釉的膨胀系数相适应。冷却时在 700 ~ 400℃时不宜太快。釉层均匀，厚薄适当。

10. 粘疤

（1）缺陷特征　制品在烧成时与外物粘接，烧后分离时形成残缺现象。

（2）产生原因　坯体施釉时底足去釉未尽、坯体黏附有易熔物、坯体过烧或垫饼未刷隔黏涂料都易使坯体出现粘疤。匣钵高温变形也往往使坯体倾倒、挤压而产生粘接缺陷。

（3）克服措施　提高匣钵质量，改进装匣操作。

11. 釉面无光

（1）缺陷特征　制品烧后失去光泽。

（2）产生原因　釉的碱性组分挥发，釉层被坯体吸收，产生结晶及釉层熔融不良；含氧化钙高的釉料在冷却时有较大的结晶倾向；施釉太薄或施釉时釉料未搅拌均匀；釉料熔点高，烧成温度不够等。

（3）克服措施　适当增加釉的浓度或多上几次釉；适当增加釉料中熔剂料，降低熔点，或适当提高烧成温度；在冷却初期（烧成温度 ~ 800℃）采取快速冷却，防止釉层析晶。

12. 熔洞

（1）缺陷特征　因易熔物熔融使制品的表面产生的凹坑。

（2）产生原因　原料中含有铁质，或铁质分布不均匀，烧成后就会出现黑米点。坯釉中含有过多的铁质，烧成中还原过重，氧化铁被还原为金属铁也会形成黑米点。这些黑米点就是熔洞。泥浆及模型内掉入石膏，或练泥制坯时混入易熔物质，烧后就会造成制品表面的熔洞。

（3）克服措施　严格检查模型，清除模型中的杂质；加强原料的精选，除去原料中的铁质。

任务二　隧道窑烧成常见故障及排除

（一）操作要求

根据隧道窑烧成时的常见故障，分析其产生原因，提出解决方案与措施。

（二）操作准备

（1）常用工具、劳保用品等。

（2）相关备品备件。

（三）操作步骤

（1）根据窑炉运行情况，判断故障的类别及产生原因。

（2）提出故障解决方案，并进行相关操作。

（四）相关知识

1. 倒车

窑车上的坯体在隧道窑内发生倒塌的现象称倒车，它是隧道窑常见的故障之一。倒车发生的原因主要有：

（1）装车不符合要求，或坯垛不稳，或垫砖松动等。

（2）入窑坯体水分过高，预热带窑头温度过高，或者预热带上下温差过大，造成炸坯，坯体炸碎后可直接造成坯垛部分倒塌，也可能卡在窑车与窑墙之间的间隙内，造成进车阻力加大，料垛或垫砖移动，最终引起坯垛倒塌。

（3）烧成温度过高或保温时间长，制品过烧变形，造成制品柱歪斜而倒塌。

（4）窑内温度分布不合理，棚架高温强度低或耐急冷急热性能差，造成棚架碎裂等。

（5）与窑墙或突出物相碰。

（6）窑车脱轨或窑车行走不平衡。

倒车事故发生后，若能及早发现，及时处理，可以减少损失。因此，当间歇进车时，进车前应注意观察窑内两侧情况，连续进车时要注意推进过程中推车机压力的变化。处理倒车事故的具体措施，要根据具体情况确定。如轻微的倒车或发生在冷却带的倒车，有时可不用停窑处理，而随车推出。

若倒车发生在预热带头部几个车位，可将燃烧室停火，打开窑门，利用推车机（油压返回或螺旋返回）或回车机等，将窑车逐个拖出，直到事故窑车拖出后，再继续进车。若事故发生在烧成带附近，应尽量利用烧成带前后的事故处理孔处理。若事故车已过冷却带事故处理孔，且倒车严重，继续进车会使倒车范围扩大时，应该停火并停止冷却带鼓风，打开冷却带窑门，从尾部将窑车逐个拖出，直到可顺利进车为止。

当处理事故窑温下降时，要注意冷却速度不可太快。特别应注意大量冷风入窑，而造成窑体损坏和正常窑车上装载的制品开裂等问题。为了防止倒车事故要严格保证装车质量，入窑前一定要逐车检查，尽量把事故消除在窑外。其次要控制好入窑水分。并应严格烧成操作，稳定热工制度。

2. 窑车烧坏

如果窑车下部温度过高，轻则会使窑车轴承的润滑油烧干，烧焦；重则使裙板和砂封板变形，造成窑车无法正常运行，维修工作量也相应增大。这种事故一般发生在烧成带和冷却带，其产生原因主要是窑车上部压力过高（比车下）或者窑车上下密封不严所致。解决这个问题的办法是：降低车下温度，车下吹风冷却；适当提高车下压力，使窑车上下压力得到平衡；做好窑车的密封，砂封槽每班要定量加砂，保证密封效果；若窑车裙板已发生变形，要及时处理平整，否则密封不好，窑车烧损会更加严重。

3. 燃烧系统故障

燃油燃烧系统常见故障见表2－11，煤气燃烧系统常见故障见表2－12。

表2－11　燃油烧嘴常见故障分析

序号	故障现象	产生原因	排除方法
1	燃烧不完全	空气量不足	(1) 加大空气量 (2) 提高空气压力
		雾化不好，火焰中有明显火星	(1) 提高油温 (2) 改进烧嘴雾化性能
		油与空气混合不好	(1) 适当调节空气量 (2) 改进油嘴结构
2	火焰往一边抖动	(1) 油出口变形 (2) 控油针变形 (3) 风、油嘴不同心 (4) 油喷口结焦	(1) 更换喷油口 (2) 更换或校直油针 (3) 重新装配同心 (4) 清理喷油口
3	结焦严重，燃烧调节困难	(1) 雾化不好 (2) 操作不合理 (3) 调节阀失灵 (4) 油路堵塞	(1) 提高油温 (2) 适当加大空气量 (3) 改进油嘴结构改进操作，熄火时禁止重油流入油嘴检查、校正风油调节阀用蒸汽清扫管路

续表

序号	故障现象	产生原因	排除方法
4	附件漏油	(1) 密封材料差 (2) 装配不当	采用石棉橡胶垫重新装配
5	喷嘴漏油	(1) 油进口不严 (2) 雾化剂压力太低 (3) 油温太低	重按进口接头提高雾化剂压力提高预热油温度
6	噪声大	(1) 油嘴喷油量大 (2) 空气受热急剧膨胀 (3) 烧嘴结构不合理	降低油嘴负荷使空气混合减慢，并减少过剩空气
7	烧嘴振动严重	(1) 燃油沸腾 (2) 共鸣	(1) 降低油预热温度 (2) 去除炉内凸出物或改变炉膛形状
8	周期性噪音	火焰振动	(1) 调整火焰 (2) 清理油嘴喷油口 (3) 适当改变烧嘴砖口大小和角度

表2-12　　燃气烧嘴常见故障分析

序号	故障现象	可能原因	排除方法
1	回火：火焰缩入烧嘴内燃烧，混合管发红，烧嘴声音异常	(1) 喷头被烧损 (2) 喷射能力降低 (3) 煤气压力太大 (4) D/d 值太大	(1) 关闭煤气阀，烧嘴缓冷 (2) 及时换喷头 (3) D/d 值选合适 (4) 更换节流垫圈
2	脱火：火焰离开喷头在空间燃烧	(1) 混合物喷出速度大于燃烧速度 (2) 一次空气过剩系数太大	(1) 关小空气阀 (2) 点火时轻轻开启煤气阀
3	空气管道回火爆炸	(1) 低压烧嘴使用时没开风机 (2) 煤气逸入空气管道	打开鼓风机
4	点不着火，燃烧不稳定	(1) 烧嘴结构不合理，空气不足 (2) D/d 值不合理 (3) 煤气压力低	(1) 调整喷嘴位置 (2) 加大混合室，合理选择 D/d，低压烧嘴可取消节流孔板
5	不完全燃烧，火焰软而无力	(1) 一次空气过剩系数太小 (2) 烧嘴结构不合理 (3) D/d 值不合理	增加空气使烧嘴结构合理，合理改变 D/d
6	漏气	(1) 铸件有裂纹或疏松 (2) 连接垫烧损：垫太薄或两面未涂油 (3) 螺纹处麻铅油被烧损	换铸件换垫或两面涂 MoS_2 润滑脂或黄油螺纹处用铅油和麻拧紧

4. 推车机故障

推车机可能出现的故障及其处理方法如下：

（1）油缸筒漏油可能是密封牛皮碗磨损、破裂，此时更换牛皮碗。也可能是新牛皮碗干缩，故换用新牛皮碗时，应预先放温水中浸泡后再使用。

（2）油泵供油量不足，车速减慢，检查出油管的油量，若不出油或出油量小，应检查油泵的钢球阀门，看弹簧是否太紧或太松，阀心与阀座是否吻合严密，进油管上过滤器的滤网是否堵塞，然后对症处理。若以上没有问题，应继续检查泵前的密封环是否压紧，密封圈是否完好。若密封圈已经磨破而造成漏油就应更换。

（3）顶杆推出后不能退回，可能是牛皮碗太紧，回油阀失灵，回油管堵塞，顶杆太长或其他原因产生变形，配重下降时受阻等，查明原因后进行排除。

5. 停电

如遇突然停电，而工厂又没有备用的发电设备时，应停止燃烧并尽可能保持窑内的温度和气氛。具体措施要视系统的特点和窑炉构造特点而定。对于燃油隧道窑可参照以下步骤：

①关闭油阀、齿轮泵及电加热器；

②关闭高压风机；

③堵塞烧嘴口或卸下烧嘴，防止高温辐射，烧坏烧嘴；

④切断所有电动设备的电源开关；

⑤关闭排烟总闸；

⑥必要时，用蒸汽吹扫油管路，防止油管重油凝固；

⑦巡视检查，发现异常情况及时处理。

来电后的点火操作步骤如下：

①逐步打开总烟道闸板或启动排烟风机；

②开动齿轮油泵及电加热器；

③启动高压风机；

④先开雾化风阀，再开油阀，进行喷嘴点火；

⑤启动其他风机。急冷风机和抽热风机要视冷却带温度上升情况，逐渐恢复到正常开度；

⑥根据烧成带升温情况，逐步增大推车速度，烧成带温度恢复正常后，即可按正常速度进车。

任务三　隧道窑的维护与保养

（一）操作要求

根据隧道窑运行使用情况，提出维护保养方案与措施。

（二）操作准备

常用工具和材料。

（三）操作步骤

（1）根据隧道窑运行使用情况，提出维护与保养方案与措施。

（2）实施维护与保养，包括正常生产和停窑时的维护与保养。

（四）相关知识

1. 正常生产时的维护保养

隧道窑在正常生产时，预热带烟气分散排出口、汇总烟道要定期清灰；窑顶不宜堆放重物；事故处理孔等窑内外相通连的孔洞应堵塞，防止漏风。砂封槽要定期加砂，砂粒粗细严格按操作规程中的粒度要求，太大会挤破砂封槽。经常检查各风机的运转情况，要做到经常加油。紧固体也要经常性地查看是否松动等。

2. 停窑检修时的维护保养

（1）停窑熄火方法　熄火之前可用空匣钵堆码窑车进窑，然后推进空窑车；逐步地降低预热带的总抽力；空车推至高温点后，由烧成带前端向后逐步熄火，待制品车离开烧成带后最后一对燃烧室或喷嘴熄火；按正常生产时的进车速度，继续进空车，适当调节冷却带冷热风量，使已烧成的制品按一定的降温速度冷却后出窑。随着温度的下降，适时调节窑顶拉杆的松紧。当空车挤满窑道内部可停止进车，关闭冷却带的冷热风机，烟道闸板全部开启，打开窑门，关闭所有风机闸板，开启所有事故处理孔。收妥仪器仪表、热电偶送检验。

（2）紧急停窑时的降温　在生产过程中由于突发事故，必须熄火检修，此时不可采用鼓风机送风强制冷却，特别要注意经常调节拉杆。紧急停窑时降温情况可参照：800℃以上每小时降200℃；800～500℃每小时降150℃；500～300℃每小时降80℃；300℃以下每小时降100℃。

3. 窑车的维护保养

窑车轮在装配时加过少量的高温润滑脂，在使用前，应将窑车轮里面加满润滑脂；并每两周定期给窑车轮补充润滑脂，以加满为止。固体润滑剂也有一定的润滑作用，但相对润滑脂，轴承的使用寿命会短一些。

经常检查窑车曲封砌体是否有破损或车封之间是否良好，损坏的窑车须在修复后才可使用，以免热气体下窜而将润滑脂烧干。

4. 自动回车线的维护保养

因设备使用工况较差，为确保回车线的正常使用，回车线在使用一定（以3～6个月为宜）的时间后，应拆开清洗并将各个轴承、活动绞支点等必须润滑的地方加注润滑油。保证液压步进机油箱液压油清洁，油封液压件定期更换。

5. 电动拖车的维护保养

保证各行程开关的灵敏度，达不到要求的及时更换，以免到位不准确而损坏传动电机。链条、轴承等润滑点定期加注润滑油。

6. 油压推杆机的维护保养

液压油要保持清洁，更换周期为一年，过滤器及各种油封液压件定期更换。油箱油温最低为15℃，最高为60℃。溢流阀压力不超过系统最高压力。单向阀、溢流阀及集成块应定期清洗。各润滑点及时加油。要防止电磁阀长时间连续通电烧毁。行程开关达到使用寿命时应及时更换。

思考题

1. 隧道窑的工作原理包括哪些内容？
2. 什么是隧道窑的工作系统？它与热工制度有什么关系？
3. 传统明焰隧道窑的工作流程如何？它有哪些优缺点？
4. 现代明焰隧道窑的工作流程有哪些特点？
5. 隧道窑各带分别以什么方式传热？
6. 试说明隧道窑窑墙、窑顶的作用。
7. 窑顶的型式常有哪几种？
8. 拱顶有什么优点？拱顶有几种型式？
9. 隧道窑采用平顶有哪些优点？平窑顶的构造有哪几种型式？
10. 隧道窑的窑体构造有哪些特点？对窑体有什么要求？
11. 窑体膨胀缝有什么作用？
12. 设置砂封槽和曲折密封有什么作用？生产中应注意什么问题？
13. 什么是曲折密封、砂封和车封？分别画出它们的结构示意图。
14. 预热带排烟孔为何设在下部？冷却带冷风为何从上部打入？
15. 画出总烟道设在窑体上部和下部的结构。
16. 画出隧道窑预热带和烧成带的主要结构。
17. 烧成带燃烧室布置方式如何？
18. 冷却带有哪些结构？
19. 隧道窑预热带上下温差产生的原因有哪些？降低预热带上下温差的途径有哪些？
20. 隧道窑烧成带断面温差产生的原因如何？如何降低烧成带的温差？
21. 冷却带上下温差产生的原因有哪些？如何降低冷却带上下温差？
22. 隧道窑烘烤前要做哪些准备工作？隧道窑烘烤的基本方法是什么？
23. 隧道窑烘烤中应注意哪些问题？隧道窑烘烤完毕后为何要进行调试？
24. 怎样进行隧道窑的调试？调试过程中应注意哪些问题？
25. 隧道窑的操作调控有哪些内容？
26. 怎样调控预热带、烧成带、冷却带的温度？
27. 隧道窑设计应掌握哪些原则？
28. 隧道窑主要由哪几个部分组成？隧道窑如何分带？
29. 隧道窑各带长度如何计算？
30. 隧道窑的长度、有效内宽和有效内高与烧成有什么关系？
31. 隧道窑的冷却带一般采用哪些冷却方法？

32. 隧道窑内的自然对流是如何产生的?

33. 什么是隧道窑的零压点?如何调整零压点的位置?零压点的位置对操作有什么影响?

34. 窑内各种压头对气体有何影响?

35. 如何强化气体与制品表面间的对流传热?

36. 影响隧道窑内对流传热系数的因素有哪些?

37. 明焰隧道窑采用匣钵装烧时,综合传热热阻由哪些部分组成?

38. 明焰裸装与匣钵装烧对比为什么要优越很多?

39. 窑车主要有哪些部分组成?对窑车性能有什么要求?

40. 传统隧道窑的窑车和现代隧道窑的窑车在砌筑构造上有哪些不同的特点?

41. 对窑车的车架与车轮有什么要求?

42. 棚板、立柱有什么作用?

43. 窑具与制品质量比有什么意义?对窑具的材质有什么要求?

44. 拖车有什么作用?它是如何工作的?

45. 新建的隧道窑在转入正式生产前,如何进行检查验收?

46. 制品开裂的主要原因有哪些?如何鉴别?

47. 隧道窑倒车故障是如何产生的?如何处理?

48. 隧道窑窑车烧坏故障是如何产生的?如何处理?

项目3　陶瓷烧成用辊道窑

学习目标

1. 了解辊道窑的工作过程与工作原理
2. 熟悉辊道窑的结构
3. 能进行辊道窑的操作与控制
4. 能分析辊道窑烧成过程中出现的质量问题并加以解决
5. 能及时发现辊道窑烧成过程中出现的故障并迅速排除
6. 能进行辊道窑初步设计计算

知识要求

1. 了解辊道窑的工作原理
2. 熟悉辊道窑各带的结构，并区别于隧道窑
3. 熟悉辊道窑的燃烧系统、通风系统、传动系统等
4. 掌握辊道窑温度制度、压力制度、气氛制度的控制与调节方法
5. 了解辊道窑的设计计算方法

技能要求

1. 会进行辊道窑的烘烤与调试
2. 会处理和排除辊道窑的常见故障
3. 能根据产品缺陷进行窑炉参数调整
4. 会操作辊道窑进行产品质量控制
5. 会对辊道窑及附属设备进行维护与保养

辊道窑是连续烧成的窑炉，它以转动的辊子作为坯体运载工具，陶瓷坯体或装有坯体的棚板放置在一根根平行的辊子上，靠辊子的转动使坯体从窑头运送到窑尾，完成烧成过程。辊道窑主要用于陶瓷砖的生产，也常用于日用陶瓷的烧成。

辊道窑于20世纪80年代初由意大利引入我国，现已取得较大的技术进步，长度由80m发展到350m以上，内宽由1.5m发展到3m，低温快烧技术的应用使烧成周期越来越短，烧出的产品产量和质量都有了很大的提高。

知识点一 辊道窑的工作系统

（一）辊道窑的分类

辊道窑常根据使用的燃料与加热方式进行分类。

根据所用燃料的不同，辊道窑分为燃油辊道窑、燃气辊道窑、电热辊道窑等。燃煤辊道窑已经淘汰。

根据产品加热方式的不同，辊道窑分为明焰辊道窑、隔焰辊道窑和半隔焰辊道窑。明焰辊道窑的火焰进入辊道上下空间与制品接触并直接加热制品。隔焰辊道窑的火焰只进入与窑道隔离的马弗道中，通过隔焰板将热量辐射给制品，并对其进行加热。

根据工作通道的数量不同，辊道窑分为单层辊道窑、双层辊道窑、三层辊道窑等。

目前陶瓷工业使用的辊道窑多为单层、明焰、燃气辊道窑。

（二）辊道窑的特点

与隧道窑和间歇窑相比，辊道窑具有以下特点：

（1）可实现快速烧成　辊道窑辊子上下均设置有烧嘴，使制品上下可同时受热。同时随着低温快烧技术的不断发展，产品的烧成周期也越来越短。

（2）产品质量高　辊道窑容易实现温度自动控制，方便调节窑内各处温度，大大提高了产品的合格率。

（3）节能环保　辊道窑不用窑车、匣钵等大量吸热的耐火材料，节约了能源，易实现清洁生产。

（4）辊道窑易实现生产自动化　并与其他设备组成完整的自动化生产线。

（三）辊道窑的分带及工作系统

辊道窑属连续性生产的窑炉，根据制品在窑内进行预热、烧成、冷却的三个过程以及窑内制品的温度的不同将辊道窑分为三带即预热带、烧成带、冷却带。通常从窑头室温到850℃左右称为预热带，850℃左右到制品最高烧成温度（包括保温）称为烧成带，最高烧成温度以后到出窑称为冷却带。

辊道窑的工作系统主要包括排烟系统、燃料供应系统及冷却送风系统等。根据制品的烧成工艺合理地布置工作系统，是设计辊道窑的前提。

图3－1为典型的气烧明焰辊道窑工作系统。全窑共27节，其中第1～5节为排烟段，由上下各4对排烟管分布在窑顶和窑底，由排烟风机5抽出来自烧成带的烟气。抽出的烟气一部分排空，一部分送至干燥器供坯体预热干燥。第6～10节每节辊下各设有1个烧嘴；第11～14节每节辊上下各设有1对烧嘴；所有烧嘴均采取对侧交错布置。第15～18节为高温烧成区，烧嘴布置较密，每节辊上下交错设置2对烧

嘴。液化气由总管与支管分别送入各烧嘴，助燃空气则由风机 6 经风管送入各烧嘴。第 19～21 节为急冷段，由急冷风机 12 将冷风由辊上下的急冷风管喷入窑内，对制品上下吹风进行急冷。第 22～25 为缓冷段，在第 22～25 节每节窑体上下都设有抽热风分管，由抽热风机 16 从总管中将进入分管的余热风抽出，与预热带排烟段排出的烟气混合后，作为干燥器的热源。后部设有快冷风机，对产品吹风强制快冷，使产品出窑温度不致过高。

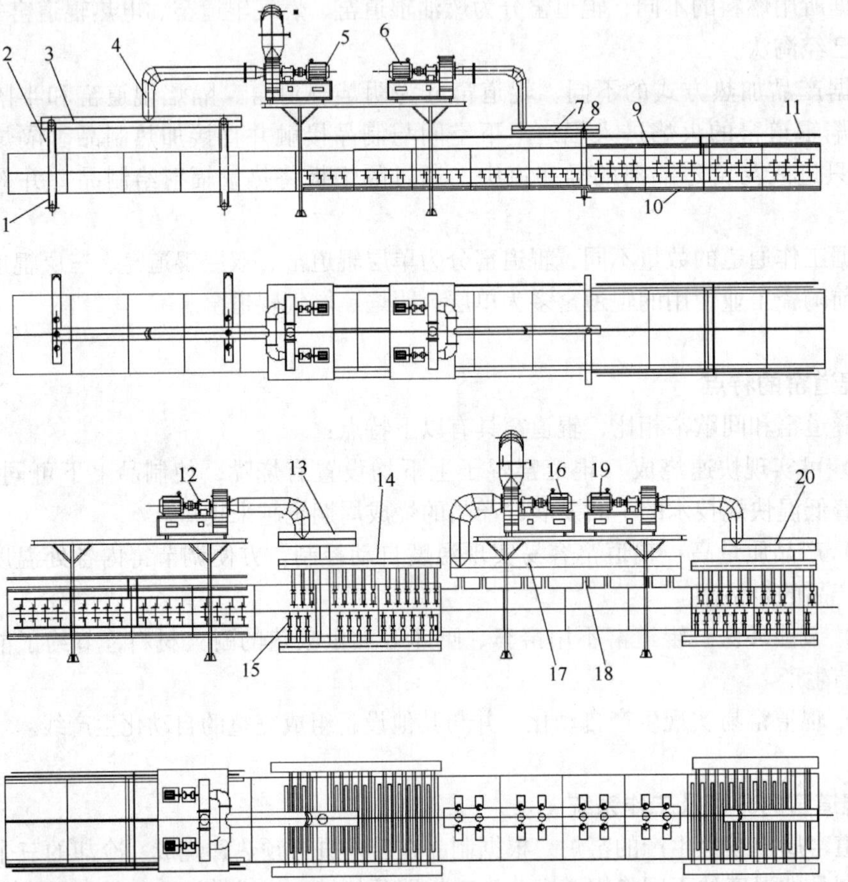

图 3－1　辊道窑工作系统示意图

1—下排烟支管　2—上排烟支管　3—分管　4—排烟总管　5—排烟风机　6—助燃风机
7—助燃风总管　8—助燃风分管　9—辊上助燃风方管　10—辊下助燃风方管　11—液化石油气总管
12—急冷风机　13—急冷总管　14—急冷风分管　15—急冷支管　16—缓冷（抽热）风机
17—缓冷总管　18—缓冷抽热风管　19—快冷风机　20—快冷总管

知识点二　辊道窑的窑体结构

（一）基本结构

辊道窑的窑体由窑墙、窑顶和窑底围成的窑道构成。如图 3－2，窑道中穿过的辊子 1 构成工作通道底面，辊道平面以上的窑道称为工作通道。

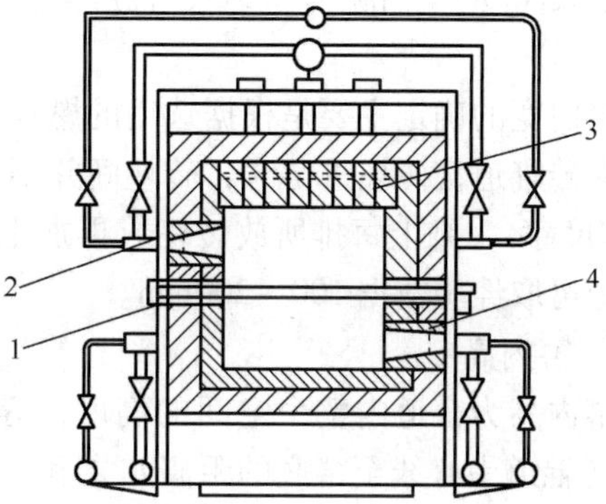

图 3－2　辊道窑的窑体结构图

1—辊子　2—上部烧嘴　3—吊顶　4—下部烧嘴

（二）窑体主要尺寸

辊道窑窑体主要尺寸包括窑的内宽、窑内高、窑长等。具体尺寸主要取决于产量、窑型、燃料种类及产品规格等，表 3－1 列出了我国一些辊道窑主要尺寸的数据。

表 3－1　我国一些辊道窑主要尺寸数据

窑炉使用厂家	产品	产量/（万 m²/a）	使用燃料	烧成温度/℃	烧成周期/min	窑长/m	窑内宽/m	烧成带辊上/辊下高/mm	窑炉制造单位
金华金航陶瓷公司	釉面砖	130	柴油明焰	1130	45	90.3	2.3	371/395	国内自建
石湾银田陶瓷厂	墙地砖	70	柴油明焰		60	83.6	1.56	347/340	国内自建
景德镇华峰瓷厂	玻化砖	110	柴油明焰	1250	60	79.2	1.88	355/393	HEIMSOTH
醴陵长城彩釉砖厂	彩釉砖	100	煤气明焰	1200	55	81.88	1.25	195/210	SITI
石湾建国陶瓷厂	釉面砖	200	液化气明焰	1040	40	52.5	2.1		SITI
石湾化工陶瓷厂	釉面马赛克	55	柴油明焰	1205	60	76	2.5		TAKASAGO
石湾日用一厂	玻化砖	80	柴油明焰	1235	60	77	1.8		POPI
石湾彩洲陶瓷厂	卫生洁具	30（万件）	液化气明焰	1250	10.5（h）	74	1.4		MORI
重庆兆峰瓷厂	日用瓷	2.4（万件）	天然气	1420	5.5（h）	57.7	1.75	400（辊上高）	HEIMSOTH

1. 窑内宽

窑内宽为窑道内两侧墙间的距离，窑内宽越大则产量越大，但加大窑宽受到以下三个方面制约。

（1）辊子　辊子长应大于窑内宽与两倍窑墙厚之和，国产辊子大多长 3m 左右（现也有 3m 以上的辊子），而且窑越宽对辊子的热性能、机械性能及安装要求就越高。

（2）窑顶　窑宽了一般须用吊顶，使窑顶结构复杂，费用增加。

(3) 窑温均匀性　窑内宽越大，保证窑横向温度均匀性的难度就越大。

从我国现有辊道窑的情况来看，辊道窑内宽一般为1200～2000mm，也有2000mm以上的宽体辊道窑。

从提高产量与提高热利用率角度考虑，只要辊子、砌筑材料以及烧嘴等性能进一步提高，辊道窑应向宽体窑方向发展，目前国内已有宽体窑的设计与建造，例如广东肇庆建造了长450m、内宽为2.9m、日产陶瓷砖2.5万m^2的辊道窑，产品质量达到预期要求。

窑内宽的确定主要是根据选用的燃料及窑型，参考经验数据和产品尺寸来计算。由于陶瓷砖辊道窑砖坯进窑时，砖坯间并不留间隙，只要将瓷砖外形尺寸换算成砖坯尺寸（坯体尺寸），乘上每排所放砖坯数再加上砖坯离窑内壁的间隔即为窑内宽。砖坯离窑壁间隙可取经验数据100～200mm。

2. 窑内高

窑内高为窑道内整个空间的高度，等于辊上高（辊道中心线至窑顶的距离）与辊下高（辊道中心线至窑底的距离）之和。

辊道窑多采用单件码放，因此，辊上的有效高度可参照产品高度来确定。辊上高应大于制品高度，因陶瓷砖高度都很小，高度容易得到保证，因此只要考虑气流顺畅就可以了。但对日用瓷、卫生瓷等大件制品，则辊上高应比辊半径、垫板厚度及最大制品高度之和稍大。

辊下高主要是保证处理事故的方便。从传动角度讲，以不妨碍辊子传动为原则。从传热角度讲，高度越小越好。但许多辊道窑过分强调处理事故的方便，产品掉下辊子后不至于影响辊子转动，所以留下了足够的空间，但是辊下高度留得太高增加了冷空气的侵入，使产品容易炸裂，断面高度的增加、散热面积的加大、冷空气的侵入、掉下瓷片的堆积、辐射半径的增加，都会增加热损失，降低热效率。但是如果辊下没有足够的空间，一旦从辊上掉下制品，就要发生阻挡，影响制品正常运行，甚至造成停窑。因此，对烧制陶瓷砖的辊道窑辊下高最好应大于砖对角线长度，但对于大制品，按此计算会造成内高太大，既增大了窑墙散热，也不利于窑内传热。由于制品从辊上掉下，一般都发生了破损（大件制品尤其如此），尺寸都比整砖小了，因此根据辊道窑实际状况来看，辊下高只要大于制品长边就足够，对大件制品，辊下通道等于制品长边也就可以了。

窑内高除与制品尺寸因素有关外，还与窑的类型有关。要保证烟气流动畅通及一定的燃烧空间，一般辊道窑窑内总高为500～850mm。

3. 窑长

窑长主要取决于产量，对陶瓷砖可由下列公式计算：

$$\text{窑长}=\frac{\text{窑容量（m}^2\text{/每窑）}}{\text{装窑密度（m}^2\text{/每米窑长）}}\text{（m）}$$

式中：

$$\text{窑容量}=\frac{\text{年产量（m}^2\text{/a）}\times\text{烧成周期（h）}}{\text{年工作日}\times 24\times\text{产品合格率（\%）}}\text{（m}^2\text{/每窑）}$$

$$\text{装窑密度}=\text{每米排数}\times\text{每排片数}\times\text{每片砖面积（m}^2\text{/每米窑长）}$$

预热带、烧成带、冷却带长度可由下列公式计算：

$$L_i = L \cdot \tau_i$$

式中：L_i——各带的长度，m；

L——窑体总长度，m；

τ_i——产品在各带停留时间占烧成周期的百分数。

（三）辊道窑窑体结构

1. 窑墙

辊道窑窑墙必须具备耐高温、具有一定强度和保温性能好等基本条件。特别是由于辊子要穿过窑墙，为了提高辊子长度的有效利用率，对窑墙厚度有更严格的控制。为了增加辊道窑窑内有效宽度，就应尽量减薄窑墙。因此，辊道窑窑墙均采用新型高级轻质耐火材料。

辊道窑窑墙厚度一般为300～350mm，窑墙材料一般是内层用115～230mm的高温莫来石轻质高铝砖或高铝聚轻球砖，外层用70～200mm厚高铝纤维毡或硅酸铝纤维毡（即陶瓷棉）。

确定窑墙材料及其厚度应遵循以下原则：

（1）选用的材料要保证材料长期允许使用工作温度大于实际使用的最高温度。

（2）要保证散热量小，窑墙外壁最高温度应不大于80℃。

（3）两侧窑墙厚度与窑内宽之和应小于所选用的辊子长度。

孔砖为辊道窑窑墙的特殊构体，为保证辊子正常运转，选择合适的孔砖材料和砌筑方式十分重要。孔砖与窑墙结合主要有两种结构形式：一是由耐热钢托撑上窑墙结构（图3－3），二是孔砖承载上窑墙的结构（图3－4）。

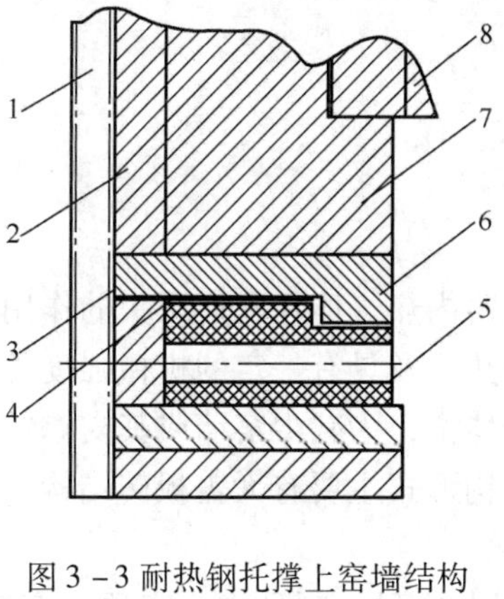

图3－3 耐热钢托撑上窑墙结构

1—窑支撑钢架 2—纤维毡 3—角钢 4—耐热扁钢 5—孔砖 6—七字砖 7—上窑墙 8—吊顶

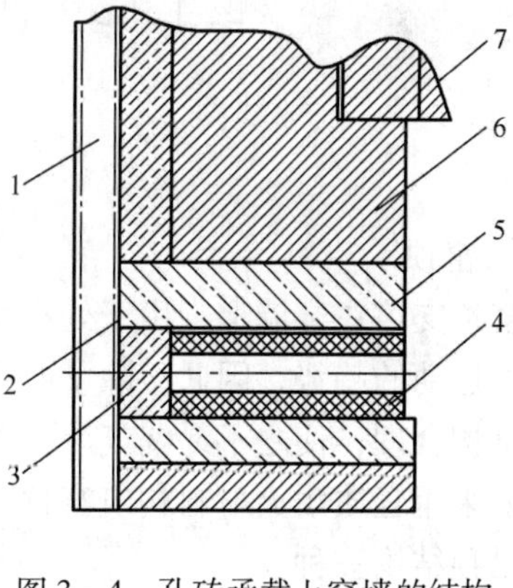

图3－4 孔砖承载上窑墙的结构

1—窑支撑钢架 2—角钢 3—纤维 4—孔砖 5—绝热砖 6—上窑墙 7—吊顶

第一种结构中，辊上窑墙支撑在焊在钢架结构的耐热扁钢4上，它与辊下窑墙是分割开的，中间插入孔砖5，然后安装辊子与传动机构。这样，使窑体与传动系统既有机地构成一个整体，又互为独立的系统，不但便于精确安装辊道及其传动机构，而且为正常运转后的维修、调整与更换辊子带来了极大的便利。不足之处是由于孔砖与窑墙的分离，使窑体的气密性减小，也增加了建窑成本。为弥补上窑墙与孔砖间密封性差这一缺陷，上窑墙放在支撑钢上的为一块七字形砖，孔砖也做成与其吻合的形状（图3－5），构成“曲封”。这种结构的孔砖不起承重作用，因而可采用轻质砖。

第二种结构中，辊上窑墙直接砌筑在孔砖上，孔砖固定砌在窑体中。其优点是窑墙的气密性比第一种的好，且结构简单、节省材料，从而也降低了建窑成本。但这种结构的孔砖在窑墙砌筑好后就不能再移动，因而对孔砖的尺寸和孔砖的砌筑要求都更严格。

由于加热后随着温度的变化辊子与孔砖会发生相对位移，要保证辊子的正常运转，必须注意孔砖结构形式的设计与砌筑。孔砖厚度一般略小于窑墙的砖体部分厚度，一般为115～150mm，在窑墙剩余空缺部分用陶瓷棉填充，保证窑墙的密封性。孔砖长度一般应保证每块孔砖不小于3孔。孔砖的孔径一般比辊子外径大10mm，且做成腰子形，以便于运转时辊子的上下调整。每块孔砖两端还要预留热膨胀与砌筑灰缝的位置。

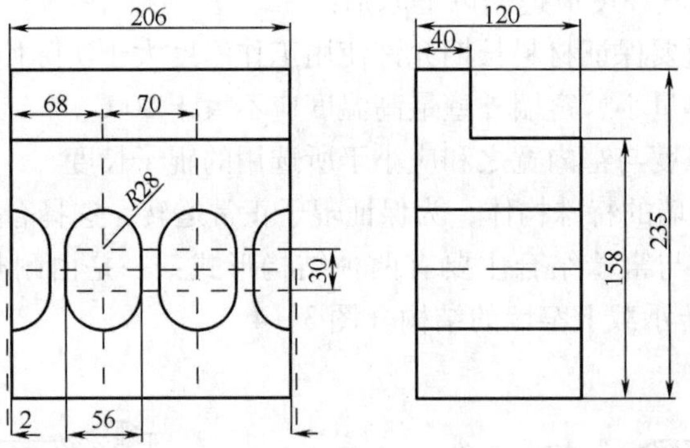

图3－5　孔砖

2. 窑顶

窑顶支撑在窑墙上，由于处在窑道空间上方，窑内热气体在几何压头的作用下有自然向上运动的趋势，因此，除了必须耐高温、积散热小及具有一定的机械强度外，要保证其结构合理，使之不易漏气。另外，辊道窑是轻体窑，为减少窑墙或其支撑结构的负荷，要采用轻质耐火材料构筑窑顶。辊道窑窑顶结构形式主要有大盖板砖结构、拱顶结构、吊顶结构三种。

（1）大盖板砖窑顶砖结构　大盖板砖结构采用大块耐火制品作为窑顶砖直接搭盖，窑顶砖有拱顶和平顶两种形式，如图3－6所示。窑顶砖一般要用重质耐火材料，其厚度为80mm左右，上面再砌筑轻质耐火材料。这种结构的窑顶投资最省，但由于窑顶砖在高温条件下要承受自重和其上部耐火材料的重量，大块窑顶砖的强度难以达到要求，因而它只适用于窄窑，一般用于内宽800mm左右的辊道窑。为了增加窑内宽，可在承载窑顶砖的辊上窑墙用砖逐层突出砌筑，每层砖突出部分为50～60mm。

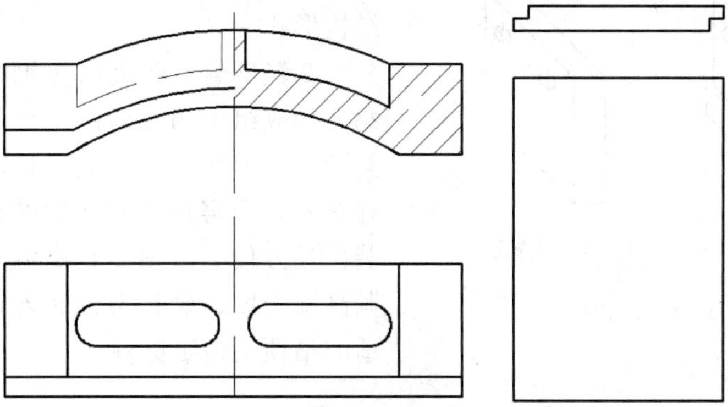

图3－6　窑顶砖（拱顶与平顶）

（2）拱顶结构　拱顶结构用楔形砖砌成。辊道窑拱顶一般采用拱高与内宽比很小的倾斜拱，要注意配以坚固的拱脚梁及立柱来承受巨大的横推力。辊道窑拱顶砖都采用强度较高的轻质耐火砖，且都为单层拱。为减少灰缝增加气密性，一般都用自行设计的非标大型异型砖。拱顶结构也受到窑宽的影响，一般用于窑宽为1000～1500mm的辊道窑。

（3）吊顶结构　辊道窑广泛地采用吊顶结构，由于其窑顶重量完全由钢架结构来支承，因此不受窑宽的约束，可用于窑宽为1.5m以上的宽体窑中。由于采用吊顶，窑墙没有了支承窑顶的功能，可以采用轻质材料。吊顶也必须采用高强度轻质材料，使整个窑向轻型化方向发展。辊道窑吊顶主要有以下两种形式：

①耐热钢穿轻型吊顶砖的结构形式：如图3－7所示。吊顶砖1由直径10～12mm耐热钢棒2穿吊，钢棒的材质一般为$Cr_{23}Ni_{18}$。钢棒由挂钩3与上部金属横梁4连接在一起而形成吊顶。吊顶砖在高温段可用高温莫来石质轻质高铝砖，它可设计为曲封式［图3－8（a）］，以增加窑顶的气密性。但由于异型砖在成型时存在的应力，高温下长期使用容易在曲封处断裂，因此现也有设计成直降式的［图3－8（b）］。此时须注意砌筑吊顶所用灰浆的质量，以保证其密封性。吊顶砖上层由陶瓷棉毯或矿渣棉覆盖。这种吊顶结构简单，高温下耐火保温性能好，不仅意大利WELKO公司、POPI公司等引进窑

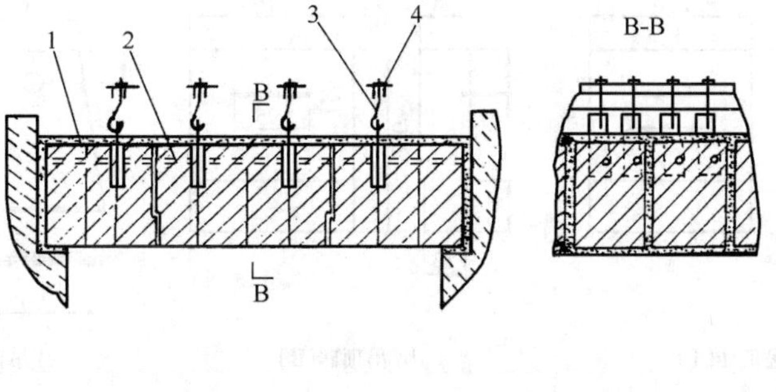

图3－7　耐热圆钢穿吊轻型吊顶砖的吊顶结构

1—吊顶砖　2—耐热钢棒　3—挂钩　4—吊顶横梁

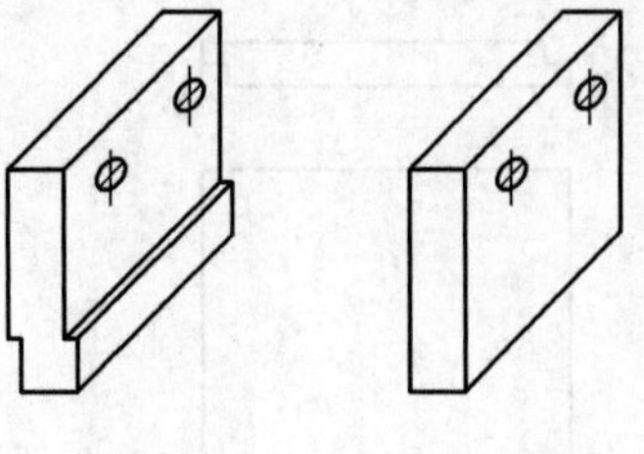

图 3－8　吊顶砖

采用，我国自建的辊道窑吊顶也多采用此种结构形式。

②轻型耐火砖夹耐热钢板用高温黏结剂黏合构成组合吊顶砖的结构形式：如图3－9至图3－11所示。建筑时只需用吊钩将其钩挂在安装于窑顶钢架结构的横梁上，砌筑安装极其方便。吊顶砖在高温下工作，为保证其高温强度，延长吊顶砖寿命，必须选择合适的吊顶用金属材料。

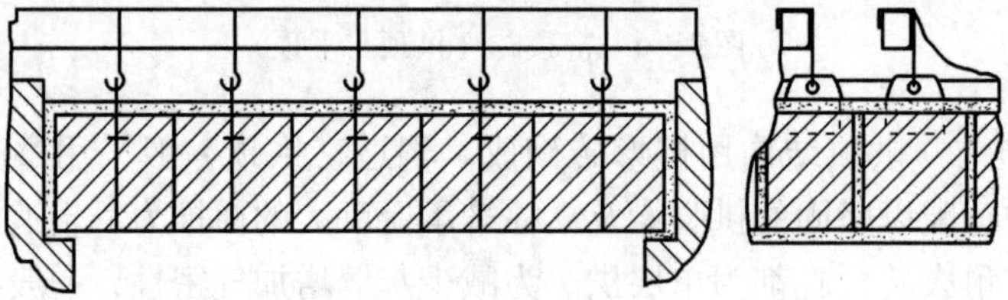
图 3－9　轻型耐火砖夹耐热钢板的吊顶结构

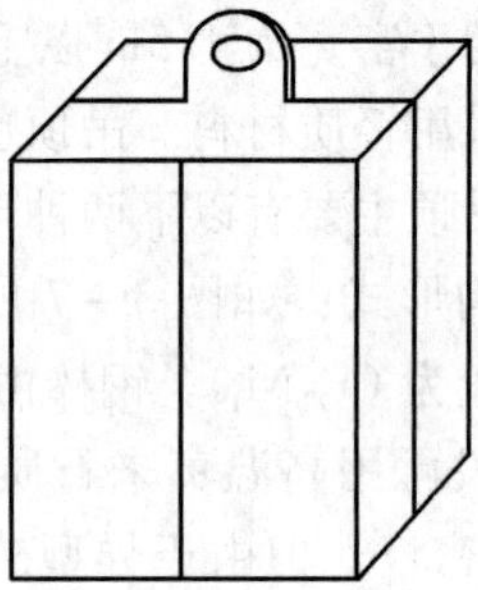
图 3－10　组合吊顶砖

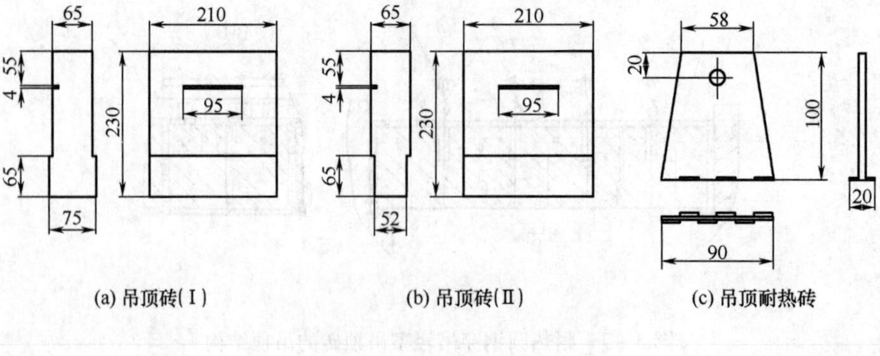

图 3－11　吊顶砖与吊顶耐热钢板

（四）辊道窑窑体其他结构

1. 事故处理孔

辊道窑多用来烧制墙地砖等片状制品，一般将砖坯直接放在辊子上，常会发生断砖（坯）现象。为便于处理断辊、卡砖、起摞等事故，在窑侧墙每隔一定间距须设置事故处理孔。

事故处理孔一般设在辊下，且事故处理孔下孔面与窑底面平齐，以便于清除出落在窑底上的砖坯碎片。事故处理孔通常宽240～450mm、高65～135mm。当窑墙外表无钢板围护结构时，其尺寸可取小值，以便刚好可用一砖堵塞；对外层有钢板围护结构的，其尺寸可取大值，孔与塞孔砖做成如图3－12的曲封形式，以减少事故孔的向外散热。因低温段容易发生断坯，有些辊道窑还在预热带辊子上方增设事故清理孔，它可设在窑顶面下方，尺寸可比辊下事故处理孔稍小，以便及时清理断坯，防止断辊、起摞等事故的发生。

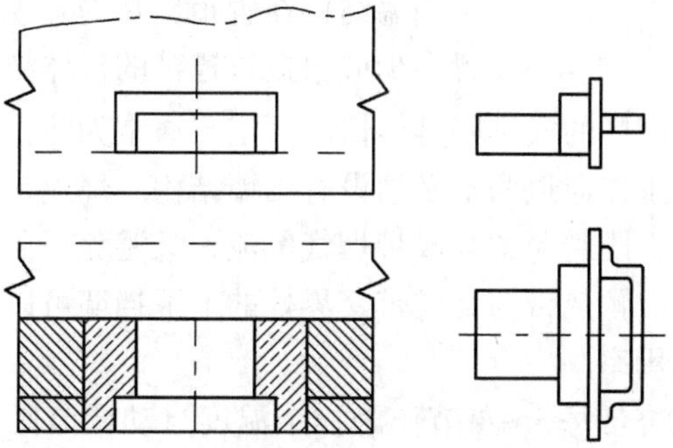

图3－12　事故处理孔及其塞孔砖

为加强窑体密封，应尽量少设置事故处理孔，而为了便于处理事故又希望多设置一些事故处理孔，因此必须合理布置事故处理孔。两侧墙事故处理孔一般均采取交错布置的形式，如图3－13所示。

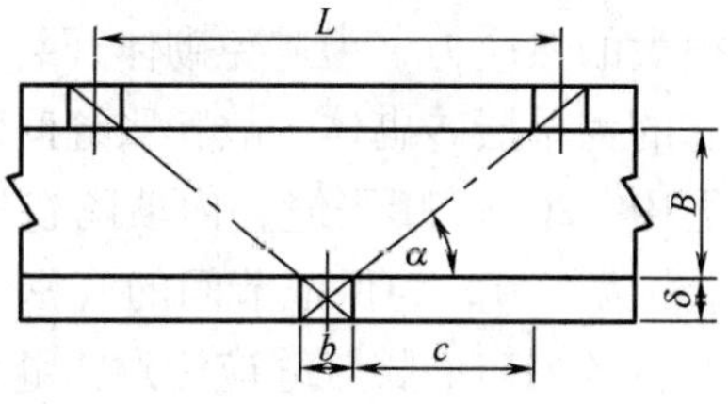

图3－13　事故处理孔的布置

L—两相邻事故处理孔间距　B—窑宽　δ—窑墙厚度　b—事故处理孔宽度　c—对侧两事故孔距离

由图3－13可知：

$$\mathrm{ctan}\alpha = \frac{b}{\delta} = \frac{c}{B}$$

所以：

$$c = B \cdot \tan\alpha = B\frac{b}{\delta}$$

则：
$$L = 2(b + c) = 2b\frac{1 + B}{\delta}$$

因此，两事故处理孔中心间距 L 应小于或等于 $2b(1 + B)/\delta$。

2. 工作通道的挡墙结构

由于辊道窑属中空窑，工作通道空间大，气流阻力小，难以调节窑内压力制度及温度制度。因此，通常在辊道窑工作通道的某些部位，辊下砌筑挡墙，辊上插入挡板，缩小该处工作通道面积，以增加气流阻力，便于压力与温度制度的调节。辊下挡墙只要用标准直形砖横砌在窑底横断面上即可，其高度以 4～6 层砖为宜；辊上挡板可用耐热钢板或硬质高温陶瓷纤维板制成，砌筑窑体时窑顶设上挡板处应留有插挡板的狭缝，两边窑墙也相应地留有凹槽，以便上挡板的插入与上下移动调节（图 3－14）。

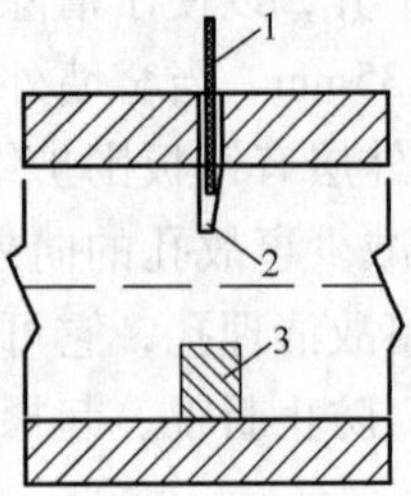

图 3－14　挡墙结构
1—上挡板　2—凹槽　3—下挡墙

挡墙结构在辊道窑中是十分重要的，在何处设置、设置多少应根据辊道窑的窑体结构、窑内气流工作系统的布置及其窑内温度控制区的安排等具体情况而定。通常为防止预热带、冷却带冷气流进入高温区，在烧成带工作通道两端必须设有挡墙结构。烧成带与冷却带交界处的上下挡墙起分隔两带的作用，既避免了烧成带烟气倒流，又避免了压力波动时急冷风窜向烧成带而降低高温区温度。预热带与烧成带交界处的上下挡墙可以增加烟气在高温区的滞留时间，提高烟气热利用率。

许多辊道窑都将燃烧带每 3～4 节作为一个温度自动调节区。在每组调节区前后均设挡墙（板），使窑内各区隔成不同的温度区，便于控制和调节窑内温度。上挡板还能将火焰“压向”砖面，有利于制品的加热。在冷却带急冷鼓风两端及抽热风段两端也可设置挡墙（或仅设下挡墙），对调节窑内压力制度有良好的作用。由于设置上挡板需在窑顶留有一定间隙，为避免增加窑顶不严密处，上挡板不宜设置太多，下挡墙可比上挡板多设置一些。

3. 膨胀缝

窑体受热会膨胀，产生很大的热应力，为避免砌体开裂、挤坏，必须重视窑体膨胀缝的留设。辊道窑窑体薄，有的为单层砖砌体，故膨胀缝间距较传统隧道窑短且缝宽也较小，一般每隔 2m 左右留设 10～20mm 膨胀缝，内填陶瓷棉或石棉。现代辊道窑多为装配式结构，一般以 2.2m 左右为一节，为保证节间的气密性，窑体膨胀缝应在每节的中部留设。当砌体为多层砖时，各层砖的膨胀缝应注意错缝留设。

4. 测温孔与观察孔

为严密监视及控制窑内温度制度并及时控制调节，一般在辊道窑窑顶及侧墙留设若干处测温孔，用以安装热电偶。

测温孔间距一般为 3～5m，高温段布密些，低温段布稀些，在烧成曲线的关键点，如氧化末段、晶型转化点、釉始熔点、成瓷段、急冷结束等都应设测温孔。

现代辊道窑为更好地控制窑内温度制度，除窑顶设测温孔外，在辊下侧墙处也设有测温孔，以监视窑内辊上下温差情况。一般高温成瓷区每节设一对，辊上设在窑顶，辊下设在窑侧墙；两侧墙的测温孔交错布置，以便反映窑断面水平方向的温度分布。除高温区外一般是按烧嘴控制区 2 ~ 3 节设置 1 对测温孔。

为观察烧嘴燃烧状况，大多数辊道窑都在烧嘴对侧窑墙上设置观察孔。.

知识点三　辊道窑的燃烧系统

辊道窑的燃烧系统包括烧嘴的布置、管路的布置、烧嘴的安装和燃料供应系统。

(一) 烧嘴的布置

辊道窑一般采用小流量多烧嘴系统，辊道上下及对侧均交错布置烧嘴，这样便于窑内温度制度的调节，还有利于窑内热气流的强烈扰动与循环，改善了窑内断面温度均匀性。烧嘴布置一般较密，同侧两烧嘴间距为 1 ~ 2m，由于几何压头的作用，热气体有自然上升趋势，故一般下部烧嘴安排比上部较多。有的辊道窑安装时即使上下一样多，在实际使用时一般下部点燃的也多于上部。

某窑炉公司的 80m 烧轻柴油明焰辊道窑，在第 6 ~ 9 节（每节 2.2m）辊下每节布置了 3 支烧嘴：N（南）侧 2 支，S（北）侧 1 支；下一节则 N 侧 1 支，S 侧 2 支，对侧均错开布置。自第 10 ~ 21 节每节布置有 3 对烧嘴：一侧辊上 1 支、辊下 2 支，另一侧则辊上 2 支、辊下 1 支，下一节则两侧对调布置，如图 3 - 15 所示（图中只给出了烧成带相邻两节的外形图）。从图中可以看出，烧嘴排列成等距斜平行线，十字线为本侧可见的观察孔，正好是对侧窑墙上安装有烧嘴，两侧烧嘴连线正好均匀地交错。这种烧嘴布置的特点是：上下、对侧均交错布置，但同一窑横断面上只有一个烧嘴。因而沿窑长方向上火焰间的间距很小（如图仅 366mm），其优点是有利于窑长方向上的温度调节。目前国内通过消化吸收自行设计建造的油烧明焰辊道窑大都采用这种烧嘴的布置方式。

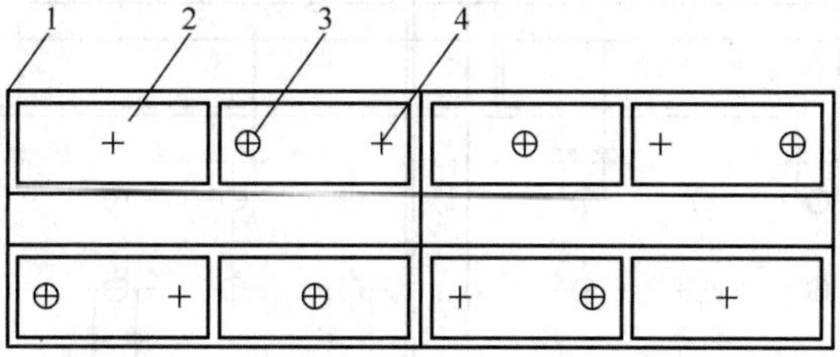

图 3 - 15　某公司烧轻柴油明焰辊道窑烧嘴布置示意图

1—方钢框架　2—外侧钢板　3—可见侧烧嘴　4—观察孔（对侧为烧嘴）

某窑炉公司燃气辊道窑，在燃烧带每节上下交错设置 2 对烧嘴，其特点是在同一窑横断面上有 2 个烧嘴，即一侧设在辊上，另一侧设在辊下；上下对侧均交错布置，在同一侧外观看烧嘴成正品字形排布，如图 3－16 所示。意大利 POPI 公司 TA23 型 68.8m 燃气辊道窑在预热带辊下有 4 对烧嘴。分布在第 7、8、9、11 节各节的辊子下部；在第 13～24 节的烧成带，每节辊下布置有 1 对烧嘴、每两节辊上布置有 1 对烧嘴，共设置 18 对烧嘴，其特点是在同侧窑墙烧嘴成“品”字形排布。

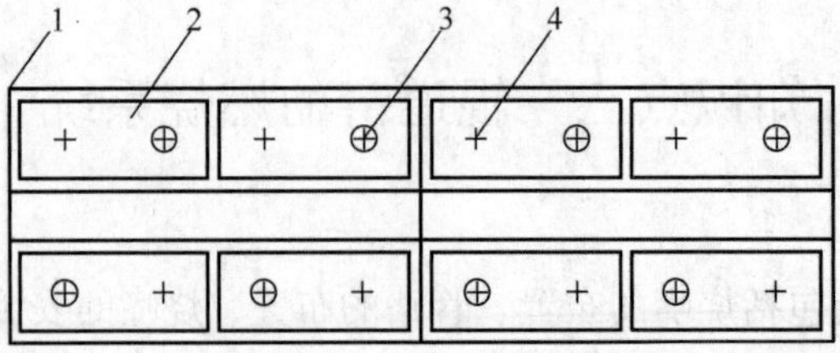

图 3－16　某公司燃气明焰辊道窑烧嘴布置示意图

1—方钢框架　2—外侧钢板　3—可见侧烧嘴　4—观察孔（对侧为烧嘴）

（二）燃烧系统的管路布置

辊道窑上助燃空气、燃气（油）管道设计应符合便于操作、安全、阻力损失小、便于施工制作和经济合算的原则。每条管路系统都要能单独调节控制。管路布置时要注意管线要短、流向要顺、每个烧嘴前压力要尽可能相等。为了防止煤气从管道内漏出，在煤气管道的接合处，除必须用法兰连接的地方外（如阀门、烧嘴等管件连接处），应尽可能采用焊接。

燃气辊道窑的煤气总管一般安装在窑顶上方，图 3－17 为燃气辊道窑烧成带燃烧系统管道布置示意图。煤气由总管 1 经直支管 3 流向烧嘴，助燃空气由空气总管 2 经直支管 6 流入烧嘴 5。

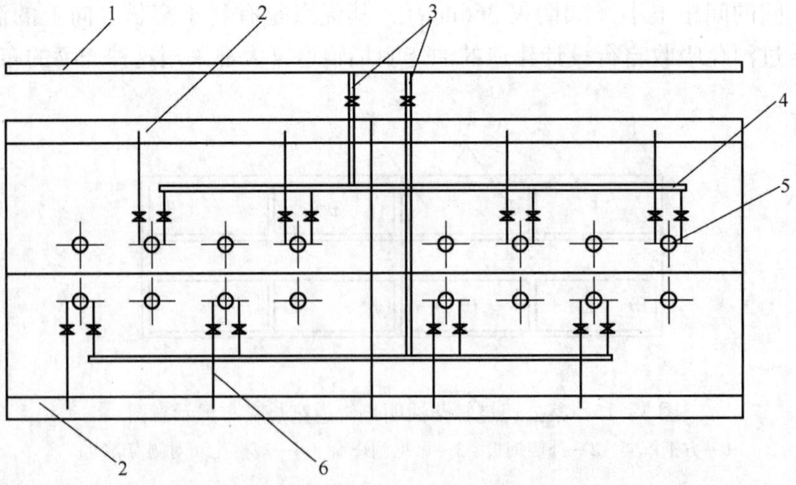

图 3－17　燃气辊道窑烧成带燃烧系统管路布置图

1—燃气总管　2—空气总管（窑体内）　3—燃气直支管　4—燃气横直支管　5—烧嘴　6—空气直支管

油烧辊道窑的供油总管一般安装在窑侧地面上，图3-18为燃油辊道窑烧成带燃烧系统管道示意图。主输油总管11安置于窑侧地面上；辊上下每4只烧嘴共用一支管系统。燃油由总管11经球阀10与过滤器9流经支管8后由软管进入烧嘴7。为给对侧窑体烧嘴供油，窑体上下有横贯窑体的油横支管将油分别供给对侧窑墙辊上下烧嘴的油支管。油支管一般采用公称直径为10~15mm的镀锌无缝钢管。助燃风总管2采用置入窑体四角的方管，助燃风直接由总管经支管与球阀进入烧嘴。燃油燃烧时还需雾化，故窑上方设有雾化风总管1，它为100mm×4mm的无缝钢管，雾化风经支管3分别进入各烧嘴。

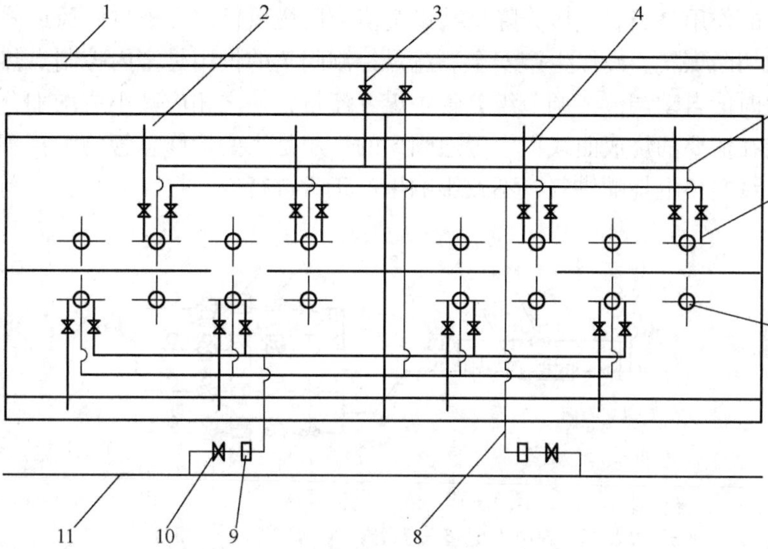

图3-18 轻柴油明焰辊道窑燃烧系统管路布置图

1—雾化风总管 2—助燃风总管 3—雾化风支管 4—助燃风支管 5—雾化风支管
6—燃油支管 7—烧嘴者 8—燃油支管 9—过滤器 10—球阀 11—燃油总管

国内外不少明焰辊道窑的助燃空气总管采用方钢管，布置在窑体四角，使一侧与窑侧面平齐，并替代了部分窑侧钢板结构，既节约了钢材又使辊道窑整体结构紧凑。

（三）烧嘴的安装

烧嘴通过安装法兰盘用螺栓联接到窑体钢架结构上（通常钢架结构上焊有带孔方钢板或圆钢板，钢板上焊有相应的螺栓）；烧嘴上的油（或煤气）、助燃风、雾化风入口分别用软管与它们的支管联接。助燃风总管上直接焊有助燃风支管，它一般采用直径为32mm的镀锌钢管，通过弯头采用螺丝联接方式经过渡管与球阀相连，再由软管通向烧嘴入口；雾化风则由雾化风分管经直支管与球阀，再由软管通向烧嘴的雾化风入口；轻柴油是从油分管经垂直油支管与油支管球阀流向软胶管，进入装有油压表的烧嘴入口。雾化风分管与油分管一般可用直径为10mm的镀锌钢管，并列搁置在分管托架上，托架由扁钢制成，焊接在窑体钢架上。

(四) 燃料供应系统

为保证生产中的安全运行，燃气辊道窑应设置安全阀、煤气放散管及防爆装置等安全装置。煤气管道应敷设在地面以上，总管及分管的敷设高度一般不低于2m；沿墙布置的管道距墙边应有一定的距离，管道最大突出部分（法兰、阀门、保温层等）离墙边的空隙至少为100mm，以便检查。为避免管道内淤积冷凝水，妨碍烧嘴正常工作，煤气支管或分管应分别从煤气分管或总管的侧方或上方引出。煤气管道均采用无缝钢管。为防止煤气从管道内漏出，在管道的接合处，除必须用法兰连接的地方外（如阀门、压力表等），应尽可能采用焊接。

图3-19为燃气辊道窑供气管路示意图。除装有必要的阀门与压力表等测量装置外，安全阀4的作用是当煤气压力降至某设定值或助燃风机出现事故停风或停电等情况都能迅速自动切断煤气，确保生产安全。流量控制阀7的作用是窑内控制点热电偶高于或低于给定值时能自动调节各调节组分管中煤气流量，使之相应减小或增加，以保证窑内温度场稳定在需要的烧成曲线上。旁通阀3的作用是当要检修总管的测控管件时，打开它可保证继续向窑上烧嘴供气，不致影响生产正常进行。

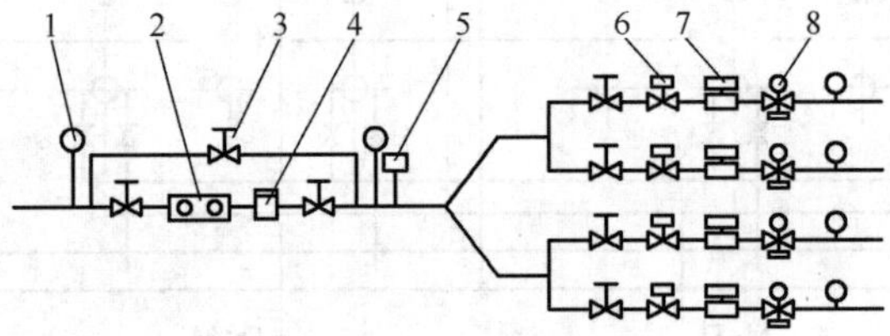

图3-19　煤气供应系统

1—压力表　2—控制开关　3—旁通阀　4—安全阀　5—压力开关
6—调压阀　7—流量控制阀　8—电动控制阀

图3-20为某厂油烧明焰辊道窑供油系统图。1为工作油罐，一般都备有并行的两个油罐，以充分保证检修时连续供油的需要。工作油罐可用3~5mm厚钢板焊接制成，

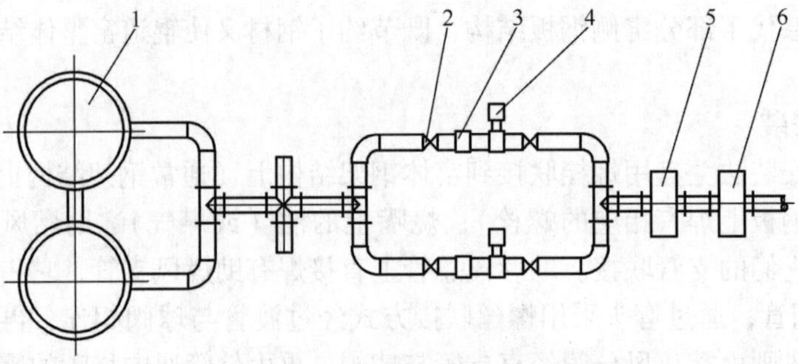

图3-20　工作油罐供油系统图

1—工作油罐　2—球阀　3—过滤器　4—齿轮油泵　5—压力表　6—流量表

容积为3m^{3}左右。轻柴油出工作油罐后流经球阀2、过滤器3，再通过齿轮油泵4加压后，流经量程为0～2.5 MPa的油压表与流量计，接向输油总管。供油管路一般用公称直径为20mm的镀锌无缝钢管。

知识点四 辊道窑的排烟通风系统

(一) 辊道窑的排烟系统

辊道窑的燃烧火焰直接进入窑道内的辊道上下空间，对制品直接进行加热。离窑废烟气温度高，一般均达250～300℃。为提高热利用率，一般均采用集中排烟方式，即在窑头不远处的窑顶、窑底设置排烟口，烟气自烧成带向预热带流动，至窑头排烟口抽出，经排烟总管、排烟机抽至烟囱排出室外。排烟口可制成圆形，也可制成矩形。

图3－21为德国HEIMSOTH公司80m柴油明焰辊道窑排烟段窑体结构图。在距窑头740mm处，窑顶与窑底分别设有3个直径350mm的圆形排烟口。由于该窑窑头段窑体仅用2层各50mm厚的硬质陶瓷纤维板固定在外壳钢板上而构成，故排烟管直接用钢管插入窑体并与外壳钢板焊接即成。烟气自上、下排烟口进入排烟支管，每个排烟支管上都安有支闸，用以调节各支管排烟量，窑底汇总支烟管从窑一侧向上进入窑顶的总烟气管道，由于辊道窑要考虑到更换辊子的方便，不应将窑底支烟气管道在窑两侧同时向上引入汇总烟道，即使在一侧也不能设在更换辊子时辊子抽出的窑一侧(即应设在辊子传动的主动端一侧)。图中调风闸5的作用是当离窑烟气温度过高时，打开它可从其端口放入车间冷空气与热烟气掺和，使进入排烟风机的烟气温度降低，以免烧坏排烟机。

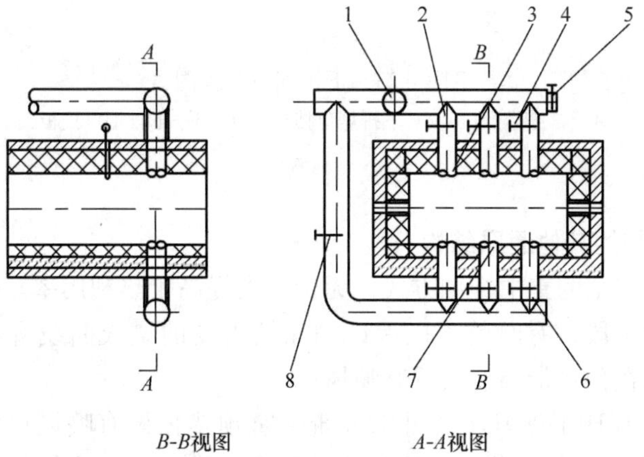

图3－21 明焰辊道窑排烟结构图（Ⅰ）

1—汇总烟道 2—排烟支管 3—排烟口 4—排烟支闸 5—调风闸
6—下排烟支管 7—下排烟口 8—下排烟支闸

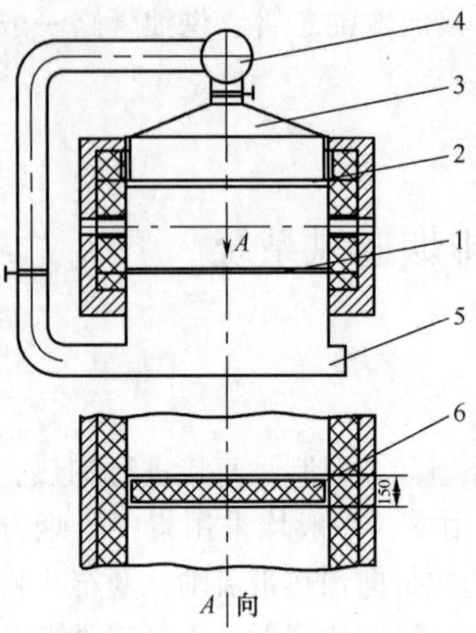

图 3－22　明焰辊道窑排烟结构图（Ⅱ）
1—矩形下排烟口　2—矩形上排烟口　3—集烟罩
4—总烟道　5—方形支烟道　6—钢丝网

很多辊道窑在窑顶、窑底设置矩形排烟口，排烟口宽与窑内宽相同，长一般为150mm。实际上是砌筑时窑顶、窑底同时留出150mm宽缝作排烟口，排烟口由集烟罩与窑体钢架结构相连，如图3－22所示。大多设置3处排烟口，如某厂80m油烧明焰辊道窑在窑头处设1对，在离窑头约6m和8m处再各设1对。总烟气管道4设在窑顶，与排烟机连接。底部排烟口一般用方形的支烟管道接向窑顶的总排烟管，为防止破碎砖坯落入堵塞下部排烟口，在下排烟口上可搁置钢丝网，用以遮挡下落的砖坯。为更有效地防止碎砖坯落入，有的辊道窑将其改进为图3－23所示形式，在窑底排烟口上用扁钢做成支柱2来支撑上面用钢板制成的挡板3，这样烟气既可从挡板与窑底的两边空隙进入排烟口，又有效地遮挡了上部落下的砖坯。

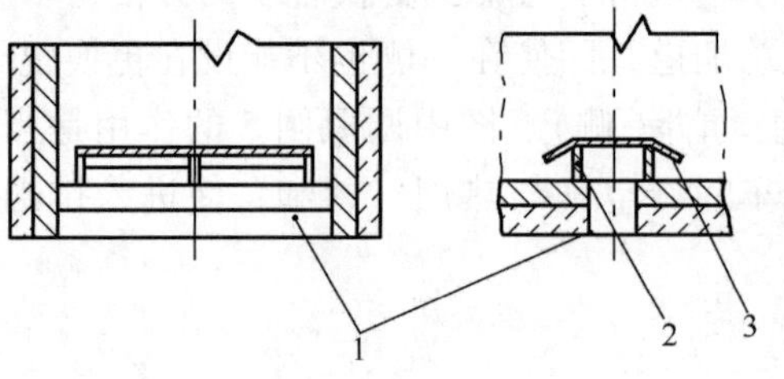

图 3－23　下排烟口结构图
1—窑底排烟口　2—下排烟口挡板支柱　3—下排烟口挡板

（二）辊道窑预热带的其他通风结构

辊道窑多采用完全的集中排烟方式，无疑大大提高了热利用率。但是，由于缺乏对预热带温度的调节手段，有时就难以保证制品按需要的烧成曲线升温。为克服这一缺陷，许多辊道窑都在预热带辊上设置有喷风口。

图3－24为德国HEIMSOTH公司80m辊道窑预热带设有喷风口的断面图。该窑第3～5节窑体，每节辊上设3对喷风管，两对侧为错排。来自冷却带抽出的热风经窑上空气方管1进入喷风管3并由喷风口4喷入窑内，其喷风量大小可由球阀2调节。当窑头温度偏高，就可加大喷入风量，低温空气与高温烟气掺和就降低了烟气温度。这种方式较分散排烟与靠过早排出一部分热烟气、牺牲其中可利用的热能来调节预热带温度制

度的负调节方式相比，明显地提高了热利用率，称其为正调节方式。这种结构不仅热利用率高，可以调节窑温，而且由于喷管直径较小（50mm），喷出速度较大，还能起到搅动气流和增大上部气流阻力的作用，有利于加强预热带对流传热与改善窑内断面温度均匀性。因此，明焰辊道窑预热带这种喷风结构值得推广。事实上，国内已有不少自建的辊道窑采用了这种结构，例如佛山中浩窑炉公司自行设计的辊道窑的第4～6节，每节辊上设有3对冷风喷管。

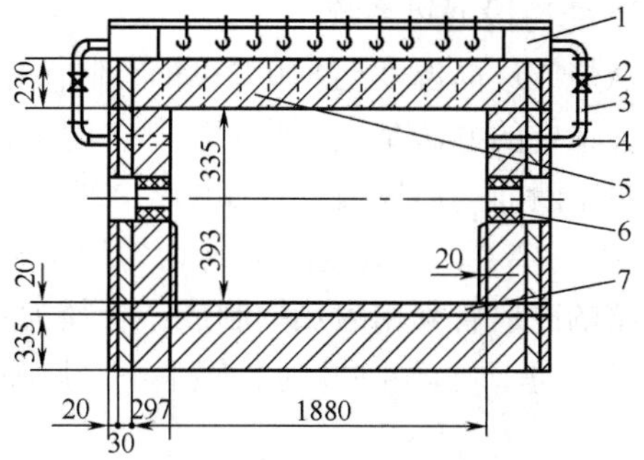

图3－24 明焰辊道窑预热带喷风口断面图
1—空气方管 2—球阀 3—喷风管
4—喷风口 5—吊顶 6—孔砖 7—底板

德国HEIMSOTH公司80m燃油辊道窑，除第3～5节每节设置有3对喷风管外，在第6～9节每节辊上也设有3支喷风管，不同的是每节在辊下还设有3支烧嘴，上下对侧均错排，其排列形式如烧成带的烧嘴排布。这样，在预热带后段就能灵活地调节窑道内的温度制度，使其适应所要烧制的各种产品的烧成工艺要求。

为调节预热带升温制度，除上述采用调温喷风嘴的方式外，另一种就是在预热带除窑头几节外全部装有烧嘴。例如意大利WELKO公司FRW2000型辊道窑，除3节窑前干燥带与第4节作排烟段外，其余每节窑体分别在两侧墙各设置4个烧嘴，上下方及对侧均为错排，在同一断面上，一侧辊上设有烧嘴，另一侧则在辊下设有烧嘴，在断面上形成气体循环，有利于断面温度均匀。这样的预热带结构与烧成带完全相同，故可统称燃烧带，它包括了传统的预热带与烧成带。当然，预热带的烧嘴在使用上与烧成带有所不同，许多厂家在实际使用时往往预热带前端的烧嘴未启用或仅开风管（尤其是上部烧嘴），实际上也是起到了喷风降温作用。但不论如何，有了这些设置，就方便了升温制度的调节。

大多数辊道窑不设置窑头封闭气幕而采用封闭窑头，在窑头钢板上仅留出一窄缝进砖坯，但也有少数设置窑头封闭气幕的，如意大利POPI公司TA23型辊道窑，在第2节上设有排烟风机，该风机将窑内的烟气从窑顶部和底部抽出，一部分烟气送入第1节窑内作为窑头封闭气幕，并提高窑头温度；另一部分排空或抽作余热利用。对高窑道的辊道窑（如烧卫生瓷的辊道窑），则一定要设置窑头封闭气幕。气氛气幕在建陶工业辊道窑上均不设置，主要是由于全窑氧化气氛，不存在气氛转换。

（三）冷却带通风系统

制品在冷却带有晶体成长、转化的过程，并且冷却出窑，是整个烧成过程最后的一个环节。从热交换的角度来看，冷却带实质上是一个余热回收设备，它利用制品在冷却过程中所放出的热量来加热空气，余热风可供作干燥或作助燃风用，达到节能目的。辊道窑的冷却带也和传统隧道窑一样，可分为急冷段、缓冷段和快冷段，下面就分这三段来分别叙述其通风系统。

1. 急冷段通风系统

从烧成最高温度至800℃以前，制品中由于液相的存在而具有塑性，此时可以进行急冷，最好的办法是直接吹风冷却。辊道窑急冷段应用最广的直接风冷是在辊子上下设置横贯窑断面的冷风喷管，如图3－25所示。每根喷管上均匀地开有圆形或狭缝式出风口（图3－26），对着制品上下均匀地喷冷风，达到急冷效果。由于急冷段温度高，横穿入窑的冷风管须用耐热钢制成，管径为40～60mm。一般设置在冷却带首端3节（约6m长），每节可设4～6对，辊上下冷风喷管可排在同一断面，也可不排在同一断面。

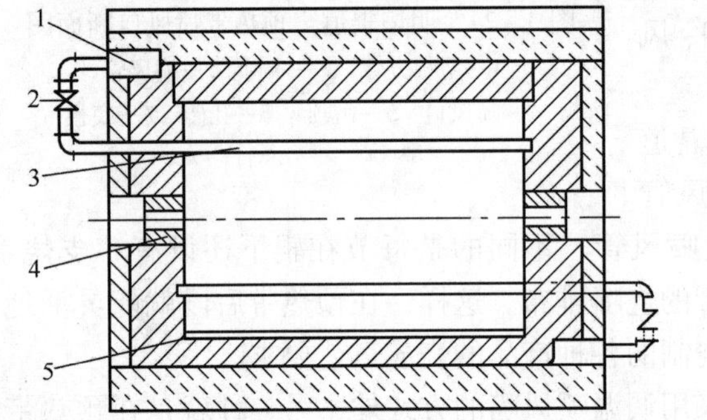

图3－25　急冷段冷风喷管断面图

1—空气方管　2—球阀　3—冷风喷管　4—孔砖　5—窑底垫板

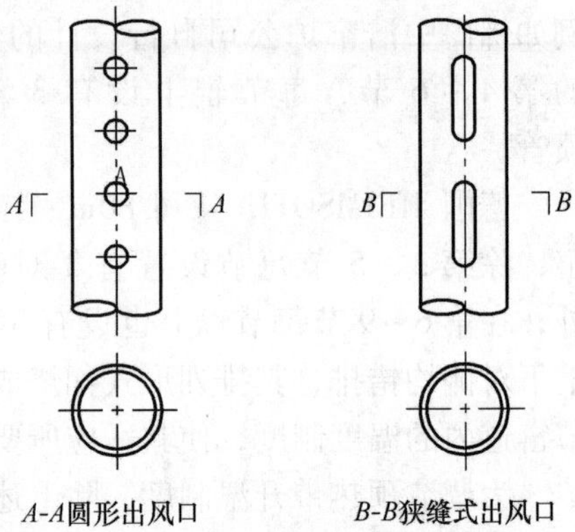

图3－26　冷风喷管喷风口

2. 缓冷段通风系统

制品冷却到700～500℃时，是产生冷裂的危险区，应严格控制该段冷却降温速率。为达到缓冷目的，一般采用热风冷却制品的办法。大多数辊道窑在该段设有3～6处抽热风口，使从急冷段与窑尾快冷段过来的热风流经制品，让制品慢速均匀地冷却。

意大利WELKO公司FRW2000型辊道窑，在缓冷段3节的每节窑顶、底设有矩形抽热风口，砌体结构类似排烟口，由余热风机将窑内热风抽出，送至窑下辊道干燥器作干燥介质。意大利POPI公司TA23型辊道窑则在缓冷段第30～35节窑的顶部设置了共6个抽热风口。德国HEIMSOTH公司80m油烧明焰辊道窑在长11m的缓冷带没有设置抽热风口，而将抽热风口设置在窑尾，以此将来自急冷段的热风流经缓冷段来冷却制品；而且，在该段辊上设有10根如急冷段的冷风喷管（鼓入窑尾抽出的热风），用以调节该段的冷却制度。

缓冷的另一种方式就是间接冷却，间接冷却常采用间壁或换热管。意大利SACMI公司105m烧柴油明焰辊道窑在缓冷段（第36～41节），每节辊上共装18根换热管，换热管一端敞开作吸风口，另一端接抽热风管，通向余热风机，如图3－27所示。从窑顶看，这18根换热风管的吸风口2与抽热风管4为两侧交错相间排列，插入窑体的换热风管1为直径30mm的耐热无缝钢管，抽热风管由钢丝软管制成。由余热风机从换热风管的吸风口吸入冷风，经横穿窑内的管子换热后变成热风抽出，这种结构可称管壁换热，也属间壁冷却的一类。换热风管便于温度制度的调节，使制品冷却均匀，但结构较为复杂，国内自建辊道窑考虑到降低造价，较少采用。

3. 窑尾快冷通风系统

制品冷却至500℃以下，可以进行快速冷却。但由于制品温度较低，传热温差小，即使允许快冷也不容易达到。而此段冷却也很重要，如达不到快冷目的使出窑产品温度大于80℃时，制品即使在窑内没有开裂，也会因出窑温度过高而出窑后炸裂，故要加强该段的吹风冷却。国内外辊道窑快冷段的吹风冷却形式主要有以下两种。

（1）设置辊上下冷风喷管　类似于急冷段的横贯窑断面的急冷风喷管结构，如图3－28所示。有的在该段还设有抽热风口，例如德国HEIMSOTH公司80m燃油辊道窑窑尾快冷段共长11m，辊上下布有22对冷风喷管，前16对间距550mm，窑尾6对间距约200mm，快冷段的冷风喷管较急冷段的稍粗，直径约为80mm，每根管上有34个直径10mm的小孔，对着制品吹冷风。此外，该窑在快冷段窑顶、窑底还设有3处抽热风口。

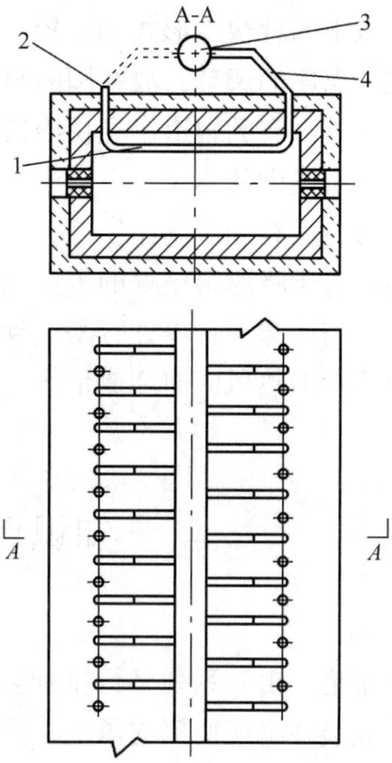

图3－27　缓冷段换热风管

1—换热风管　2—冷风入口

3—余热风汇总管　4—抽热风管

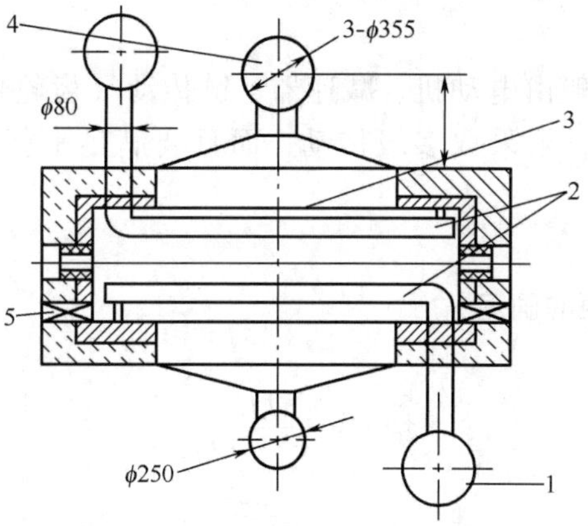

图3－28　窑尾快冷通风系统

1—空气管道　2—冷风喷管　3—抽热风口　4—抽热风管　5—事故处理孔

（2）安置轴流风扇　直接对制品在出窑前吹冷。例如意大利WELKO公司辊道窑在窑尾最后一节顶部和底部各设置3个轴流风扇（横向一排），以45°角向窑内制品吹入冷空气，以保证制品至80℃以下出窑。意大利POPI公司TA23型辊道窑在窑尾最后两节，每节窑顶、窑底各设有4台轴流风扇，上下对制品吹风强制冷却。意大利SITI公司

FL 型双层辊道窑，在窑尾 5m 长区段两侧共设有 8 对轴流风扇。

以上两种快冷形式相比较，冷风喷管结构简单且设置区间大，快冷效果好，并且便于该段温度的调节，故在国内自建的辊道窑中得到了广泛推广应用。

此外，有的辊道窑在快冷段首端窑体空出约 1m 长，如意大利 SITI 公司 FIN 型辊道窑，在窑尾倒数第 4 节空出半节窑体，然后在其后的窑尾侧墙辊上下装有轴流风扇。空窑段敞开后有利于制品快冷，并起到平衡冷却带窑内压力的作用。因窑体敞开即与大气相通，等于将原窑尾处的零压面移至此处，使窑内冷却带抽热风口负压不致太大，而使烧成带与冷却带交界处容易达到零压或很小的正压，烟气不会窜向冷却带，最多只有少量急冷段的热风流向烧成带作二次助燃风。

知识点五　辊道窑的传动系统

辊道窑由一系列平行排列且间距相同的辊子在窑内构成辊道，每根辊子均横穿窑墙，安装在窑墙两侧支承上，由机械传动系统实现辊子的同向转动。制品放在辊道上，按预定的速度由预热带向烧成带、冷却带移动，完成烧成工艺。因此，传动系统是辊道窑的关键组成部分。

传动系统相对窑体来说既是独立的，又是互相联系的。这是因为辊道窑及其传动系统的运动机构是独立的，而辊道及其传动系统的设计布局则受到窑体结构的限制。其主要技术参数须根据烧成工艺来确定，辊道及其传动系统经钢架结构与窑体有机地联成一体。

辊道窑传动系统一般由电动机、减速器、链传动（齿轮传动或蜗杆传动）组成。由于辊子的转速比较低，须采取多级传动，而且要满足平行排列辊子的同向转动的要求。

（一）辊子的转速与辊距的确定

1. 辊子转速

$$n = \frac{KL}{\pi \cdot d \cdot t}$$

式中：L——窑长，mm；

t——烧成周期，min；

d——辊子直径，mm；

K——考虑到制品的滑动系数，一般取 $K = 1.05$。

辊道窑采取分段传动时，各段速度略有不同，为防止制品在运行时起摞、垒砖，自窑头向窑尾方向各段转速应依次加快，但由于各段间转速差别不大（后一段仅比前段快 0.05r/min 左右），在传动设计时通常采用变频电机或变频调速器。进行设计计算时辊子转速取其平均值。

2. 辊距

辊距即相邻两根辊子的中心距，确定辊距主要依据是制品长度、辊子直径以及制品在辊道上移动的平稳性，一般用下面经验公式计算：

$$H = \left(\frac{1}{5} \sim \frac{1}{3}\right) \cdot l$$

式中：H——辊距，mm；

l——制品长度，mm。

确定辊距范围须考虑下面几个方面因素：

（1）制品较大或辊子直径较大时，系数取较大值，使辊子之间有较大空隙，以便热量容易通过。

（2）制品较小时系数取小值，但必须确保辊道正常运行时始终有3根以上辊子支撑制品，当制品长度小于100mm时须在辊道上加垫板。

（3）如果辊子采取双支点托轮支承时，须考虑辊距对摩擦力的影响，一般辊距取较大值。

（4）最小辊距必须大于传动零件外形尺寸3～5mm。

（5）由于辊道窑大多采取装配式，钢架是一节一节进行安装的，因此，每节钢架的长度必须是辊距的整数倍。

（二）传动方案的分析与比较

辊道窑传动方案，按驱动辊子转动的传动机构形式来划分可分为链传动和齿轮传动两大类。若以整条辊道窑传动布局来分类又可分为整体传动、分段带动统一传动和分段传动三种。整体传动指的是电机经减速后通过一级链传动（或齿轮传动）带动全部辊子运转；分段带动统一传动是将辊道分成若干段，每段配置一套相同的传动装置，由一个动力部分（电动机）驱动，并将运动分配至各段；分段传动是将辊道分成若干段，每段传动系统都配置一个动力部分（电动机）及一套传动装置，各段之间的运动都是独立的。

链传动由主动链轮、从动链轮和一条闭合链条组成，通过链轮轮齿与链条链节相啮合来传递两个或多个平行轴间的运动和动力。辊子采取链传动的特点是结构简单、成本低，但由于链传动的多边形效应，瞬时传动比周期性变化，给传动带来运动的不均匀性和附加的动载荷，从而影响到辊子转动的平稳性。因此，在链传动设计中应尽量选择较小的链节距，增加链轮齿数，限制链轮转速。链轮的尺寸与链节距及链齿数有关。当链节距一定时，链齿数不宜过少，过少时传动的多边形效应显著；过多时，链轮尺寸加大又受辊距的限制，设计时还必须考虑链条的张紧装置。

齿轮传动依靠轮齿啮合来传递运动和动力，传动可靠、平稳、效率高、传动比恒定，现已在辊道窑中得到广泛应用。常用的有圆柱齿轮传动、圆锥齿轮传动、螺旋齿轮传动三种。在设计齿轮尺寸时应注意带动辊子运动的齿轮外形尺寸必须小于辊距。

（三）链传动

链轮传动的辊道窑传动系统的特点是传动可靠、辊子转动的同步性好、结构简单因而成本低。但由于链传动的多边形效应，给传动带来了运动的不均匀性和附加动载荷，从而影响到辊子传动的平衡性。在链传动设计中，应尽量选用较小的链节距、增加链轮齿数，并限制链轮转速，以提高链传动平衡性。当链传动的两端链轮间中心距太大时，链节数太多，传动时易产生颤动现象，正是为了克服其这一弱点，国内外链传动辊道窑大多采用分段传动、统一带动的传动方案，例如意大利 WELKO 公司 FRW2000 型辊道窑及国内由此消化吸收而自建的辊道窑即是采用这种传动方案。

现代辊道窑多为装配式，每节 2.1 ~ 2.2m，因此一般以 3 节为一段（即 6 ~ 7m 为一段）。这种传动系统如图 3 – 29 所示，全窑由一台电动机经联轴器、减速器由链传动带动主轴运转，主轴由若干长轴经联轴器组装而成，主轴上装有若干链轮，经链传动将主传动分配至各段，每一段都配有一台蜗杆减速器及链传动装置。为使传动系统进一步完善，设计时应设置两台同型号电机，以一台备用，对每段链传动还要增设张紧轮机构。另考虑到我国用电常会出现停电现象，还应设置一台直流电机，布局如图 3 – 30 所示。

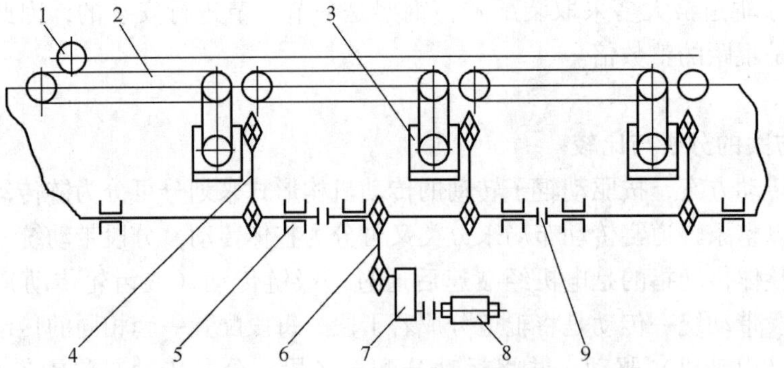

图 3 – 29　分段传动、统一带动的链传动系统示意图（一）

1—辊子　2、4、6—链传动　3—蜗杆减速器　5—轴承

7—减速器　8—电动机　9—联轴器

链轮传动除采用上述的分段传动、整体带动的方案外，也有采用分段传动、分段带动的方案，如意大利 SITI 公司的 FL 型辊道窑即是如此，如图 3 – 31 所示。全窑分七个传动段，每段都由一个功率仅 0.5kW 的直流电动机经减速器减速后带动该段主动链轮，从而通过该段链条带动全段辊子传动。链传动除上述两种传动形式之分外，还有单链和双链之分。双链又可分为以下两种形式，一种是每根辊子连接轴上装有一个双链轮，用双排链带动；另一种是每根辊子连接轴上只装一个单链轮，相邻的链轮并不在一条线上而分别用两条单链带动。前一种双链形式采用双排链，由于在承载力与转速相同的情况下用双排链的链节距比用单排链小，从而提高了传动的均匀性，减少了传动噪声，因而较宜用于制品较大的辊道窑中。后一种形式由于两相邻辊子的链轮互相错开辊间距可以缩小，因而特别适用于制品较小的辊道窑。由于采用链传动的辊道窑，一般都追求低造价，而且辊道窑传动的承载力不大，每段链传动的长度也较小（6 ~ 10m），因此认为链

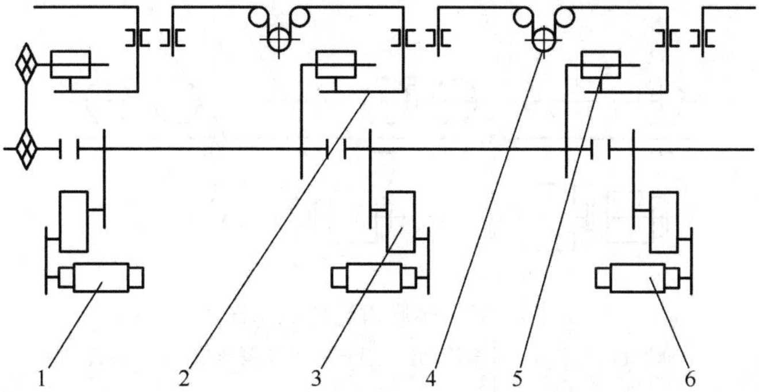

图3-30 分段传动、统一带动的链传动系统示意图（二）
1—电机 2—张紧轮 3—减速器 4—链传动 5—蜗杆减速器 6—直流电机

传动一般情况下还是选用分段传动、统一带动的单链传动方案较好。

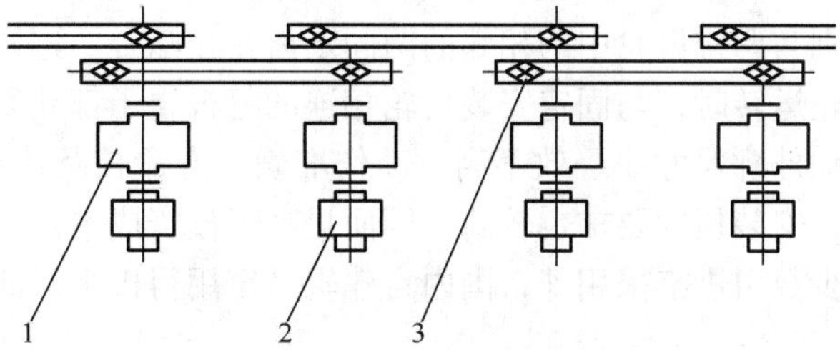

图3-31 分段传动、分段带动的链传动系统示意图
1—减速器 2—电机 3—链传动

（四）齿轮传动

从传动的构件来看，齿轮传动又可分为直齿轮传动、伞齿轮传动和螺旋齿轮传动三种。齿轮传动与链传动一样，具有传动可靠、辊子转动的同步性好等优点。此外还具有与链传动相比传动平稳这一突出的优点，尽管造价较高，但它在现代辊道窑中越来越得到了普遍的应用。

在我国现有的辊道窑（包括引进窑）中应用最广的是螺旋齿轮传动，又称交错轴斜齿轮传动，它是用来传递空间两交错轴之间的运动，主要作用是改变传动方向，适用轻载、低速的传动。现在人们似乎有种误解，认为斜齿轮加工复杂、造价高，其实不然，因为辊道窑上的斜齿轮是采用粉末冶金技术生产的，我国自建的辊道窑传动构件斜齿轮也是采用这种技术生产的，其成本并不比链轮高很多。

螺旋齿轮传动一般采用分段传动、分别带动的传动方案。如图3-32所示，每段由一小电机（功率为0.5~0.75kW）驱动，经减速器及传动链带动装有一排斜齿轮的传动轴，从而使与另一个斜齿轮连接的辊子传动。

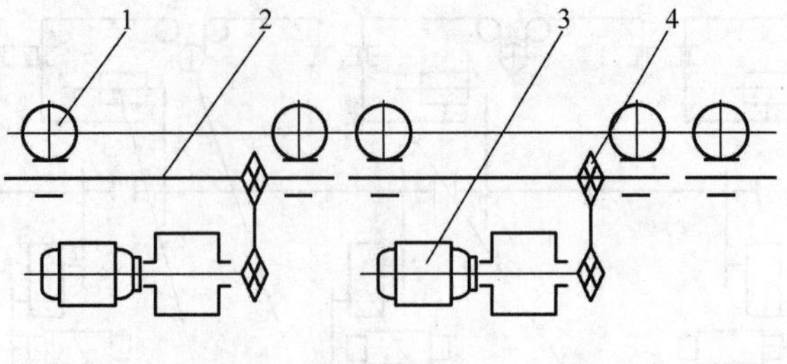

图 3 – 32　螺旋齿轮传动示意图

1—螺旋齿轮传动　2—传动轴　3—电机及调速器　4—链传动

采用直齿轮传动的如唐山建陶厂引进的意大利 POPI 公司 TA23 型辊道窑，其传动系统如图 3 – 33 所示，每件齿轮短轴上均装有两个直齿轮，相邻两齿轮相啮合。为使每根与齿轮短轴相连接的辊子都获得同向转动，短轴上两个齿轮的安装形式是不同的。其中一个固定安装，另一个不固定。这两种形式安装的齿轮沿窑长方向皆为相间配置（图 3 – 33 中有记号的为固定安装，无记号的为不固定）。在分配轴 8 上安装一组分配轮，分配轮上两齿轮分别与两排齿轮中的相邻的两固定齿轮相啮合。这样，当分配轴通过分配齿轮带动整段齿轮运转时，与固定安装齿轮相连的每根辊子都获得同向转动。这种传动形式具有齿轮传动外廓尺寸小、效率高、动作准确、寿命长及传动非常平稳等优点，但其结构较为复杂，安装精度要求也较高，因而提高了投资成本。

伞齿轮传动除少数引进窑采用外，国内自建辊道窑用得极少，此处就不叙及。

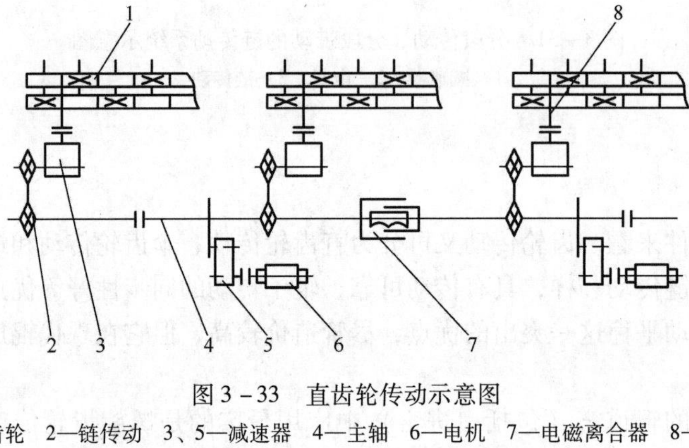

图 3 – 33　直齿轮传动示意图

1—直齿轮　2—链传动　3、5—减速器　4—主轴　6—电机　7—电磁离合器　8—分配轴

（五）辊道窑的钢架结构

辊道窑的钢架结构的作用是支撑耐火保温材料、传动系统、风管路和燃气管路、电缆桥架、安装烧嘴及观察孔附件。从其作用可以看出，钢架结构应具有足够的强度和刚性，所以在选择材料时，如立柱横梁等方管大小的选用，都应考虑到这一点。

辊道窑的钢架结构分为整体式和装配式两大类。现代明焰辊道窑多采用金属框架装配式钢架结构，其优点是窑体分段按模数设计，实现了辊道窑设计制造的标准化。选用不同的段数可以十分灵活地组成各种窑炉，形成同型号多种生产能力的辊道窑系列。便于窑炉专业生产厂家作标准化生产而降低成本，又保证质量，同时大大减少了现场施工时间，加快了窑炉建筑与安装进度。

1. 角钢、槽钢构成的钢架结构

如图3－34所示，窑框架以角钢、槽钢焊接而成。该窑侧立柱4采用6.3#热轧等边角钢，上面开有6个小圆孔，用于相邻两节间的螺栓连接；两端底框架1采用12#热轧普通槽钢，每端也开有5个便于节间螺栓连接的小圆孔；底框架上置有3根6#槽钢构成的底横梁10，其上搁置底板9，底板材料为4mm厚的花纹钢板；上拉梁8用5#等边角钢直接焊死在侧立柱上；上侧板5与下侧板3均由2mm厚钢板冲压而成，上下安置的助燃风方形管道2由4mm厚钢板制成，它的一侧同时也起到了侧板的作用，侧板与空气方管均焊接在侧立柱上。该窑烧成带脚支撑如图所示由两根12#槽钢对焊放置在水泥地基上，而其他部分则由两根槽钢反向对焊成方形管，直立置于底框架1下。

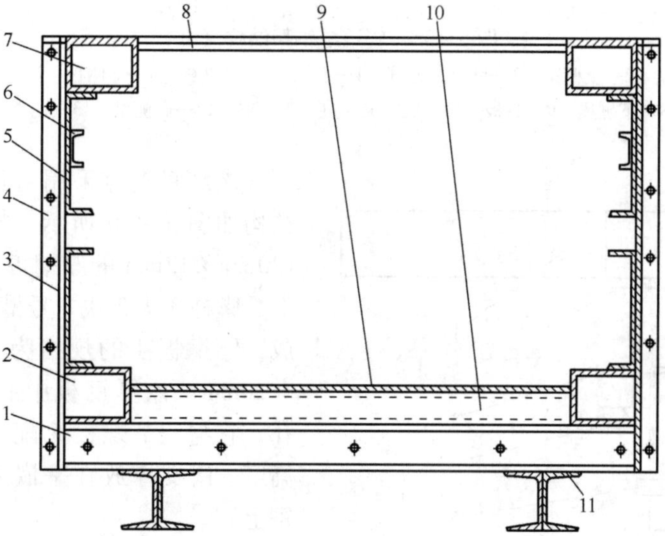

图3－34　辊道窑钢架结构（Ⅰ）

1—底框架　2—助燃风方管　3—下侧板　4—侧立柱　5—上侧板　6—拱脚梁
7—助燃风方管　8—上拉梁　9—底板　10—底横梁　11—脚支撑

2. 方形钢管构成的钢架结构

由于方形钢管有造型美观、抗弯强度较大等优点，现代辊道窑的钢架外框越来越多地采用冷拔无缝方形钢管做外框，如图3－35所示。立柱、上下侧梁、下横梁、底侧梁等均采用60mm×4mm的方型钢管焊接而成。在一节窑体钢架中，每侧共有立柱3根，两端的立柱上开有供M8螺栓节间连接的4个小孔。下横梁11每节共3根，焊在底侧梁12上，下横梁11上焊有50mm×50mm的等边角钢作底框架10，以便在其上放置底框架9。上下侧板可用2～3mm钢板冲压制成。吊顶梁1采用56mm×56mm×5mm的等边角钢。

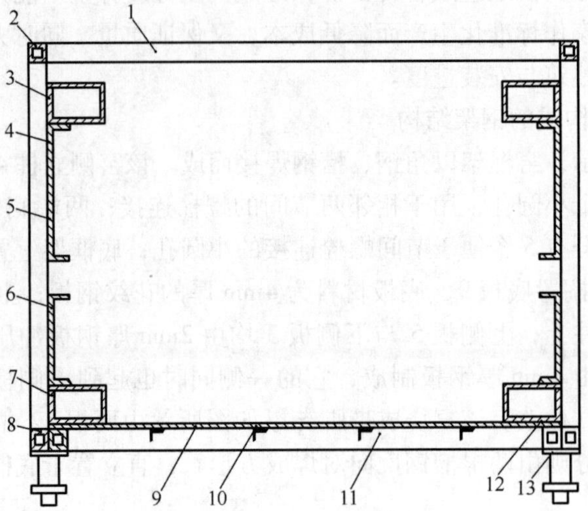

图3-35 辊道窑钢架结构（Ⅱ）

1—吊顶梁 2—上侧梁 3—助燃风方管 4—上侧板 5—立柱 6—下侧板 7—助燃风方管
8—下侧梁 9—底板 10—底框架 11—下横梁 12—底侧梁 13—底支撑

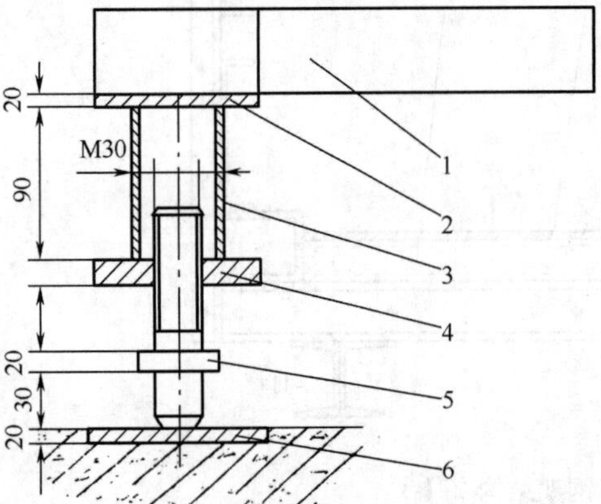

图3-36 底支撑结构

1—窑体底框架 2、4—厚钢板 3—脚柱
5—调节螺栓 6—扁钢 7—基础

该窑底支撑采用可调节的方式，其结构如图3-36所示。规格为120mm×120mm×12mm的厚钢板2焊在窑底框架上，脚柱3为2块8号槽钢对焊在一起构成，厚钢板4的规格为120mm×120mm×20mm，该厚钢板中心开有M30的螺孔，它与调节螺栓5配合可调节底支撑高度。脚支撑放在平嵌入基础7中的扁钢上。

吊顶钢架结构如图3-37所示，型号为6.3#的等边角钢制成的托梁2焊接在立柱1上，吊顶钩6由$\phi5$的耐热圆钢制成，其一端制成弯钩，另一端车有螺母，它通过吊顶砖夹板4将吊顶砖8吊起，穿过两块由型号为5.8#的等边角钢构成的吊顶横梁3，套上夹板4后用紧固螺母5拧紧。安装好一排吊顶砖后，用螺母将吊顶横梁的两块角钢并成一体，吊顶横梁是活动地放在托梁2上而不是与窑框焊死，这样做的优点，一是吊顶砌筑安装时在长度方向上有调整的余地，二是日后检修很方便。

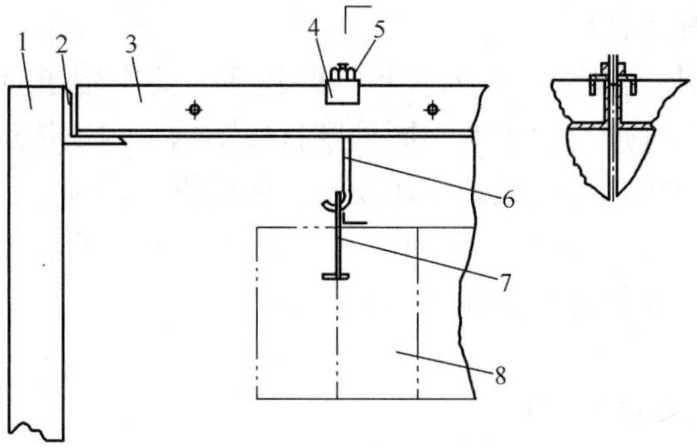

图3－37 吊顶钢架结构

1—侧立柱 2—托梁 3—吊顶横梁 4—夹板 5—紧固螺母 6—吊顶钩 7—吊顶砖夹板 8—吊顶砖

知识点六 辊子的性能与选用

辊子是组成辊道窑的基本部分，辊子在辊道窑内不断转动，承受制品的重量，同时经受高温作用，其质量好坏影响到辊道窑的运行精度，从而直接影响到制品质量。因此辊子要求性能好，能满足使用要求，成本低。

（一）对辊子的性能要求

辊子由于某种原因不能正常工作时称为失效。辊子失效主要表现是：断裂，塑性变形，过大的弹性变形，工作表面的过度磨损或损伤，窑内高温环境下产生的蠕变及腐蚀气氛的影响。为了使辊子在预定的使用期限内可靠地工作，辊子应满足下列要求：

（1）强度 强度是衡量辊子抵抗破坏的能力，是保证辊子的正常工作的最基本要求。当辊子强度不足时，就会发生塑性变形，甚至断裂。为了保证辊子有足够的强度，要求辊子的工作应力不得超过许用应力。一般国内的 Al_2O_3 陶瓷辊许用应力≥45MPa。

（2）刚度 刚度是衡量辊子抵抗弹性变形的能力。辊子刚度不足时，会产生不允许的弹性变形，形成载荷集中，影响辊子的正常工作。

（3）耐磨性 耐磨性是指辊子抵抗磨损的能力。连续运转的辊子依靠辊子与制品间的摩擦力推动制品沿辊道前进，由于辊子与制品不断摩擦，辊子表面物质不断损失，这种现象称为磨损。磨损会逐渐改变辊子的尺寸和表面形状，从而影响制品的质量，因此，要求辊子应具有良好的耐磨性。

（4）耐热性 辊子的耐热性能指辊子抗氧化、抗热变形及抗蠕变的能力，是辊子使用寿命的主要指标之一。在高温下工作时，辊子强度将会削弱，同时出现蠕变，变形加大，而且窑内燃烧产物含有大量游离氧和一氧化碳，因而要求辊子在高温和燃烧产物作用时具有良好的抗氧化、抗热变形和抗蠕变能力，以适应烧成工艺的需要。辊子在窑内使用一段时间后因失效或粘上釉渣时必须更换。为适应高温下更换辊子的需要，辊子还必须具有良好的抗热震性能。

（5）尺寸公差要求　辊子一般为管状，壁较薄。要求辊子直而圆，尺寸准确，辊子的直线度、圆度、圆柱度及辊子两端同轴度直接影响窑内坯体运行的平稳性，如果它们的误差大，易引起窑内坯体走偏和叠坯现象，因此辊子的尺寸公差必须加以控制。

（6）吸水性能　辊子应具有一定的吸水率，以便在辊子表面预涂一层涂层，既可提高辊子的使用寿命，又较容易清除粘附的釉层。

（二）辊子的材质、主要技术指标

辊道窑从预热带到冷却带不同部位的温度与气氛不同，对辊子技术要求也不同。一条辊道窑有数百根甚至数千根辊子，可选用同一类材质，也可在不同部位选用不同类材质的辊子，使各部分要求分别得到满足。

辊子的材质主要有两大类，一类是金属材料，另一类是非金属材料。

选用金属材料制作辊子时，可直接选用管材，然后根据辊子的连接要求对辊子两端进行加工，金属辊子的工作表面一般不加工，制作工艺简单。常用的金属辊子有电焊钢管、普通无缝钢管和耐热合金钢管等，其主要技术指标与规格见表3－2。选用金属辊子时，还应注意高温气体腐蚀、热膨胀、高温摩擦、变形及蠕变等问题。

表3－2　常用金属辊子主要技术指标

<table>
<tr><th colspan="3" rowspan="2">种类</th><th rowspan="2">规格（外径）/mm</th><th colspan="2">外径允许偏差/mm</th><th rowspan="2">常用材料</th><th rowspan="2">特性应用范围</th></tr>
<tr><th>普通级</th><th>高级</th></tr>
<tr><td colspan="3" rowspan="2">铝合金辊</td><td>21～34</td><td>±0.2</td><td></td><td rowspan="2">LF</td><td rowspan="2">耐腐蚀性好</td></tr>
<tr><td>36～50</td><td>±0.3</td><td></td></tr>
<tr><td rowspan="4">电焊钢管</td><td colspan="2" rowspan="3">普通电焊钢管</td><td>21～40</td><td>±0.5</td><td>±0.25</td><td rowspan="3">A_3F</td><td rowspan="4">具有一定机械性能，价格便宜，热稳定性较差，常用于窑头及窑尾输送段</td></tr>
<tr><td>31～40</td><td>±0.5</td><td>±0.3</td></tr>
<tr><td>41～51</td><td>±0.5</td><td>±0.35</td></tr>
<tr><td colspan="2">低压液体输送用钢管</td><td>17～48</td><td>±0.5</td><td></td><td>B_3F</td></tr>
<tr><td rowspan="3">普通无缝钢管</td><td colspan="2" rowspan="2">冷轧无缝钢管</td><td>≤30</td><td>±0.4</td><td>±0.2</td><td>10</td><td rowspan="3">如20钢，使用温度<450℃，非腐蚀介质气氛中，常用于预热带前段及冷却带后段</td></tr>
<tr><td>>30～50</td><td>±0.45</td><td>±0.3</td><td>20</td></tr>
<tr><td colspan="2">热轧无缝钢管</td><td><159</td><td>+1.25%
−1%</td><td>±1%</td><td>45</td></tr>
<tr><td rowspan="5">耐热合金管</td><td rowspan="3">不锈钢无缝钢管</td><td rowspan="2">冷轧钢管</td><td>>10～30</td><td>±0.4</td><td>±0.2</td><td rowspan="2">$_1Cr_{18}Ni_9Ti$</td><td rowspan="3">耐酸，在600℃以下耐热，在1000℃以下不起皮，常用于预热带后段及冷却带前段</td></tr>
<tr><td>>30～50</td><td>±0.45</td><td>±0.3</td></tr>
<tr><td>热轧钢管</td><td>≤140</td><td>±1.5</td><td>±1.25%</td><td>$_0Cr_{18}Ni_9$</td></tr>
<tr><td colspan="2" rowspan="2">耐热钢管</td><td>>10～30</td><td>±0.4</td><td>±0.2</td><td>$_1Cr_{25}Ni_{20}Si_2$</td><td>抗氧化温度可达1200℃，但价贵</td></tr>
<tr><td>>30～50</td><td>±0.45</td><td>±0.3</td><td>GH1140
GH3030
GH3039</td><td>850℃以下适用</td></tr>
</table>

常用的非金属辊子多采用瓷质空心棒，即陶瓷辊。陶瓷辊比较脆，在满足使用要求的同时，应充分考虑辊子制造工艺和经济性要求。常用陶瓷辊材质试验结果见表3－3。

表3－3　　常用陶瓷材质试验结果

材质名称	规格/mm	试验温度/℃	试验时间/d	试验结果
碳化硅管	ϕ35×1300，壁厚4～5	1300～1350	30	有氧化现象
	ϕ25×1300，壁厚3～4			
碳化硅管（表面有涂层，涂料采用95%氧化锆和5%五氧化二钒）	同碳化硅管	同上	同上	不好，涂层易掉，有掉皮现象
刚玉管	直径25×1200，壁厚3	同上	同上	无异常现象
85% Al_2O_3瓷管	直径35×1200，壁厚3～5	1300以下	同上	良好，无弯曲现象
		1300～1360	同上	有变色和稍弯曲现象

从表3－3可以看出，使用温度在1300℃以下时，选用 Al_2O_3 材质的辊子。我国最早研制成功高铝瓷辊子的佛山市陶瓷研究所生产的陶瓷辊子的理化性能指标见表3－4。

表3－4　　国产陶瓷辊子的理化性能指标

性能名称	单位	性能指标
氧化铝含量	%	75～76
规格尺寸	mm	长度3000±3，直径40±0.5
变形	%	直线度≤0.1，圆度≤0.3
吸水率	mm	<10
抗弯强度	MPa	≥45
抗热震性		经1350℃至室温急冷急热循环5次不出现裂纹
线膨胀系数	1/℃	$<6.2\times10^{-6}$（25～1000℃）
高温荷重软化温度	℃	≥1500
耐火度	℃	≥1750

烧成温度达1300℃以上一般采用结晶碳化硅材质制作辊子，如重结晶碳化硅辊子在氧化气氛中可用至1600℃，但价格昂贵。德国生产的渗硅碳化硅辊子可用于1300～1350℃，属于反应烧结的碳化硅，价格较低，碳化硅辊子的性能指标见表3－5。

意大利辊子制造厂家试用ODS型（氧化物弥散增强性）合金制作辊子，这种材质在1250℃下工作时仍有很高强度，其保证工作寿命为2年，价格约为陶瓷辊子的10倍左右，而意大利的MORI公司则引用专利，利用金属和陶瓷两种材料的优点，以金属棒为外套，陶瓷棒为内管组成复合辊子进行研制。

表 3－5　　碳化硅辊子的性能指标

项目	单位	ICRA 重结晶碳化硅	CRYSTAR 重结晶碳化硅	渗硅碳化硅
SiC 含量	%	99	99	Si 8% ~12% 其余为 SiC
体积密度	kg/m^3	2600	2600	≥3000
吸水率	%	7 ~8		
开口气孔率	%	18	16	0
抗弯强度	MPa	100 ~120	20℃　100 1250℃　120	≥300
膨胀系数（20 ~1500℃）	1/℃	4.6×10^{-6}	4.8×10^{-6}	4.5×10^{-6}
最高使用温度	℃	1600 氧化	1600 氧化	

（三）国产陶瓷辊的规格、检测与使用

陶瓷辊的规格、尺寸须根据辊子的材质、生产工艺、辊子支撑的制品的质量与大小尺寸、制品的烧成工艺、窑体的结构等来确定。辊子一般制成空心管状，壁较薄。这样，辊子在承受高温时其温度应力差可减小，抗弯强度提高，但管壁薄，成型困难。因此，应当选择合理的壁厚，考虑综合因素影响，当辊子需承受较大的制品载荷时，应考虑选择直径较大的辊子。

为适应辊道窑需要，陶瓷辊的规格尺寸日趋完善，可供直接选用，见表 3－6。陶瓷辊两端结构则视辊子连接要求而定，最简单的是将购来的辊子直接与连接部分连接或切割到规定长度后与连接部分连接，但也有的设计必须对辊子两端进行磨削加工或钻孔加工，陶瓷辊的工作外表面一般不加工。

表 3－6　　常用陶瓷辊的主要规格

直径（外径）/mm	长度/mm
25	1500，1600，1700，1800，1900，2275，2330
27	1600，1800，2030，2100，2380，2400，2500，2630
30	1800，1900，2000，2100，2200，2275，2320，2360，2400，2500，2600
31	2030，2265，2400，2630
33.7	1150，1350，1450，1600，1800，2000，2230，2300，2360，2440，2460，2500，2600，2700
35	2000，2339，2450
40	1200，1500，1800，1960，2000，2100，2200，2320，2380，2400，2510，2600，2660，2740，2930，3000，3230
42	2480，2600，2900，2930，3000，3240
45	2680，2880，2980，3100，3250

陶瓷辊的检测主要有两个方面，即外形质量检测与内在性能质量检测。

1. 外形质量检测

检测内容主要是辊子的尺寸公差和形位公差，根据目前辊子的生产和使用情况来看，辊子常用外径为25～45mm，尺寸公差控制范围±0.5mm；长度1200～3300mm；壁厚3～5mm；直线度误差规定为辊子长度的0.1%之内；圆度误差不大于0.3mm；辊子两端同轴度不超过0.5mm/m；圆锥度公差以前无要求，现控制在1mm以内。辊子的尺寸公差和形位公差直接影响窑内坯体运行的平稳性，如果误差大，不仅影响制品表面平整，还易引起坯体走偏或叠坯现象。因此，高质量的辊道窑对辊子的公差要求也越来越严格。

2. 辊子的内在质量的检测

检测内容是抗高温蠕变性能和抗热震性能。常用的抗高温蠕变性能的测定方法是在特定长度的陶瓷辊上等距离安放若干等载荷重物，然后将载有重物的陶瓷辊安放在两个等高支座上，置入试验窑内，升至预定温度，保温5h，使辊子温度均匀并稳定。随窑自然冷却后卸下载荷，测量其直线度，用这样的方法比较各种陶瓷辊材质在该温度下的抗高温蠕变能力，然后逐渐改变载荷以测定该辊子抗高温蠕变极限应力。也可以用这种方法来测定不同材质、不同尺寸的陶瓷辊的实际载荷能力，选择合理的壁厚。实践证明，温度不同时，辊子的实际载荷能力不同，因此，不能用在常温下测定的辊子实际载荷能力作为辊子的承载能力进行设计计算。辊子的抗热震性的测定方法是将陶瓷辊3/4长度部分放入试验窑内，升至预定温度，保温20min，然后将其取出在冷空气中冷却，重复试验直到辊子断裂，其重复循环的次数则表示该辊子抗热震性的能力。德国陶瓷辊抗热震能力可达10～12次，国内陶瓷辊抗热震能力稍差，循环次数一般不超过6次。

（四）辊子的连接形式

辊子是易损件，为了不影响辊道窑的正常工作，辊子必须连接牢固、可靠，更换辊子必须方便、快捷，常用的连接形式主要有以下5种。

1. 螺母式连接

螺母式连接如图3－38所示。辊子1插入接头3的内孔，接头3外表面加工成圆锥管螺纹，沿圆周均匀分布3～4条纵向槽，通过弹性销4与轴9连接，拧紧螺母2时，接头3的内径变小从而将辊子夹紧。为使夹紧灵敏可靠，接头纵向槽部分截面应尽量薄，使之具有弹性。这种连接形式结构简单，对中性好，但接头3内径调节范围小，对辊子外径尺寸要求较严格。

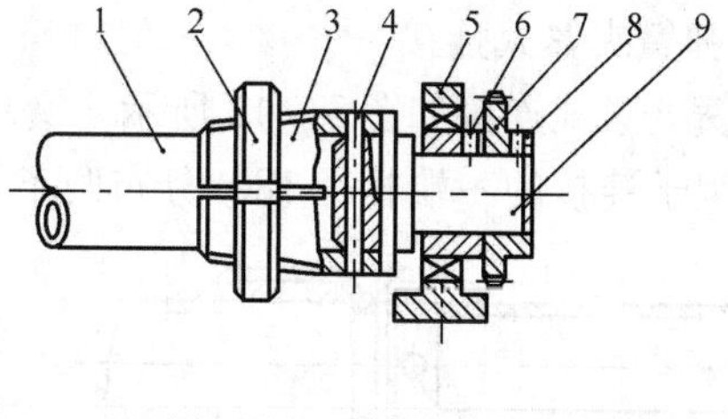

图3－38 螺母式接头

1—辊子 2—管螺母 3—圆锥管螺纹接头 4—弹性销 5—轴承座 6、8—紧固螺钉 7—链轮 9—轴

图3－39为加楔块的螺母式连接。连接螺纹为普通细牙螺纹，辊子1插入锥套3的内孔中，锥套3为外锥式轴套，沿纵向加工一条通槽，因此锥套具有弹性，接头4内表

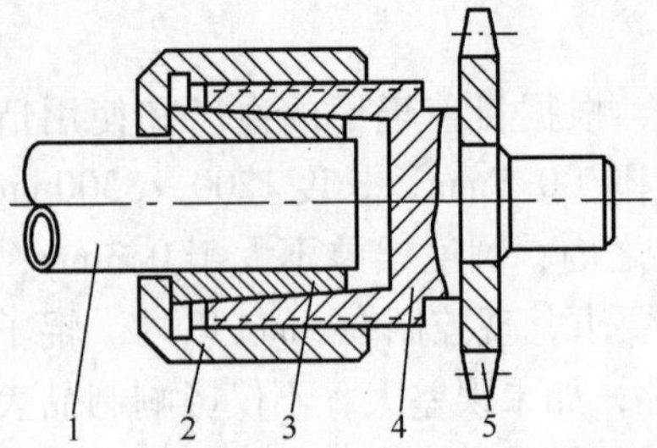

图 3－39 螺母楔块式连接

1—辊子 2—螺母 3—锥套 4—接头 5—链轮

面锥度与锥套 3 相配合，拧紧螺母 2 时使锥套轴向移动，利用锥面变化半径作用使锥套弹性变形，从而将辊子夹紧。这种连接方式对辊子直径变化适应性较强，夹紧力大。

螺母式连接虽具有连接牢固的优点，但更换辊子时须使辊子与接头分离，这给生产中更换辊子带来不便，因而目前大型建陶工业辊道窑中很少应用，一般只用于日用瓷烤花辊道窑、小型建陶工业辊道窑或辊道实验窑中。

2. 夹环式连接

夹环式连接如图 3－40 所示。辊子 1 套入接头 5 内孔，接头与辊子连接的一端加工成一条纵向槽，拧紧螺钉 3，通过 U 型夹环 2 使接头纵向槽产生弹性变形而将辊子夹紧。这种连接形式结构简单，但对中性不如螺母式接头。

图 3－41 为套筒夹环式连接。套筒式接头 3 与辊子连接端管壁较薄，并相距 180°开有两条通槽从而使之形成夹环，拧紧螺钉 3 使接头产生弹性变形而夹紧辊子，接头与传动轴采用螺钉连接。

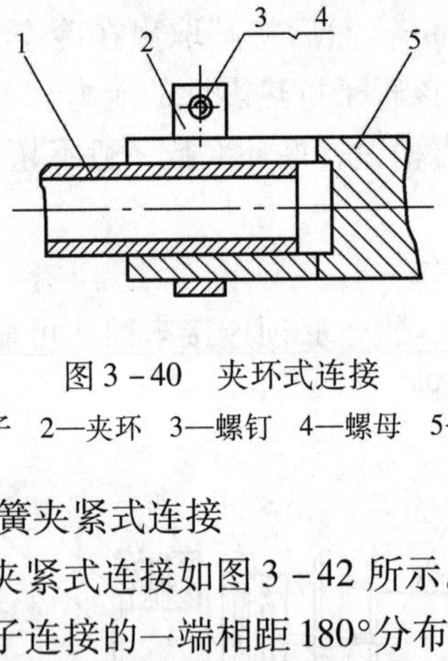

图 3－40 夹环式连接

1—辊子 2—夹环 3—螺钉 4—螺母 5—接头

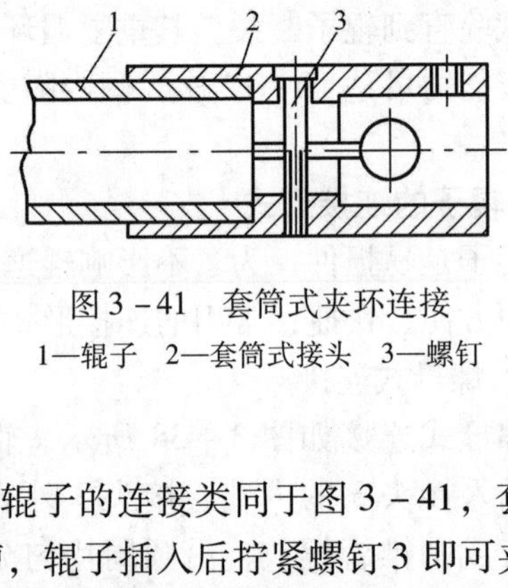

图 3－41 套筒式夹环连接

1—辊子 2—套筒式接头 3—螺钉

3. 弹簧夹紧式连接

弹簧夹紧式连接如图 3－42 所示。套环接头与辊子的连接类同于图 3－41，套环接头 2 与辊子连接的一端相距 180°分布两条纵向通槽，辊子插入后拧紧螺钉 3 即可夹紧辊子；弹簧片 4 一端固定在轴 6 上，另一端夹入套环接头中部的凹槽中。因此，通过套环接头 2、螺钉 3 及弹簧片 4 就将辊子 1 与轴 6 连接起来了。这种连接方式对更换辊子非常方便，更换辊子时只需将弹簧片拧起脱离凹槽便使辊子连同套环接头与轴分离，并从窑的另一侧取走。它是目前辊道窑中使用广泛的一种连接形式，其缺陷是当辊子与套环接头内径尺寸相差较大时，对中性较差。

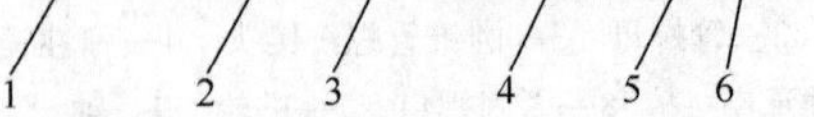

图 3－42 弹簧夹紧式接头

1—辊子 2—套环式接头 3、5—螺钉

4—弹簧片 6—轴

图3-43为弹簧卡片夹紧式接头。接头2内装有弹簧卡片1，安装时只需将辊子插入弹簧卡片内即可，因而对更换辊子甚是方便。而且，由于辊子通过弹簧卡片与接头连接，故辊子中心位置可在一定范围内靠重力作用自行调整。

4. 开口销孔连接

开口销孔连接如图3-44所示。这种连接方式简单，只须将开口销穿过辊子与接头的销孔即可。但是，要求辊子连接部位加工销孔，为使其安装对中，辊子连接处必须满足与接头的配合尺寸要求，必要时还需进行磨削加工。因此，开口销孔连接一般用于金属辊子的连接。

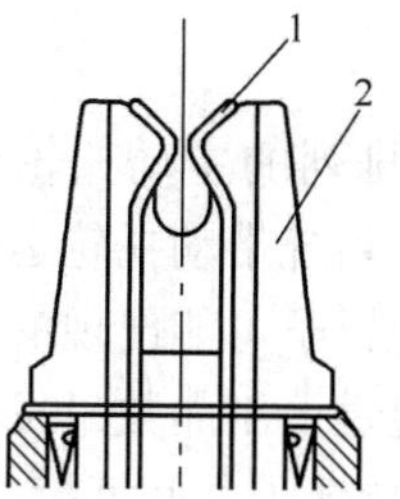

图3-43 弹簧夹紧式连接
1—弹簧卡片 2—接头

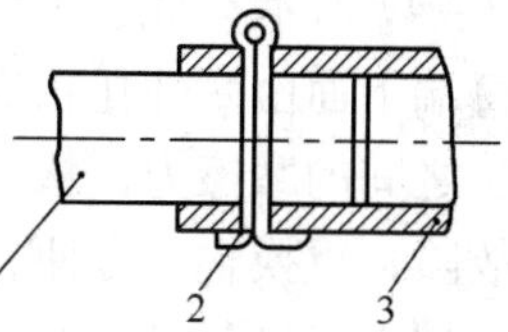

图3-44 开口销孔连接
1—辊子 2—开口销 3—接头

5. 托轮摩擦连接

托轮摩擦连接是将辊子依靠自重与制品的质量自由地放置在间距相等的托轮上，利用辊子与托轮之间的摩擦力带动辊子转动，如图3-45所示。由于摩擦传动过程中会产生“打滑”，因此辊子与托轮转动的同步性较差，通常用于辊子的被动端。

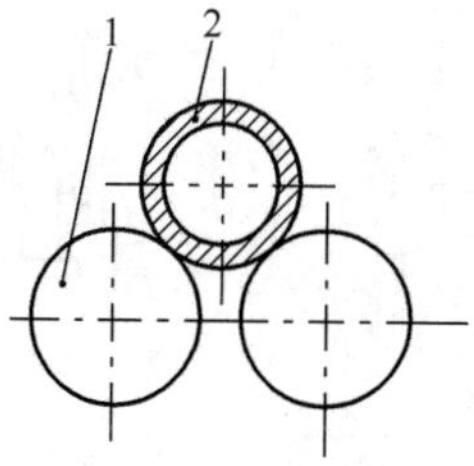

图3-45 托轮摩擦连接
1—托轮 2—辊子

(五) 辊子的支承

为了保证辊道的正常工作，确定辊子的支承型式时，辊道安装的水平高度应在一定范围内可以调节，以保证制品在辊道上平稳传送。辊子与孔砖之间应密封良好，辊子传动灵活。考虑到窑体钢架安装的积累误差，辊子的支承及与支承连接的传动系统的安装位置应在一定范围内可以调节。为防止辊子高温时因尺寸变化而卡住，辊子的支承应具备自适应功能。

辊子横穿窑墙并安装在窑墙两侧支承上，其中一端为传动端与传动系统连接，另一端为被动端。常用的辊子支承形式有以下3种。

1. 双支点固定支承

如图3-46所示，辊子4的传动端通过接头组件3固定安装在轴承座支承2上，通过链轮（或齿轮）1带动辊子运转。被动端支承6多采用滑动轴承，考虑到窑体和辊子受热膨胀，被动端支承不限制辊子轴向移动。连接时，常将接头（或辊子）直接套入支承。这种支承方式简便易行，但辊子两端同心度难以调整，而且支承内孔易磨损而影响运行精度，更换辊子不方便。

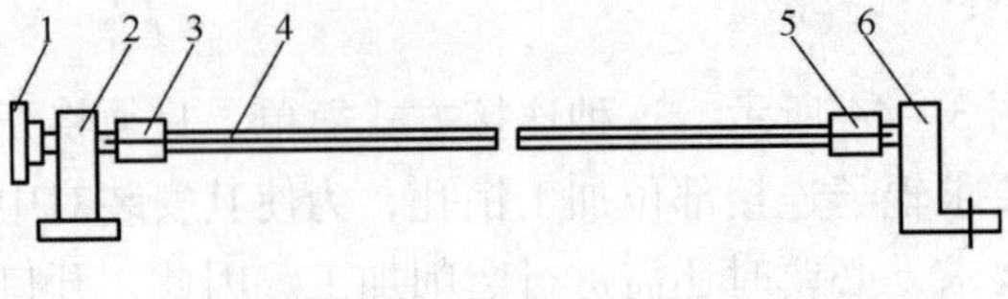

图 3－46　双支点固定支承

1—链轮　2—轴承座　3—传动端固定接头组件　4—辊子　5—被动端接头组件　6—被动端支承

2. 双支点托轮支承

如图 3－47 所示，辊子 4 两端自由地放在一系列平行排列的主动托轮与被动托轮上，辊子每端下面由两件托轮支承，这种连接特点是当传动系统带动托轮运转时，依靠托轮与辊子之间的摩擦力，从而带动辊子转动，因此可避免辊子可能出现的任何热膨胀而带来的故障，更换辊子方便，但传动的可靠性较差。当辊道上制品数量发生变化或辊子转动阻力加大（如辊孔密封纤维过多过紧等）时，托轮与辊子之间摩擦力发生变化，影响辊子转速，出现打滑（或辊子运行不稳定）现象，从而影响制品平稳运送，这种现象应当尽量避免。为使摩擦传动可靠，常采用的方法是在辊子两端的外表面缠绕若干圈钢丝或安装摩擦因数较大的套环，以增加接触面的摩擦因数，并保护辊子的两个端面。

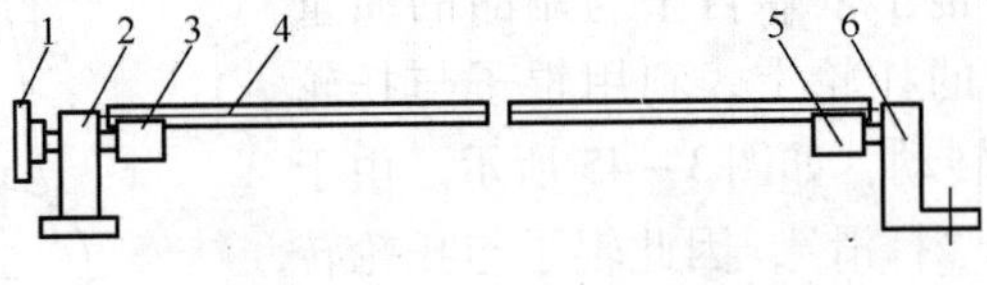

图 3－47　双支点托轮支承图

1—链轮　2—轴承座　3—传动端及摩擦传动部分　4—辊子

5—被动端托轮支承组件　6—被动端支承

3. 双支点混合支承

双支点混合支承如图 3－48 所示。传动端通过接头固定连接在支承上，而被动端则由托轮支承，因此，这种支承型式既具有双支点固定支承的优点，又具有双支点托轮支承的优点，是一种比较理想的连接形式。

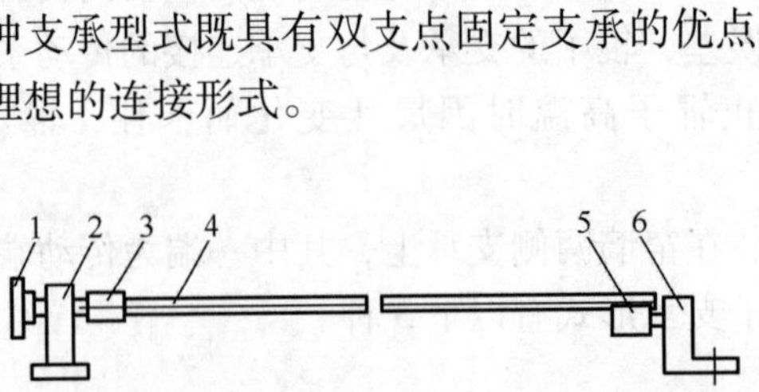

图 3－48　双支点混合支承示意图

1—链轮　2—轴承座　3—传动端固定接头组件　4—辊子

5—被动端托轮支承组件　6—被动端支承

（六）辊孔的密封

为了使辊子能够自由转动，不被孔砖卡住，辊子与孔砖上的辊孔都留有一定间隙，一般辊孔孔径要比辊子外径大5～10mm。为避免窑内热气体外逸或冷空气进入窑内，就必须注意辊孔的密封。现代建陶工业辊道窑都采用填塞陶瓷棉的办法对辊孔密封，即用厚度比窑墙厚度小的孔砖砌筑，使孔砖处留出一定厚度的窑墙空间，安装好辊子后在此空间塞满陶瓷棉。这种密封方法简单有效，既保证了辊子转动灵活，又起到了密封作用，还加强了此处的保温，因而得到了普遍应用。

知识点七　辊道窑的烘烤与调试

砌筑完工或大修后的辊道窑在正常运行前必须先烘烤。烘烤是通过对窑体、烟道等均匀地加热，均匀地排除其中的水分，使其均匀地膨胀，以防砌体开裂，确保辊道窑的使用寿命和安全生产。

（一）烘窑前的检查与准备工作

尽管在施工过程中，根据设计图纸的要求和验收标准，对施工质量和设备安装质量都已做过验收工作，但是，对于新建辊道窑在第一次烘窑点火前，对窑体和全部设备，再组织力量进行竣工质量检查和全面的大清扫仍是非常必要的。把问题暴露在烘窑点火之前，可及时进行补救，免除烘窑过程出现许多不利因素，并能确保以后正常投产运转。

对窑体部分，凡是能检查的部位都应进行检查。例如窑顶、窑内外墙的砌筑质量及窑道内的尺寸是否符合要求，吊顶的安装是否符合要求，各节窑体之间连接螺栓的坚固程度是否适中，窑体上各部位膨胀缝留设是否符合要求等。特别重要的是检查两侧墙孔砖的砌筑位置与砌筑质量以及辊子安装是否符合要求。在全面检查的基础上，对窑内外各部位的杂物（如砂浆、木屑木块、碎砖块等）应清扫干净，特别是辊子和孔砖之间的残留异物要清除干净。

对传动系统，检查传动电机、齿轮、链轮链条等各部件的安装是否符合要求，各传动部件的咬合是否适中；各传动轴承应按要求加注润滑油；将传动轮油箱内杂物清除干净并加注适当的机油，其深度以浸没轮面5mm为宜。在烘窑点火前再一次对传动系统进行试运转，观察电机、各传动部件的运转情况，尤其要检查辊子与孔砖的配合情况是否符合要求，发现问题及时调整。最后，在冷态下将砖坯不断按要求放上进坯架，观察砖坯在窑内的运行情况及出窑砖散开度是否符合要求。

对管道系统，检查煤气、空气和油路管道及其管件是否有泄漏现象，并对它们进行试压。检查气密性，对输送气体的管道（包括煤气管道）可采用两个表压的压缩空气进行试验，以不漏气为合格（可在管道连接处与焊缝处涂上肥皂水观察）。进行试压时对煤气管道可用空气代替，从窑前煤气总管开始至烧嘴前的阀门为止，用比煤气工作压

力高 3×10^3Pa 的试验压力进行，以在半小时内降压率 A 不超过 1% 为合格。

$$A = 100 \times \left(1 - \frac{p \times T_0}{p_0 \times T}\right)$$

式中：T_0, T——试验开始与结束时管内煤气的热力学温度，K；

p_0, p——试验开始与结束时管内煤气的绝对压力，Pa。

对冷、热空气管道则按表 3－7 进行试验。对油路管道，可用气压试验其严密性，试验压力为 3×10^5Pa；试压可采用液压试验，试验压力为 8×10^5Pa，若无条件进行液压试验时，可用 8×10^5Pa 的压力做气压试验。当管道进行液压试验时，应在试验压力下持续 20min，此时压力表上所示的压力降不得超过 2×10^4Pa。除检查管道泄漏情况和试压外，还要检查烧嘴和管道各阀门的灵活性，同时做好开关大小程度的标志；检查烧嘴安装是否正确，例如与烧嘴砖配合是否良好，是不是水平和同心、方向对不对等。此外，管道保温、施工质量如何都要逐一检查。

表 3－7　　空气管道试压表

空气工作压力/Pa	试验压力/Pa	试验持续时间/min	允许压降/Pa
$\leqslant 3\times10^3$	工作压力 $+3\times10^3$	5	5×10^2
$>3\times10^3$	工作压力 $+5\times10^3$	5	5×10^2

对监控系统，检查热电偶、压力检测等信号采样元件是否安装正确，控制柜上的所有仪表的安装与接线是否正确等。检查合格后还要进行所有信号回路、信号设备与控制柜显示仪表的综合显示试验。在烘窑前期，将控制柜上的所有选择开关拨到手动状态，并一直保持到所有烧嘴都点燃后才能改变。

在对各部分进行全面清扫和检查后，还应做好以下的准备工作：首先，要制定出合理的烘窑方案，包括确定烘窑的方法、拟定烘窑曲线、具体操作要点及要求、进度计划等；其次，应做好烘窑用的物质准备，如易燃引火物品、烘窑燃料等，并备好一些必要的温度、压力测量仪表，以便烘窑时临时测量用。

（二）烘窑方法与程序

为确保窑体均匀干燥和适应砌体材料的体积变化，避免因砌体内水分急剧蒸发和体积的急剧变化而导致窑体开裂，辊道窑的烘烤必须制定合理的升温曲线与保证一定的烘烤时间。烘窑时间及各阶段的升温速率应根据窑炉的特点（如窑体尺寸、燃烧室结构形式）和砌体特性（如材料种类、含水量多少、施工条件等）来确定。明焰辊道窑烘烤时间一般为 15 天左右。

烘烤的方法取决于窑型和使用的燃料，大都可直接利用窑上现有的燃烧设备进行。烧轻柴油的明焰辊道窑在烘窑初期可先将木炭由事故处理孔放入工作通道内点燃烘烤，待窑体水分基本排除、窑内达到一定温度后．清除掉窑内木炭灰屑，再直接点燃窑上的油烧嘴进行烘烤。为缩短烘窑时间、加快工作通道砌体的水分蒸发，烘窑初期，除在火道点火烘烤外，可同时在工作通道内烧木炭烘烤。

辊道窑烘窑的一般步骤是：

（1）启动传动系统。

（2）启动排烟机，调整风闸开度至最大。若烘窑方法是先采用木炭烘烤，则此步先不开排烟机，只打开排烟闸，待开始点燃烧嘴时再启动排烟机。

（3）烧嘴开始点火，点燃顺序是先高温区烧嘴后低温区烧嘴、先下部烧嘴后上部烧嘴。在点燃烧嘴时要注意先送助燃风后送煤气或油（燃料为油时不要先送雾化风）；烧煤气的辊道窑还要注意在点火前由放散管先放散掉一部分燃气，以赶走留存在管道内的空气，防止发生爆炸事故。

（4）逐步启动冷却带的冷却风机和抽热风机，风量由小到大。工作通道最高温度达到800℃后可适当进一些废砖或坯，以利用其显热去加热冷却带窑体，进砖速度可比正常烧成时慢。

（5）烘烤后期，要逐步调节烧嘴、排烟闸板、冷风闸板、抽热风闸板的开度，使窑内热工制度向预定的热工制度靠近。

（6）当工作通道内的最高温度达到1100℃，可送坯进行试烧，即进入调试阶段。根据出窑产品情况逐步调节窑内热工制度，使之完全符合制品烧成的实际要求，即烧出合格产品。

下面以某燃气辊道窑作为一个实例，介绍其烘窑情况。该窑共分29节，每节长2.13m，窑体总长61.77m。1～4节为排烟段；5～10节每节上下各设一对烧嘴；13～18节每节上下各交错设置两对烧嘴，19～20节为冷却带。该窑以煤气为燃料，故烘窑时直接利用窑上现成的燃烧设备。烘窑时间为15天，其升温曲线见图3-49。烘窑时按上述步骤先启动传动系统与排烟机，并开始点火。烧嘴点火顺序为：前6天，点燃第18节与第10节的烧嘴（先下部烧嘴后上部烧嘴）；第7天，点燃第14节与第6节的烧嘴；第10天，点燃第16、12、8节的烧嘴；第14天，依次点燃第17、19、15、13、11节的烧嘴。在点火后，随着窑内温度的升高，按上述烘窑步骤的4～5步进行操作，直至调试到满意为止。

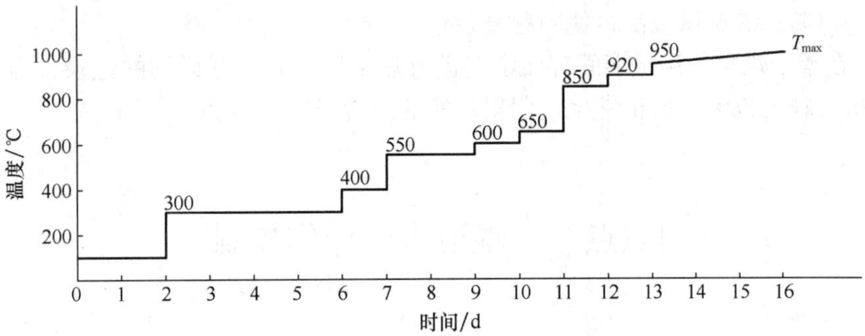

图3-49　气烧明焰辊道窑烘窑升温曲线

（三）辊道窑烘窑过程的注意事项

辊道窑在烘窑及试生产过程中必须注意以下几点：

（1）窑体在烘烤加热过程中，会产生体积膨胀，因此要经常检查各部位情况，尤其是检查辊子与孔砖间的空隙，遇有辊子与孔砖相互摩擦时，应及时调整。若发现窑体有开裂现象，应及时处理，或是保温，或是适当减慢升温速度；当开裂严重时甚至停止烘窑，处理完毕后再重新进入烘窑阶段。

（2）随着窑温升高要经常观察、检查窑墙与窑顶的情况，尤其是拱顶（或吊顶）钢架结构情况，发现问题及时处理。

（3）升温速度不宜急剧变化，严禁采用急升急降温度的办法来追赶温度指标。

（4）在烘窑过程中，预热带温度往往上升较快且不易下降，因此要注意预热带温度的上升情况，以防止窑头升温太快太急，未到试产调试阶段预热带温度曲线就已超出预定要求，调试时不宜将窑头温度降下来，影响正常调试。

（5）自点火烘窑开始直至高温阶段，急冷风管和缓冷风管都应送入冷却风（低温阶段时可送入小流量冷风），以防冷却风管受热变形、甚至损坏。

（6）烘窑过程中往往冷却带温度不容易升高，难以达到烧成曲线的要求，试产时就会引起产品惊裂。除及时送砖坯入窑，让热砖坯进入冷却带加热窑体外，必要时冷却带提前开抽热风机或增大抽出热风量，使较多的热烟气倒流冷却带，以加快冷却带温度的升高，同时还可避免预热带温度升温过快。但这种采取烟气倒流的办法只能用在烘窑阶段，在试生产和调试过程是不允许的。

（7）送砖坯入窑进行烘窑后，要经常观察窑内砖坯有无起摞、卡辊现象，一经发现就要及时处理，以免造成大面积断辊甚至传动机械的损坏。

（8）烘窑整个进程中要经常检查传动系统与全部机电设备运行是否正常，如用手触摸电机是否发热，查看传动链松紧是否适中、传动齿轮啮合是否正确等。若发现异常，应及时妥善处理，防止事故蔓延扩大。

（9）试生产调整窑内热工制度过程中不能操之过急，要根据试烧产品出窑的实际情况按产品的实际缺陷进行分析，拟定调整方案。每次调整应固定大多数因素，只调节变动单个或少数因素，调整幅度也不宜太大，而且要等看出调整后的实际效果后再做下一次调整，以防造成调试混乱，使问题复杂化。

（10）在整个烘窑与调试期间都要定期进行热工测量并做好详细的记录，为合理调试提供分析资料，也为今后正常生产积累现实的经验资料。

知识点八　辊道窑的操作控制

（一）温度制度的控制

辊道窑的温度控制主要是依靠沿窑长安装在窑顶或窑侧的热电偶所反映的温度数据。由传热学的原理我们知道，在预热带热电偶测得的温度高于制品温度，但要小于烟气的温度；烧成带与预热带相似，但是温差较小，且热电偶测得的温度较为接近制品的温度；冷却带与烧成带则相反，热电偶测得的温度小于制品的温度而大于烟气的温度。

1. 预热带温度的控制

要控制好该带的温度主要要控制3个关键温度点，即窑头温度、预热带中部温度（约500℃处）及预热带末端温度（约900℃处）。窑头温度过高，易使坯体炸裂；预热带末端温度点的位置反映了坯体的预热效果，并间接反映了坯体在烧成带停留的时间，预热带中部温度则是预热带温度的最关键点，若太前则窑头升温过急易造成坯体在蒸发期造成开裂的缺陷；若太后说明窑头温度偏低，使得在预热带后部不得不快速升温，一方面可能在573℃晶型转化处产生坯体炸裂；另一方面使氧化阶段时间减少，容易产生黑心、针孔、气泡等缺陷。

预热带温度的控制一般可通过调节排烟总闸、排烟支闸的开度及安装在预热带的烧嘴开度来调整。但是调节排烟总闸对窑内的压力制度影响较大，只有当整个预热带温度偏低（偏高）才适当调整排烟总闸开度大小。入窑温度一般控制在150～300℃，太高太低均不好，排烟支闸板开度从窑头至窑尾由小至大，窑头排烟支闸不宜开得太大，因为这样会造成冷风大量吸入。辊下闸板的开度较辊上大，加大辊下抽力可克服几何压头造成辊上辊下温度的偏差。此外还可以调节搅拌风来控制预热带的温度。

2. 烧成带温度的控制

烧成带温度的控制主要是确定烧成带的最高温度和高温区间长度即制品在高温下停留的时间，烧成带的最高温度是成瓷的最高温度点，它影响到产品的生烧与过烧，高温区的长度影响到保温时间的长短，从而也影响到产品的质量。

烧成带温度的控制主要是控制燃料与助燃空气的供应量及燃料与空气的混合程度，要控制两侧的烧嘴喷出火焰的长度一致，且恰好在窑中央部分交接，以免产生水平温差。如果火焰较长造成中间温度过高，此时宜开大助燃风，反之当火焰过短，则窑炉中央温度低，此时可减少助燃风量。

3. 冷却带温度的控制

冷却带温度的控制主要是急冷后的温度（约800℃处）、冷却带中部温度（约500℃处）及出窑前的温度。急冷后的温度是判断急冷好坏的依据；冷却带中部温度点附近是制品发生石英晶型转化，这是制品产生风裂的危险区，其前后温度变化应平缓；出窑前温度是判断快冷的效果，如果出窑温度过高，出窑后仍可能发生惊裂，同时也不利于后道工序操作。

冷却带温度主要是控制急冷风量、窑尾快冷风的风压与风量以及抽热风的风量。急冷区要注意后段的急冷风管的开度比前段的稍小，以免制品发生风裂，缓冷区主要是控制各个抽热风口阀门的开度，使晶型转化段降温平缓，一般抽热风支阀从窑尾至窑头开度由大至小，以保证降温速度缓慢，窑尾冷风管的开度也是从窑尾至窑头由大至小，以保证制品出窑温度不至太高。

（二）气氛制度的控制

窑内气氛的测量比较困难，目前窑炉上还没有有效的直接监测仪器，对于气氛的分析可用奥氏气体分析仪测量烟气的成分。

辊道窑烧制制品一般为全氧化气氛烧成，主要是调节好空气与燃料的配比，供给过量的空气，保证燃烧完全，窑内不出现冒烟，有时气烧窑内因煤气热值波动时会出现瞬间还原气氛，要及时加以调整。

（三）压力制度的控制

压力制度的不合理，不仅改变了窑内的温度、气氛，从而影响产品的质量，还会影响到窑炉的燃耗以及窑炉的使用寿命和各种损耗。陶瓷质量可以说是由烧成温度与气氛决定的，但压力制度的变化引起温度、气氛的变化，进而影响产品质量的波动。

1. 预热带压力的控制

陶瓷半成品进窑烧成时都含有一定水分，烧成第一步是水分排除，在窑炉的预干区进行。砖坯的排水速度控制不当会使产品开裂、炸坯，釉面砖还会影响其釉面出现盐霜、针孔等。影响排水速度的因素是烟气温度、湿度和流速。而决定这三者的是抽烟风机的抽力。由抽力产生预热带、烧成带之间的压力差，压差越大，负压越大，流速越快。砖坯释放的水分能及时排走，从后段抽来的高温烟气量也多。所以预热带必须控制为负压。

负压不可过大。负压过大，砖坯干燥太快，容易引起开裂或炸坯，开裂和炸坯因排烟口位置不同、开度不同以及窑速的不同而有所不同。为防止砖坯出现开裂、炸坯缺陷，排烟总闸开度关小、减小负压和调节各排烟道支闸开度是有一定效果的。

负压不可过小。负压过小，延长了砖坯的干燥期，但由于窑速的恒定，容易导致水分不能及时排除而使砖坯在预热区开裂或炸坯。

砖坯在300℃前基本排除了自由水和部分吸附水，但在窑内，砖坯的实际内部温度比表面温度低，所以砖坯内部的吸附水和部分结构水一般是在850℃左右排除完成的，此时坯体进行氧化还原反应，释放出CO_2及SO_2等气体，所以此段要求负压。因为负压状态下可及时排走残留的吸附水、部分结构水以及氧化还原反应产生的气体。如果此段不控制负压或负压过小，由于水和气不能及时排走，很容易使得内部反应缓慢从而出现黑心、黑点缺陷。对釉面砖，特别是熔块釉的，由于釉的始熔点低，在釉始熔时还有大量气体（包括水蒸气）逸出，很容易产生针孔缺陷甚至釉面盐霜。

一般来说，砖坯在1050℃时是完成氧化还原反应过程而开始进入熔融液相状态的，该处控制为零压比较合理，能避免过多热量抽到预热带而影响烧成带温度。

2. 烧成带压力的控制

烧成带即辊道窑的高温区，砖坯在此段烧结，体积急剧收缩。出窑制品的吸水率、尺寸大小、呈色等主要是由烧成带决定，所以大多数企业检测零压位、压力大小就只是在这里检测。烧成带若负压，窑内容易从窑边（多孔砖处、烧嘴看火孔处、观火孔处等）吸入冷风从而降低窑边的温度，使得靠窑墙的砖尺码大。甚至同一件砖，特别是大规格砖表现出大小头等。不仅如此，对于对气氛要求严格的坯或釉来说，易出现水平色差。烧成带（包括高火保温区）吸入冷风，特别是急冷带的冷风，改变了温度制度，也改变了气氛制度。急冷对烧成带的影响相当大，不宜控制全窑负压，一旦出现空窑或疏砖，后边几节的温度波动就很明显，烧成带应保持微正压。

控制烧成带微正压的方法除了从抽烟、各烧嘴风压风量外，挡火墙、马弗板、搅拌气幕都是很有效的。因此，窑炉在设计建造时，在烧成带与预热带、烧成带与急冷区都设挡火墙和马弗板。挡火墙加高，马弗板放低，能有效地减少烧成带的高温烟气被抽走，而且也可通过调节高度分配烟气流向与速度，对解决砖坯的尺码差异、水平色差问题都有帮助。搅拌气幕也是拦截烟气流向的，同时搅拌气幕供入气体（空气），加大窑炉总供气量，增大了烧成带的压力。

对于烧成带，只检测辊上的压力大小而不检测辊下压力是不够的，因为辊上辊下的压力都对上下温差、气氛差有影响。实际生产中，大部分窑炉都是辊下的负压段比辊上长，这一方面与控制出发点有关（如釉面砖，为不使釉面过早始熔，又要坯体加速排水氧化以减少针孔等缺陷，一般拉大下抽烟闸使辊下烟气流速加快），还与烧成带的高温气体自然态势有关（温度越高的气体越往上浮）。但如果上下压差太大，即使在上部烧嘴全关、下部烧嘴全开的情况下，下部温度也升不上来，制品容易出现上翘变形。

3. 冷却带压力的控制

制品经过高温烧成后，经快速冷却使制品达到特定的质量要求。由于快速冷却，急冷区打入较多冷空气形成正压。急冷区正压过大，一则影响高火保温区，二则影响产品冷却质量，很可能会风裂即急冷裂。急冷区一般不可负压，如出现负压现象，则反映出抽热或抽烟过大或两者过大，因为抽热过大，很难控制砖坯在573℃的缓慢冷却而容易出现缓冷裂，而抽烟过大则会出现如前所述的问题。如烧成带压力大于急冷区，则出现烟气倒流，会使制品在冷却过程中烟熏。对于熔块釉面砖，急冷、缓冷的压力制度要求更为严格，否则容易产生釉裂。为保证制品的冷却质量，急冷区要保持正压，缓冷区前段即560℃以前保持微正压，后段可加大抽热形成负压。在强冷区，常打入大量冷风，为增强冷却效果，降低出窑温度，该区抽热可加大，保证零压左右较好。

4. 压力制度对窑炉的燃耗影响

窑炉的各带压力大小不仅影响产品的质量，也影响到烧成时的燃料消耗。主要表现在以下两方面。

（1）抽烟排出口温度　抽烟排出口的烟气因其含水、硫等因素很少直接利用（在大规格砖生产中往往把含一定水分的高温烟气送去干燥生坯，这对控制干燥裂有一定的效果，但容易产生滴脏、腐蚀干燥设备等问题）。在没有换热器情况下，烟气直接排到外界空气中，带走的热量相当大，一般抽烟风机处测得温度在200℃以上，热损失严重。高温烟气是由燃料产生的，负压越大，带走的热量越多，燃耗也就越大，所以，从节能角度考虑，排烟口温度越低越好，即预热带负压越小越好。

（2）高火保温区温度　高火保温区与急冷区交界的温度要求应该只比最高温度稍低。如果烧成带为负压，则急冷风大量侵入，使高火保温区温度急剧下降，而根据温度曲线要求，要加大燃料量以升高该区温度。所以在全负压下，高火保温区甚至最高烧成温度区的火焰都很长，燃料压力很高，这里浪费的燃料相当大。有的火焰还原燃烧还有部分燃料没有完全燃烧而损耗。从节能的角度考虑，烧成带应控制微正压，特别是高火保温区，因为正压过大，高温气体逸出，造成热量损失。

5. 压力制度对窑炉损耗和使用寿命的影响

窑炉的正负压大小直接影响窑炉的辊子损耗和使用寿命。窑炉正压越大，特别是烧成带，高温气体逸出的能力越强，会通过看火孔、多孔砖逸出来，烧坏窑炉支撑钢架、窑炉侧板；会从窑顶马弗板处逸出，烧坏吊顶砖外端及吊顶钩；再则正压大，高温气体冲击窑墙内壁，造成莫来石粉化程度加剧，保温棉毡温度过高硬化度加剧，保温性能降低。

至于传动，因正压过大，导致多孔砖处散热，传动件容易受热，造成传动润滑油脂流失或干化，使润滑效果降低，传动主动件、被动件均容易损坏。窑炉的过大正压，容易使辊子高温抗折强度、抗热震性下降而断裂，尤其是长期高温情况下，在急冷处、最高温度处更为明显。正压过大，辊子接触金属的棒头容易受热震稳定性或断或裂。所以，从辊子等的损耗和窑炉使用寿命来看，窑内压力保持微负压是比较好的。

知识点九　辊道窑初步设计计算

辊道窑初步设计计算的内容包括窑体主要尺寸的确定、工作系统的确定、窑体材料的确定、物料平衡计算、热平衡计算、管道设计与风机选型等。下面以某辊道窑设计为例，叙述辊道窑初步设计的内容与方法。

（一）原始资料的收集

进行辊道窑设计时，主要原始资料包括：

（1）生产任务即年产量　如年产120万m^2的陶瓷砖，年产600万件的日用陶瓷，年产50万件的卫生陶瓷等。

（2）产品种类与规格　根据任务书要求生产的产品种类和规格要求，有时为单一品种，有时为配套系列产品。产品规格包括产品的尺寸、质量及相关数据。

（3）年工作日　一般辊道窑年工作日为300~330天，考虑设备的操作使用与维修情况。

（4）燃料情况　燃料的种类与组成，燃料供应情况，燃料的发热量等性能。

（5）坯体情况　坯体入窑含水量，坯体的组成情况。

（6）烧成制度　温度制度、气氛制度、压力制度等情况。最高烧成温度、烧成周期、产品烧成合格率要求。产品烧成的气氛要求，各带压力要求等。

（7）常用的一些经验数据、相似窑炉的使用情况等。

（二）窑体主要尺寸的确定

1. 进窑产品的尺寸

一般辊道窑是采用单层平装烧成，产品尺寸是决定辊道窑内宽与内高的主要参数。根据产品规格与装窑方案，由产品宽度决定窑内宽，由产品高度确定内高。采用垫板时应考虑垫板的厚度。

对于陶瓷砖，可根据产品尺寸，考虑烧成收缩，四周预留抛光尺寸等确定坯体尺寸。

2. 内宽的确定与排砖方法

确定辊道窑内宽主要考虑的因素为辊子的直径与性能，同时与产量、产品尺寸、断面温差以及窑炉的长度、燃料燃烧情况等有关。由于现在的辊子等材料性能的提高，且辊道窑大多采用吊顶结构，常采用高速喷嘴等，一般可设计成宽体辊道窑。而坯体离窑墙内壁间隙一般有100~200mm。横向的坯体是紧贴在一起，并没有留间隙。对于陶瓷砖，内宽等于砖坯尺寸×每排片数+砖坯离窑内壁的间距。

3. 内高的确定

从减小窑内上下温差的角度考虑，辊道窑内高不宜过大。同时还应该考虑窑炉产量、燃烧产生的烟气量等。辊道窑的内高被辊子分隔成辊上高和辊下高两部分。

对于辊上高的设置，应满足制品高度要求，损坏的坯体能否顺利从辊子之间掉下去，烧嘴的设置也要有一定的高度，气体与坯体之间的换热强度，气流通畅与燃烧空间。

对于辊下高的设置，主要是损坏的坯体能否顺利从辊子之间掉下去即保证处理事故的方便。

从传热角度来讲，烧成带以辐射为主，所以气体厚度要大点，内高稍高些。而预热带以对流换热为主，所以内高比烧成带低，使得横截面减小，流速加快，提高对流换热强度。温度较低处为预热升温段400~900℃、冷却降温段700~80℃，温度较高处为烧成升温段900~1250℃、急冷降温段1250~700℃。

4. 窑长及各带长的确定

现在窑炉已经向宽体化、自动化、轻型化发展，已经有大于300m的宽体窑。其主要原因是现在的辊子质量的提高，还有各种材料的飞速发展。

（1）窑长的确定　辊道窑的长度主要取决于产量、烧成周期、产品合格率、装窑密度等。首先应确定内宽，然后根据产品装窑方案计算装窑密度。

$$窑容量=\frac{年产量（m^2/a）\times 烧成周期（h）}{年工作日\times 24\times 产品合格率（\%）}（m^2/每窑）$$

$$窑长\ L=\frac{窑容量（m^2/每窑）}{装窑密度（m^2/每米窑长）}（m）$$

一般辊道窑采用装配式箱体，由若干节联结而成，一般每节多为2m左右。根据制品的尺寸设计辊子中心间距，考虑辊子在高温的时候会有一些变形等因素，设计每节若干根辊子，计算出每节长度，并考虑节与节连接的长度。取窑长为每节长度的整数倍。

（2）各带长的确定　各带长度可据烧成曲线中温度制度来计算。

预热带占辊道窑总长的30%左右，主要考虑坯体入窑水分、坯料在烧成过程中氧化分解反应情况。

烧成带的长度根据烧成不同的制品要求来确定。在烧制釉面砖和瓷质砖时，通常占辊道窑总长的30%左右。烧制产品为两次烧成时，素烧窑烧成带长度占辊道窑总长的

25%左右，釉烧窑烧成带长度占辊道窑总长的20%左右。

冷却带一般占辊道窑总长的40%左右。如果冷却风管设置合理，烧制抛光砖产品时的出窑温度可控制在100℃以内。烧制快速烧成配方的产品、容易炸裂的釉面砖产品，或者窑尾出砖为机械式集砖时，冷却带应适当延长。

（3）辊道窑窑头、窑尾工作台长度　窑头工作台是制品进窑烧成的必经之路，也是使制品整齐有序进窑的停留之处。窑头工作台不宜太长，只要能满足要求即可，根据经验取值为2～4m。

窑尾工作台是烧成后的产品从窑内出来，再经人工检验产品的部位。由于出窑产品温度一般高达80℃，所以窑尾的工作台不宜太短，目的是使制品有足够的时间冷却，根据经验取值为5～7m。

（三）工作系统的确定

辊道窑的工作系统包括排烟系统、燃烧系统、冷却系统、温度控制系统、传动系统等。

1. 排烟系统

排烟风机及其管路主要作用是将预热带、烧成带中产品排放的废气及燃烧产生的废气排出窑外。为提高热效率，辊道窑一般采用窑头集中排烟方式排烟，在窑前段以及预热带设置抽烟口。在窑顶、窑底分别设置若干个排烟口进行排烟，在各排烟口分别用圆管引出，汇总到上下排烟分管，最后汇总到窑顶的排烟总管中。通常设置一台排烟分机，同时留一个风机备用。在总烟道上设置配风闸，防止烟气温度过高损坏风机，另在烟道上还设计了一个过滤网。

2. 燃烧系统

燃烧系统的布置应有利于烧成带温度的调节，满足生产时烧成制品的烧成曲线。不同的产品有不同的烧成曲线，按道理应有不同的烧嘴布置，但窑炉设计时还应考虑其通用性，适当留有调节余量。

（1）烧嘴的设置　辊道窑在600℃就开始设置高速调温烧嘴。根据所用燃料选择烧嘴。烧嘴周围材质采用重质高铝砖耐火材料。

一般在预热带中前段辊下设置2对烧嘴，在预热带后段及烧成带，每节的辊上辊下可设置4～6对烧嘴，辊上下烧嘴及对侧烧嘴相错排列。并在每个烧嘴对侧窑墙分别设置一个火焰观察孔。如遇事故处理口则取消该处观察口。

（2）助燃系统　助燃系统包括助燃风机和助燃空气管道。助燃空气管道要求用不锈钢制作，防止落脏，并且底部助燃空气分管分布在窑墙内以提高助燃风温度，助燃空气主管设有排风口，防止停电时煤气进入助燃空气风管道发生危险。其中助燃空气分管的长度根据烧嘴布置位置来确定。为了平衡两端助燃空气的压力，在两端助燃空气分管之间设置横管。

（3）燃料输送系统　从储气罐送过来的液化石油气，由总管路送到车间，然后经过过滤器、压力表、自动调节蝶阀和气动安全阀，由自动调压器把总管液化石油气压力降到窑炉适用的压力并稳压后送到窑炉上方的液化石油气总管道。

燃烧系统分为若干个主调节单元，每个单元又分别为辊上温度调节单元和辊下温度调节单元。各单元所用燃气分别从窑上液化气总管道中引出，经单元手动球阀和由电动执行器带动的蝶阀后送至本调节单元的各烧嘴。在每个控制单元设置一电磁阀，有断电保护功能，防止断电后煤气泄入窑内。

3. 冷却系统

（1）急冷通风系统　急冷风机及其管路主要作用是直接打入冷风入窑冷却产品，从烧成最高温度冷却到800℃左右（对产品而言），并形成一道急冷气幕，防止烧成带烟气倒流。刚刚进入急冷阶段时，坯体仍处于熔融的塑性状态，不容易产生应力，可以急冷而不开裂。该阶段要设置好急冷的控制温度。温度过低，产生风裂；温度过高，给缓冷造成压力，甚至也会产生风裂。急冷风分管要求用不锈钢制作，入窑喷管也要求用耐热不锈钢制作，辊子上下都设置有急冷喷管，以保证产品均匀冷却。每根喷管上均匀地开有圆形出风口，对着制品上下均匀地喷冷风，达到急冷的效果。由于急冷段温度高，横穿入窑的冷风管须用耐热钢制成，管径为40～100mm。急冷风管交错排列横穿窑内，管置于窑内部分开圆孔若干。

（2）缓冷通风系统　该阶段主要是提供石英晶型转变的场所，故缓冷区要足够长，使降温过程平稳缓慢，安全度过石英晶型转换期。为了使降温过程平稳缓慢，一般采用热风冷却制品的办法。大多数辊道窑在该段设有多处抽热风口，使从急冷段与窑尾快冷段过来的热风流经制品，让制品慢慢均匀冷却下来。

采用抽热风的方法，在窑顶设置抽热风口，每处抽热风口开两个抽热风孔，抽走来自急冷带和窑尾快冷带的热风，在缓冷总管处设置闸板，控制缓冷风量。由缓冷风机从窑外抽空气通过缓冷风管，来缓和降温速率。

（3）快冷通风系统　制品冷却到400℃以后可以进行快速冷却。但由于制品温度较低，使传热动力温差小，即使允许快冷也不易达到。而此段冷却也是很重要的，如达不到快冷目的，出窑产品温度大于80℃时，制品即使在窑内没有开裂，也会因出窑温度过高而出窑炸裂，故要加强该段的冷却。通常在快冷却段采用冷风管进行快冷。

4. 温度控制系统

（1）热电偶的设置　热电偶的设置应当适合。在关键点一定要设置热电偶，还有在高温区要注意上下温差，所以上下应当都要设置。

在40～750℃，每节窑顶中部插入一根K型热电偶。750～1050℃，每节窑顶和窑底中部插入一根K型热电偶。1050～1250℃，每节窑顶和窑底中部插入一根S型热电偶。急冷段每节窑顶中部插入一根S型热电偶。缓冷段每节窑顶和窑底中部插入一根K型热电偶。快冷段每节窑顶中部插入一根K型热电偶。

（2）温度仪表选型　低温区：K型热电偶；高温区：S型热电偶；热电偶通过补偿导线与微机相连。

5. 传动系统

传动系统包括辊子及传动装置。辊道窑的传动系统由电机、减速设备和传动机构所组成。

（1）辊子的选择　辊子的材质有两种：一是金属质，也就是我们所说的钢棒；另一是陶瓷质，也就是我们所说的瓷棒，瓷棒又分为高温棒、中温棒和低温棒。根据使用温度选用不同的辊棒，钢棒一般用在窑头、窑尾。辊子要求具有好的抗热震性能、好的高温抗氧化性能、高的荷重软化温度、小的蠕变性（高温体积稳定性）和好的去污性。

选择辊子时，在低温段（40～400℃）采用无缝钢管辊子；在中温段（400～700℃）采用莫来石辊子；而高温段（700～1250℃）采用莫来石－刚玉质陶瓷辊子。

（2）传动装置　目前窑炉的传动方式有链传动、摩擦传动、螺旋齿轮传动、圆锥齿轮传动和直齿轮传动。链传动结构简单，造价低，早期的辊道窑大多采用链传动，但链传动不够平稳，链条较长时易发生爬行现象。摩擦传动比较平稳，但可靠性稍差。齿轮传动具有明显的可靠性和平稳性，不过，由于齿与齿之间为点接触，容易磨损，对安装和润滑要求较高。目前用得较多的是螺旋齿轮传动。

电机带动传动装置也有两种形式：一是长轴传动，其特点是一台电机带动一根与窑长差不多的长轴，通过二级减速将动力分配若干组，长轴上装有离合器。二是多电机传动，特点是将窑分成若干组，几个模数段为一组，每组由一台电机传动，采用变频调速，所有电机可同时运行，每台也可单独运行。

（3）辊距的确定　辊距即相邻两根辊子的中心距，确定辊距的主要依据是制品长度、辊子直径以及制品在辊道上移动的平稳性。

同时考虑到每节窑长，确定最后的辊距。计算出全窑总的辊子数量。

（4）辊子的连接形式　主动端采用弹簧夹紧式，而从动端使用的是托轮摩擦式连接，这种连接方式对更换辊子非常方便。托轮摩擦式连接是将辊子自由地放在间距相等的托轮上，利用辊子的摩擦力带动辊子转动。

（5）传动过程　电机→减速器→主动链轮→滚子链→从动链轮→主动螺旋齿轮→从动螺旋齿轮→辊棒传动轴→辊子。

6. 窑体附属结构

（1）事故处理孔　本设计将事故处理孔设在辊下，且事故处理孔下面与窑底面平齐，以便于清除出落在窑底上的砖坯碎片。一般辊下处理孔 360mm×115mm，辊上处理孔 230mm×115mm。计算出同侧事故处理孔距离。

考虑到实际情况，结合一些先进窑炉的经验，一般在低温段 40～600℃，以及缓冷段、快冷段每 3 节设一辊上事故处理口，全窑每 2 节之间设置一辊下事故处理口。为了避免热气体外溢，必须对事故处理口进行密封。在里面用耐火材料制作的塞砖，再用棉塞紧。

（2）观察孔与测温孔　在每个烧嘴的对侧窑墙上设置直径 30mm 的观察孔，上窑墙观察孔的里面要向下打个斜角，以便可以观察窑内砖的走势情况及其燃烧情况，当遇到了事故处理口时就不设置观察孔。测温孔根据上面热电偶的设置而设置。

（3）膨胀缝　窑体受热会膨胀，产生很大的热应力，为避免砌体开裂、挤坏，必须重视窑体膨胀的留设，窑墙、窑顶等砌体都要留设，一般每隔 2m 左右留设 20～40mm 膨胀缝，内填陶瓷棉或石棉。膨胀缝应该错缝设置。

（4）下挡墙和上挡板　由于辊道窑属中空窑，工作通道空间大，气流阻力小，难以调节窑内压力制度及温度制度。因此，通常在辊道窑工作通道的某些部位，辊下筑挡墙，辊上插挡板，缩小该外工作通道面积，以增加气流阻力，便于压力与温度制度的调节。

一般来说，下挡墙与上挡板的设置应该根据各个段的要求来定。如在烧成带与冷却带之间设置挡墙、挡板是为避免烧成带的烟气倒流，又避免了压力波动时急冷风窜流向烧成带而降低高温区温度。预热带设置挡墙、挡板可以增加烟气在高温区的滞留时间，提高烟气利用率，从而提高热利用率。为了更好地控制温度，还在中高温设置几个上挡板与下挡墙。

在烧成带两端设上下挡板挡墙结构，下挡墙 113mm×200mm，上挡板最下挡离窑内顶200mm，有利于该段温度的控制和调节，同时起到阻挡急冷空气进入的作用。同时在预热带以及窑前段同样也设置上下挡板挡墙的结构，起到阻挡气流，减小上下温差的作用。

（5）钢架结构　钢架结构中设有 60mm×60mm×4mm 的方钢，吊顶选用 60mm×5mm 的等边角钢，下横梁焊有 60mm×5mm 的等边角钢，而烧嘴的固定用 50mm×5mm 的等边钢。窑体外壳采用2～4mm 钢板冲压而成。

（四）窑体材料确定

整个窑体由金属支架支撑。窑体材料要用耐火材料和隔热材料。

1. 窑体材料确定原则

耐火材料必须具有一定的强度和耐火性能以便保证烧到高温窑体不会出现故障。隔热材料的积散热要小，材质要轻，隔热性能要好，节约燃料。而且还要考虑到廉价的材料问题，在达到要求之内尽量选用价廉的材料以减少投资。一般材料的使用温度要高于最高温度一个等级。

2. 窑体材料厚度的确定原则

为了砌筑方便的外形整齐，窑墙厚度变化不要太多。材料的厚度应为砖长或砖宽的整数倍；墙高则为砖厚的整数倍，尽量少砍砖。厚度应保证强度和耐火度。窑体材料与厚度实例见表3-8。

烧成带（1000～1250℃）最里层应以耐火砖为主。目前使用较多的是体积密度0.8g/cm^3 的轻质莫来石砖（TM26），既耐火又保温。在其后面的一层应以保温为主，可采用体积密度为0.6g/cm^3 的轻质莫来石砖（TM23）材料，其特点是导热系数低，保温性能好。预热带一般以体积密度为0.8g/cm^3 的轻质高铝砖和轻质黏土砖为主。

事故处理孔过桥砖可选择三级重质高铝或重质黏土砖，以高温强度要求为主。孔砖的选择以高温强度为主，一般选择重质高铝砖。吊顶砖一般选用体积密度为0.9g/cm^3 的轻质莫来石和高铝砖，其强度要求要比窑墙用砖稍高一些。耐火纤维制品的选择，首先应考虑使用温度要比实际使用温度高一个档次，还应考虑其导热系数。

表 3-8 窑体材料与厚度实例

使用部位			材 质	使用温度/℃	密度/(g/cm^3)	导热系数/W/(m·℃)	厚度/mm
预热带 冷却带	底部	耐火层	轻质高铝砖	1300	1.0	$0.66+8\times10^{-5}t$	65
		隔热层	硅藻土砖	900			161
		膨胀缝	硅酸铝耐火纤维束	1350	0.07	0.1~0.3	10
	顶部 悬挂式 吊顶结构	耐火层	轻质高铝砖	1300	1.0	$0.66+8\times10^{-5}t$	300
		隔热层	蛭石	800	0.1	0.052~0.058	
		膨胀缝	硅酸铝耐火纤维束	1150	0.07	0.1~0.3	150
	侧部	耐火层	轻质高铝砖	1300	1.0	$0.66+8\times10^{-5}t$	113
		隔热层	硅酸铝耐火纤维束	1350	0.3	0.1~0.2	197
		检查处理口	轻质高铝砖	1400	1.2	$0.66+8\times10^{-5}t$	
烧成带	底部	耐火层	轻质高铝砖(PM-1.0)	1400	1.0	$0.66+8\times10^{-5}t$	130
		隔热层	硅藻土砖	900		0.35~0.81	130
			硅酸铝耐火纤维束	1350	0.2	0.1~0.3	100
	顶部 悬挂式 吊顶结构	耐火层	轻质高铝砖	1400	1.0	$0.66+8\times10^{-5}t$	300
		隔热层	蛭石	800	0.1	0.052~0.058	
			硅酸铝耐火纤维束	1150	0.07	0.1~0.3	150
	侧部	耐火层	轻质高铝砖(PM-1.0)	1400	1.0	$0.66+8\times10^{-5}t$	113
		隔热层	硅酸铝耐火纤维毡	1350	0.3	0.1~0.2	119
			硅酸铝耐火纤维束	1350	0.2	0.1~0.3	78
		检查处理口	轻质高铝砖	1400	1.2	$0.66+8\times10^{-5}t$	

注：t 表示温度。

窑体材料及厚度的确定在遵循以上原则的基础上，还要考虑散热少，投资少，使用寿命长等因素。

（五）燃料及燃烧计算

内容包括：

（1）空气量计算　理论空气量（m^3/m^3）、空气过剩系数的设定，实际空气量（m^3/m^3）。

（2）烟气量计算　理论烟气量（m^3/m^3）、实际烟气量（m^3/m^3）。

（3）燃烧温度计算　理论燃烧温度、高温系数的设定，实际燃烧温度。

具体计算方法参考隧道窑设计计算内容。

（六）物料平衡计算

内容包括：

（1）每小时烧成制品质量（kg/h）。
（2）每小时烧成干坯的质量（kg/h）。
（3）每小时欲烧成湿坯的质量（kg/h）。
（4）每小时蒸发自由水的质量（kg/h）。
（5）每小时从精坯中产生的 CO_2。
（6）每小时从精坯中分解出来的结构水（kg/h）。
（7）每小时进入窑内的窑具质量（kg/h）。
具体计算方法参考隧道窑设计计算内容。

（七）预热带、烧成带热平衡计算

热平衡计算包括预热带、烧成带热平衡计算和冷却带热平衡计算。预热带、烧成带热平衡计算的目的在于求出燃料消耗热量，冷却带热平衡计算目的在于计算出冷空气鼓入量和热风抽出量。

1. 热平衡示意图（图3－50）

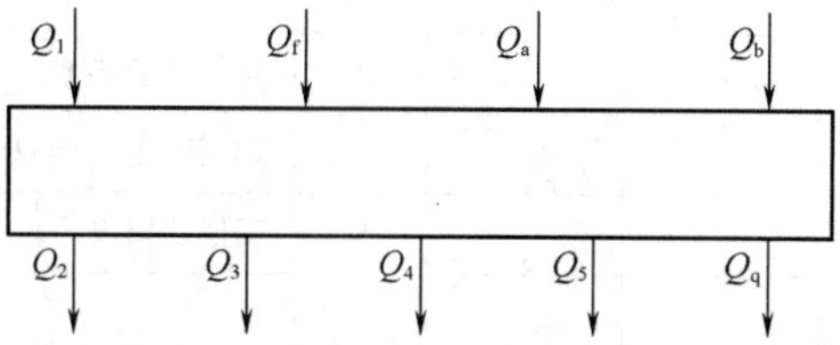

图3－50　预热带烧成带热平衡示意图

热收入：Q_1—坯体带入显热　Q_f—燃料带入化学热及显热　Q_a—助燃空气带入显热　Q_b—预热带漏入空气带入显热

热支出：Q_2—产品带出显热　Q_3—窑墙、顶总散热　Q_4—物化反应耗热　Q_5—其他热损失　Q_q—烟气带走显热

注：若使用窑具，还包括窑具带入与带出的显热。

2. 热收入项目计算

（1）坯体带入显热 Q_1　$Q_1 = G_1 c_1 t_1$。
（2）燃料带入化学热及显热 Q_f　$Q_f = X(Q_D + c_f t_f)$。
（3）助燃空气带入显热 Q_a　$Q_a = V_a c_a t_a$。
（4）预热带漏入空气带入显热 Q_b　$Q_b = V_b c_a t_a$。

3. 热支出项目

（1）热制品带出显热 Q_2：$Q_2 = G_m c_2 t_2$。
（2）窑体散失热 Q_3　将窑段分为低温段、中温段，高温段三部分进行分别计算，然后计算出预热带、烧成带窑体总散热量。主要原始数据包括：窑外壁表面平均温度，环境温度，窑内壁平均温度，内外窑壁平均温差；内高，外高，平均高度；内宽，外宽，平均宽度；每节窑长、该段窑体的数量等；各种材料的厚度、热导系数等。

（3）物化反应耗热 Q_4　物化反应耗热包括自由水蒸发吸热和烧成坯体物化反应耗热。

自由水蒸发吸热 Q_w　$Q_w = G_w (2490 + 1.93t_g)$。

烧成坯体物化反应耗热 Q_p　用 Al_2O_3 反应热近似代替坯体物化反应热。

（4）烟气带走显热 Q_q　$Q_q = V'_q c_q t_q$。

（5）其他热损失 Q_5　根据经验占热收入的5%。

4. 列热平衡方程并求解

$$Q_1 + Q_f + Q_a + Q_b = Q_2 + Q_3 + Q_4 + Q_q + Q_5$$

解得燃料消耗量即每千克产品热耗。

5. 列热平衡表（表3－9）

表3－9　预热带、烧成带热平衡表例

热收入				热支出			
序号	项目	kJ/h	%	序号	项目	kJ/h	%
1	坯体带入显热 Q_1			1	产品带出显热 Q_2		
2	燃料化学热及显热 Q_f			2	窑体散失热 Q_3		
3	助燃空气显热 Q_a			3	物化反应热 Q_4		
4	漏入空气显热 Q_b			4	烟气带走显热 Q_q		
				5	其他热损失 Q_5		
	总计				总计		

具体计算方法参考隧道窑设计计算内容。

（八）冷却带热平衡计算

1. 热平衡示意图（图3－51）

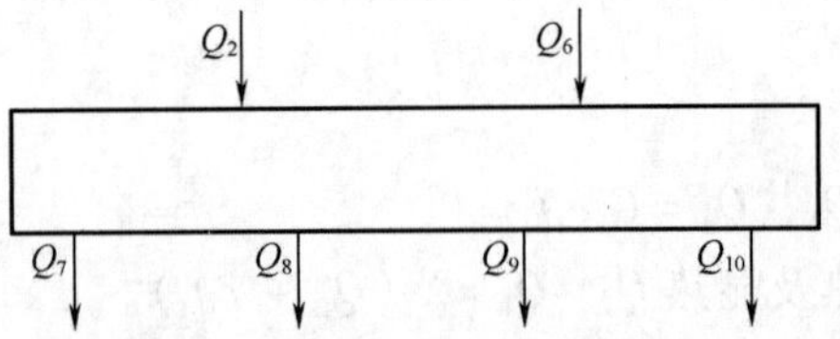

图3－51　冷却带热平衡示意图

热收入：Q_2—制品带入显热　Q_6—冷却风带入显热

热支出：Q_8—热风抽走带走热量　Q_9—窑墙、顶总散热　Q_7—制品带出显热　Q_{10}—其他热损失

注：若使用窑具，还包括窑具带入与带出的显热。

2. 热收入项目计算

（1）制品带入的显热 Q_2　制品带入冷却带的显热 Q_2 与制品从烧成带带出的显热相等。

（2）冷却风带入显热 Q_6　$Q_6 = V_x c_a t_a$。

3. 热支出项目计算

（1）制品带出显热 Q_7　$Q_7 = G_m c_7 t_7$。

（2）热风抽出时带走的显热 Q_8　$Q_8 = V_x c_8 t_8$。

（3）窑体散失热量 Q_9　窑体散失热量分段计算。

（4）由窑体不严密处漏出空气带走显热 Q_{10}　$Q_{10} = V_{10} c_{10} t_{10}$。

4. 列热平衡方程

$$Q_2 + Q_6 = Q_7 + Q_8 + Q_9 + Q_{10}$$

解得 V_x 即每小时鼓入冷风量（m^3/h）。

5. 冷却带热平衡表（表3－10）

表3－10　冷却带热平衡表

热收入				热支出			
序号	项目	热量/(kJ/h)	比例/%	序号	项目	热量/(kJ/h)	比例/%
1	制品带入热 Q_2			1	制品带出热 Q_7		
2	空气带入热 Q_6			2	抽热风带走热 Q_8		
				3	窑体散热 Q_9		
				4	其他热损失 Q_{10}		
	总计				总计		

具体计算方法参考隧道窑设计计算内容。

（九）管道尺寸以及阻力计算和风机选型（表3－11、表3－12）

具体计算方法参考隧道窑设计计算内容。

表3－11　辊道窑主体系统管道尺寸、风机型号规格实例

项目	抽烟	助燃	急冷	抽热风
管道尺寸/mm	总管400，分管210，支管150	总管300	直径200	总管400，分管200
风机代号	抽烟风机A	助燃风机B	急冷风机C	抽热风机E
风机名称	高温离心通风机	高压离心通风机	高压离心通风机	高温离心通风机
风机型号	W5－481－11 No5.5	5－29 No6.5	9－26－1 No4	W5－481－11 No5.5
全风压/Pa	1405	8050	3930	1405
风量/(m^3/h)	8060	5763	2198	8060

续表

项目	抽烟	助燃	急冷	抽热风
电机型号	Y120M－2	Y160L－2	Y132S1－2	Y120M－2
功率/kW	22	18.5	5.5	22
转速/(r/min)	2900	3150	2900	2900
传动方式	C	C	A	C
出口方向	右0°	右270°	左270°	右270°
外形尺寸/mm		940×813×117	592×712×723	
质量/kg（不带电机）		214.5	62	

注：A、C表示风机传动方式。

表3－12　　辊道窑其他系统管道尺寸、风机型号规格实例

系统	窑前抽风	热交换	干燥抽风	干燥吹风
管道尺寸/mm	直径300	直径400	直径550	
风机代号	窑前抽风机D	热交换风机G	干燥抽风机F	干燥吹冷风机
风机名称	锅炉离心引风机	离心通风机	锅炉离心引风机	离心通风机
风机型号	Y4－70Ⅱ No5	4－72 No6	Y5－47 No8	4－72Ⅰ No3
全风压/Pa	1100	1800	2580	1150
风量/(m^3/h)	5400	8520	15430	1710
电机型号	Y112M－2	JO_2－51－4	JO_2－71－4	
功率/kW	4	7.5	22	1.1
转速/(r/min)	2180	1800	1820	2900
传动方式	C	C	C	A
出口方向	90°	90°	90°	右90°
外形尺寸/mm	790×900×914	828×964×1169	1701×1191×1485	455×540×450
质量/kg（不带电机）	160	366	750	20

任务一　辊道窑烧成缺陷分析

（一）操作要求

根据烧后制品的外观特征与内部性能，分析制品缺陷的产生原因，提出解决方案与措施。

（二）操作准备

（1）带有各类缺陷的陶瓷制品若干件（如开裂、变形、黑心、釉面缺陷等）。

（2）常用的检查工具。

（三）操作步骤

（1）根据制品缺陷特征，判断缺陷的类型。

（2）根据缺陷的情况分析可能产生缺陷的原因。

（3）通过缺陷原因分析，初步提出解决方案。

（4）如果条件允许，根据提出的解决方案进行试验，直至缺陷消除。

（四）相关知识

1. 开裂

开裂是辊道窑快烧建筑瓷砖等产品时较常出现的一种缺陷，可分为升温阶段开裂与降温阶段开裂。升温阶段由于制品尚未瓷化仍呈颗粒状，故此时开裂出窑后特征为断面粗糙，裂口呈锯齿形，又因开裂后还经高温煅烧，故裂口边缘圆滑，裂缝中可能有流釉。降温阶段开裂因制品经过了烧成带高温瓷化，开裂后必然呈现断面光滑、裂口锋利的特征。

（1）升温阶段开裂　升温阶段开裂多发生在砖坯边缘部，最常发生在预热带前段，即蒸发阶段。主要原因是坯体入窑水分较高而窑头升温又过急，传热速率大于水分向外蒸发的传质速率，坯体表面硬化使内部水汽不易排出而造成开裂，故此种开裂一般裂口较大，又称大口裂。如图3－52。

解决办法是严格控制坯体入窑水分，在窑炉操作上通过调整排烟支闸等来降低窑头温度，对明焰辊道窑还可调小或关闭预热带辊下第一、二对烧嘴，以避免预热带开始时温度升得太快。

在预热带中后期如升温过急由于晶型转化等也可能发生开裂，此时开裂一般裂口很小，锯齿也细小。辊道窑烧成，这种缺陷不多见，有也多出现在外侧等温度条件不良处。

升温阶段开裂除烧成因素产生的外，还有两种较常见，即硬裂与层裂。

硬裂的特征是形如鸡爪或蚯蚓蠕动似小裂纹（图3－53）。这一缺陷主要是粉料水分不均匀或填料、加压操作不当，使砖坯密度不一致，待到入窑升温时收缩也就不一致，因而造成开裂。解决这一缺陷主要从改进前道工序着手，如增加粉料陈腐时间、改进填料与压砖的操作。

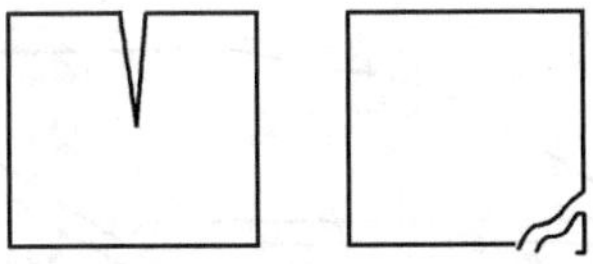

图3－52　大口裂

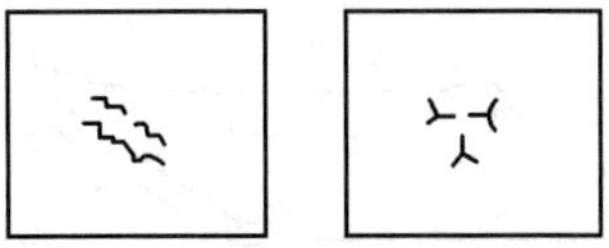

图3－53　硬裂

层裂是与砖面平行的开裂，在墙地砖生产中常有出现，但问题不是出在烧成，原因主要是成型时粉料内空气排除不足而封闭在坯体内，烧成时排出不顺畅造成膨胀（产生夹层）或裂开（产生层裂）。解决这一缺陷要从配方开始入手，减少片状结构的原料（如滑石、方解石等），改进造粒方法，正确掌握压砖操作。

（2）降温阶段开裂　降温阶段开裂又称风裂或冷裂，在快速烧成的辊道窑中较易发生，但也容易在烧成过程中依靠经验采取正确的窑炉操作调试而加以克服。该缺陷在石英晶型转化区最易出现，应调节好冷却带鼓入冷风与抽出热风的各闸板，使800～500℃温度范围内降温缓慢。有时出窑产品靠窑墙边部开裂较多，这很可能是辊子与孔砖间密封不严，而缓冷段窑内呈负压，吸入冷风从而引起风裂。应经常检查孔砖密封情况，并及时用陶瓷棉补充以堵塞漏风处。

产品冷却时易引起开裂的另一区段为急冷后段，辊道窑急冷段多用辊上下并列排布的急冷风管，合理调节各风管支闸开度大小，使后段降温较慢些。

另外，当快冷段冷却速率达不到要求时，也可能因产品出窑温度太高而造成产品出窑后惊裂，这时应增加快冷段的鼓风量。有时还会因进窑作业不平稳，造成窑内制品不连续而存在大段空缺，引发窑内温度及气流变化，也可能产生开裂缺陷。

2. 变形

烧成不当造成的变形缺陷大多都是由窑内温度场不均匀，使制品暴露在较高温度的部分有较大的收缩或软化较强，因而产生变形。当然，还有其他很多因素可造成变形缺陷，如辊子不平整、传动不平稳等机械效应导致的变形；配方不当、砖压成型时密度不均等前道工序都有可能留下产生变形的隐患。这里仅讨论窑炉操作上的原因。

（1）平整度缺陷　当窑内辊上下存在较大温差时，温度较高的一面，例如砖坯顶面，就会有较大的收缩而发生下凹；反之，在辊上温度较低时，则会发生上凸变形。总之，窑内因上下温差产生变形，砖坯总是凸向低温面。

①翘角：坯体的四角都上翘约30mm，其他部分平整或只有少许下凹，如图3－54所示。缺陷发生频率几乎固定而且全窑一致。但位于侧边的坯体较不严重。如果辊上下温差未予适当控制，缺陷多发生在烧成的最后2～5min。以中等尺寸的坯体为基准，克服的办法是：若出窑产品尺寸正确，降低辊子上方温度5～10℃，并对等提高辊子下方温度；若出窑产品尺寸偏大，则升高辊子下方温度5～10℃或以上；若出窑产品尺寸偏小，则降低辊子下方温度5～10℃。

②角下弯：缺陷与翘角完全类同，如图3－55所示。只是辊上下温差相反，产生翘角是由于烧成后段辊上温度高于辊下温度，而产生角下弯则是由于烧成后段辊下温度高于辊上温度。故解决办法与上述对应。

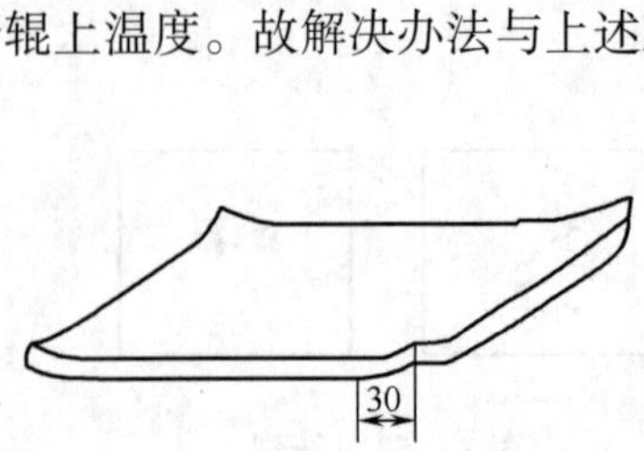

图3－54　翘角

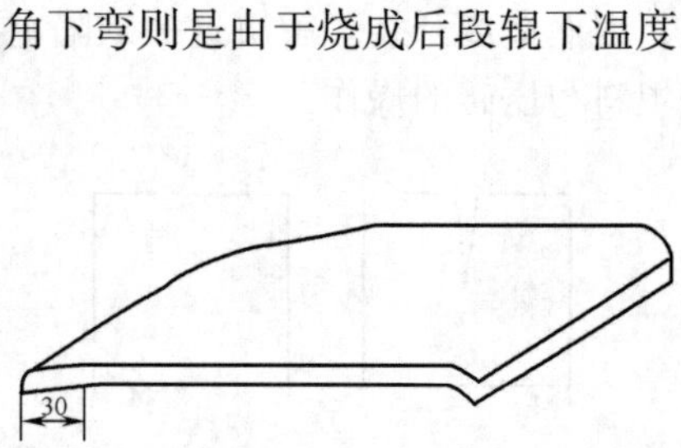

图3－55　角下弯

③弯曲：坯体边缘平稳地逐渐下凹，如图3－56所示。若为长方形坯体，长边比短

边显著。缺陷发生频率几乎固定而且全窑一致，但位于侧边的坯体较不严重。缺陷可发生在烧成全过程，尤其在升温中期和后期存在辊下温度高于辊上温度时。克服办法是：若出窑产品尺寸正确，降低辊子上方温度5～10℃，或依照调整结果在此温度范围以上，并对等提高辊子下方温度；若出窑产品尺寸偏大，则升高辊子下方温度5～10℃；若出窑产品尺寸偏小，则降低辊子下方温度5～10℃。

④平行上弯：坯体前端及后端两边，距边缘70～80mm上弯，如图3－57所示。缺陷发生的频率几乎固定而且全窑一致，但位于窑侧制品较不严重。该缺陷较可能发生在烧成带前段，即850～900℃和低于最高温度50～100℃之间的位置。其矫正方法是在该段提高辊上温度和降低辊下温度，使其略呈下凹，但绝不能上凸。这样，坯体在辊道上继续前进时，在凸出点维持平衡，利用高温软化现象，坯体可因机械应力作用而恢复平整。

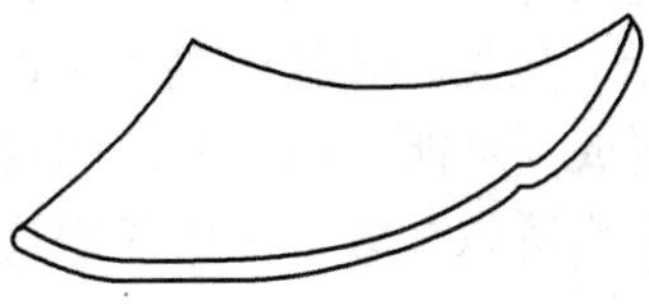

图3－56　弯曲

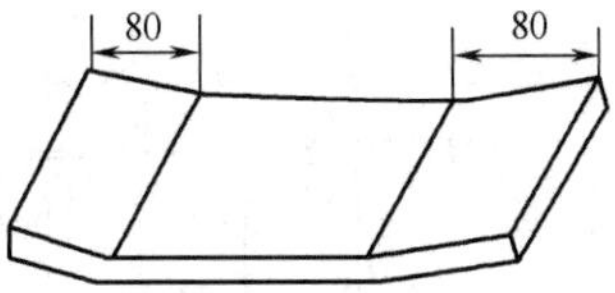

图3－57　平行上弯

⑤扭曲：在坯体前后端，距边缘70～80mm处上弯，随后离边30mm下弯，如图3－58所示。缺陷发生的频率几乎固定而且全窑一致，但位于侧边的坯体较不严重。发生的原因：可能是在急冷区或急冷刚开始时，坯体在前进中自我挤压。若为此原因，应调节分段传动的速度，使制品间的空隙稍微加大；可能是前述角下弯缺陷的扩大，常在烧成带最后5～10min发生。在此必须注意的是，本现象并非仅靠测量窑温就可证实，尤其是长期停窑后重新烧成时，更是如此。如果温度是自动控制，则每一组烧嘴的气压必须予以校验，并酌情提高最后一对辊下烧嘴所用的气压。可能是前述角下弯与平行上弯两缺陷的综合。

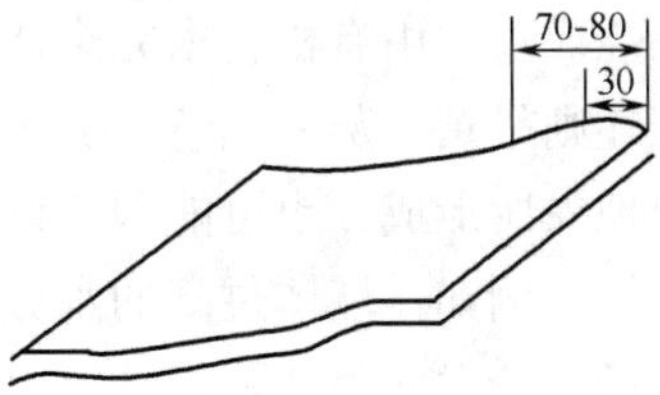

图3－58　扭曲

⑥不规则扭曲：如图3－59所示。无法分类的不规则变形，全窑发生处不同，也不一致。虽然时常发现在特定位置，并为同一缺陷形式；但长时间观察仍是不连续现象。

这种变形大致与坯体在窑内的运送方式有关，时常可见外缘坯体运行略快中间坯体运行略慢以至于呈弧形前进。原因是辊子表面有污染物粘积，或是坯体的厚度及间隙产生变化。有时变形可能源于坯体成型时所产生的下凹或上凸，则必须在前道工序先行矫正。坯体形态正确矫正和保持辊子表面的平整，可消除本项缺陷。此类缺陷可能发生在窑烧成末期和急冷段之间。

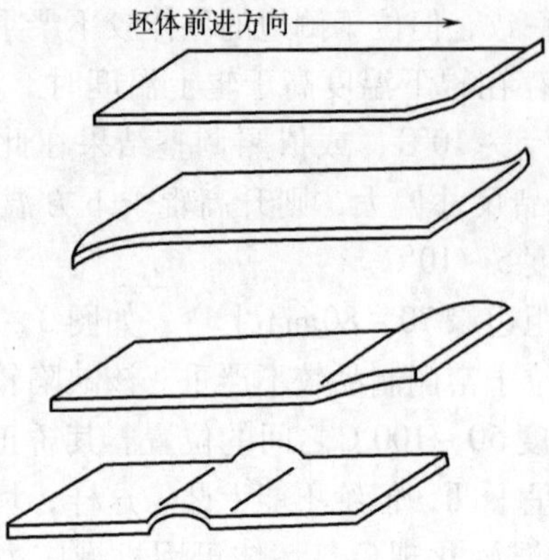

图 3-59　不规则扭曲

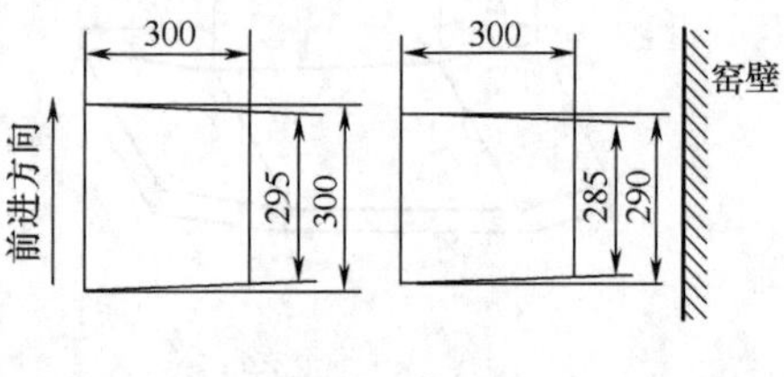

图 3-60　大小头

(2) 两边尺寸不一　俗称大小头，如图 3-60 所示。显然，该缺陷是因窑内水平温差较大造成，可能是因两侧烧嘴的燃料或空气量不均所致；或窑顶的隔板高度不一，引起两侧的气流流动不均；或窑底的一侧有堆坯现象，而引发两侧的蓄热不均所致。

3. 黑心

若在烧成过程中有机物未完全烧去，在坯体内会出现黑心，白坯会呈黄-绿-灰阴影，而红坯则呈黄-灰-黑色。颜色是由有机物和碳化物因氧化不足而生成的碳粒和铁质的还原现象所形成，也可能因气体肿胀而在瓷砖内形成双凸状穴洞。所有降低釉面透气性的因素，例如：坯体过高的水分及过细的粒度、过高的成型压力、厚度过大及釉料熔点低等皆可诱发此类缺陷。

对窑炉操作而言，要消除这些缺陷须采取措施以保证在 600～650℃使有机物完全燃烧；在 800～850℃时（特别是红坯），应使气体在釉料未充分熔融及部分坯体已玻化之前顺利排出。在预热带全程以负压操作，以利反应气体的排出；为留出更多的时间进行氧化反应，在保证不致引起预热开裂缺陷的前提下，可加快预热带前段升温速率；充分供应空气以保证氧化环境。尤其是预热带后段，空气可直接在烧成带之前喷入窑内，以冷却来自该区的热气，使 800～850℃升温平缓，并使环境呈充分氧化气氛，可有效地消除此类缺陷。常观察到的黑心缺陷有下列 3 种典型形态：

(1) 如图 3-61 (a) 的形态　若缺陷仅在坯的一边，一般是模腔装料不均而产生的缺陷。若缺陷在坯的四周，则是压砖操作引起的问题，可能是上模下降太快，导致模腔边缘积集微细粉末；也可能模具下降太大，空气因此未顺利排出，而导致模腔内某些区域积集微细粉末。

(2) 如图 3-61 (b) 的形态　产生缺陷的原因是坯料研磨过细，或成型压力过高，或釉料熔融温度过低，在碳素完全燃烧前失去表面透气性。釉料熔融温度不能提高时，可在烧成带前段辊上利用冷风喷管或辊上烧嘴（仅开空气）喷入冷空气，以保持釉面低温，在适当的烧成时间内避免其熔融。

（3）如图3-61（c）的形态　黑心偶尔伴有胀起，是由于坯体中含有高水分的粉块。此问题不能凭调整烧窑操作获得解决，必须检查粉料并严格过筛；或注意来自设备的偶发污染物，例如：喷雾干燥时不良燃烧造成的碳粒、压砖机漏油等。

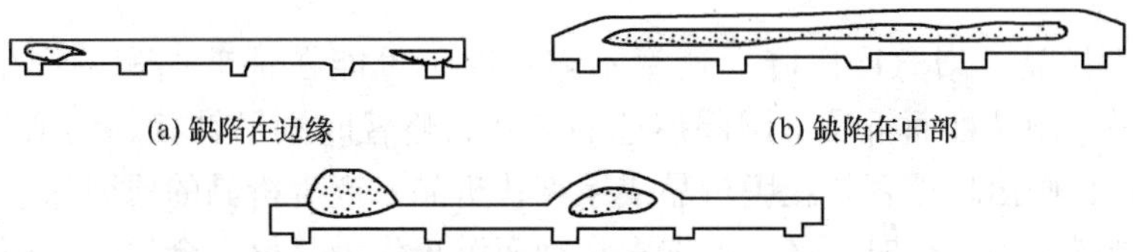
(a) 缺陷在边缘　(b) 缺陷在中部　(c) 黑心伴有胀起

图3-61　黑心缺陷

4. 釉面缺陷

釉面缺陷的产生和存在严重地影响釉面制品的外观质量，影响装饰效果。以下对各种常见的釉面缺陷进行一些分析。

（1）色差　单件制品的各部位或批量产品的每件呈色深浅不一、色调浓淡不均匀的现象即为色差缺陷。另外，釉面呈现不同于本身正常色调的异色，也视为色差缺陷。

色差缺陷的形成主要来源于色剂本身，如色剂原料性质的波动、色剂原料粉碎细度不同、色剂配料时混合不均、色剂煅烧温度低或煅烧时间短等，使色剂显色能力降低，显色稳定性差。利用这样的色剂制成的釉料，对温度和气氛的变化特别敏感。此外，施釉工艺不当，如釉料的浓稀变化、釉层厚度变化都有可能导致色差缺陷。

对烧成过程而言，主要由窑炉烧成温度的变化和差异而产生色差缺陷。例如，生产棕色釉面瓷砖以Fe_2O_3为合成着色剂的主要原料，当温度高于1250℃时将发生如下化学反应：

$$2Fe_2O_3 = 4FeO + O_2\uparrow$$

由于FeO的生成而使釉面产生带有灰黑色调的不正常色调。用铬钛黄作着色剂制备的釉料在烧成温度变化时，釉面制品也会发生类似的色差缺陷。

此外，在烧成过程中气氛的异常变化也可能导致产品产生色差缺陷。例如，以Fe_2O_3着色的棕色釉面，在还原气氛下将生成FeO，从而导致釉面呈现灰黑色调。

因此，在烧成操作中要克服色差缺陷，主要是保持窑内温度和气氛的稳定，消除窑内温差。

（2）釉面不平整　当氧化不足时易产生釉面呈“蛋壳”状、釉面出现气泡或针孔等釉面不平整的缺陷。主要原因是空气供应不足，窑内通风又不良，使烧成区呈现较高的废气浓度，甚至由于燃烧不完全而产生的碳粒在釉面沉积。即使在隔焰辊道窑内，燃烧废气不与釉面直接接触，当窑内通风不良时仍有充满釉料蒸气的空气滞留在此区域，这种空气也可能造成釉面的不透明区域，有时伴随着针孔产生。针对这些原因，在窑炉操作上显然应增加空气量，加强窑内通风，如调大烧嘴的空气进量，适当增加排烟的抽力；保证预热带氧化分解阶段反应充分，使坯体中反应气体在釉熔融前完全排出。

釉面不平整缺陷除烧成过程外，还与前道工序有关。例如，当坯釉中碳酸盐成分较多时，而在烧成时控制又不良，容易引起釉面针孔。当釉料中可熔性盐类较多时，这些盐类在干燥时随水分蒸发而向坯体边缘迁移并在那里积聚，从而降低了这部分釉的熔点，使其提前熔化而堵塞了挥发物的排除，会在制品边缘形成一串小釉泡（俗称水边泡）。

（3）釉面析晶　当急冷段降温速率不够快时，可能在釉玻璃相中产生二次析晶。当析晶严重时，制品釉面析晶呈圆圈痕迹的鳞状，略轻时则呈针状、鸡爪状或雪花状；当析晶较轻时，则出现霉腐状花膜析晶或蒙雾状析晶。产生析晶的原因除急冷操作不当外，当烧成带燃烧不完全时，产生的碳素在釉面沉积作为晶核，会促进釉面析晶，尤其当窑内存在烟气倒流时更甚。另外，当燃料中含硫量高时，含硫烟气易与釉熔体作用形成硫酸盐晶体，使釉面出现白斑或发蒙。窑上操作克服办法主要是增大第一、二对急冷风量，以使制品高温时快速急冷，且能阻止烟气倒流。

（4）缩釉　一般说来缩釉缺陷的根源不在烧成而在前段工序。由于配方及施釉工艺的原因使釉层对坯体的附着力差；从而在釉坯干燥或焙烧初期，釉层就出现裂纹甚至与坯体部分脱离，以至到釉熔融阶段在表面张力作用下产生缩釉，这对那些高温时对坯浸润性差、表面张力大、黏度高的釉料更易发生。因此，克服该缺陷应从配方入手，适当调整配方，或在釉料中添加少量可塑性原料，例如加入1%～2%的高塑性膨润土。另在施釉时要控制好釉浆浓度与坯体温度，以增加釉层对坯的附着能力。从烧成角度考虑，减小预热带初始阶段升温速度，以免釉层产生裂缝；在烧成带延长高火保温时间，以克服釉料高温黏度大与流动性差的不足。

（5）其他釉面缺陷　在辊道窑烧成建筑瓷砖，出窑制品还常会出现其他一些影响釉面外观质量的缺陷，如斑点、熔洞、棕眼等。显然，这些缺陷与窑炉操作无关，只有加强前道工序的管理才能克服。例如，加强原料的精选精洗，除铁除杂质，改善施釉工艺的管理与操作等。

任务二　辊道窑常见故障及排除

（一）操作要求

根据辊道窑烧成时的常见故障，分析其产生原因，提出解决方案与措施。

（二）操作准备

（1）常用工具、劳保用品等。

（2）相关备品备件。

（三）操作步骤

（1）根据窑炉运行情况，判断故障的类别及产生原因。

（2）提出故障解决方案，并进行相关操作。

（3）辊子的处理（磨辊、涂料、烘辊等）。

（四）相关知识

1. 堵塞

辊道窑以其烧成产品色差小、尺寸均匀、燃耗低等优点成为墙地砖快速烧成的主要设备。如果在烧成过程中控制不当，将会发生制品堵塞，严重影响生产和窑炉寿命。窑炉制品堵塞是指窑内制品堆叠在一起或因制品破碎造成变形而嵌入辊子之间，发生窑炉堵坯现象。

（1）产生堵塞的原因

①瓷辊被污染：瓷辊被污染主要表现在瓷辊粘釉，在瓷辊上形成大小不一的疙瘩。由于坯砖施釉控制不当，造成许多釉滴粘在制品底面，这些会导致在高温烧成时釉滴软化，粘在辊子上，造成辊径不一，从而使瓷辊上运行的制品受到一定阻力，后面的制品不能正常前行，发生不规则排列和制品重叠。当重叠的制品超过瓷辊的高温荷重软化点时，瓷辊断裂，从而造成窑炉堵塞。

②烧成温度和烧成气氛不合理：辊道窑的温度调节是在预热带和烧成带把烧嘴分成若干组，按瓷辊的上下排分别控制，冷却带是通过控制冷却风量进行控制的。在调节烧成温度过程中，如果瓷辊上部温度大大高于下部温度，制品出现凹型变形；反之，出现凸型变形。前者在生产中更易造成制品前后粘在一起或重叠，后者很易嵌入辊子之间，折断辊子，造成堵塞。冷却带控制不当时，会使制品发生风裂，破碎的制品嵌入辊子之间，也可能造成堵塞。另外，气氛制度调整不合理时，会使制品在烧成过程中发生变形、起泡、引起制品堆叠，造成窑炉堵塞。

③坯砖在窑内“摆动”运行时间过长：辊道窑的控制系统采用连锁的自动控制。如遇停电或机械设备发生故障时，所有辊子的运动状态自动换成以电源频率为基础的摆动状态，使制品在窑内做往返运动，制品就因煅烧时间过长而发生变形，引起窑炉堵塞。

④空当烧成：辊道窑烧成是连续进行的，如果进砖不稳定，时进时停，会使窑内制品在瓷辊的覆盖形成空当，造成窑压不稳，温度上下波动大，导致制品极易变形，产生制品堵塞。

⑤各组辊子转速不一：辊子转速调节不当，会使各组辊子速度不同步，使前后制品运行速度不一，发生制品重叠、变形现象，造成窑炉堵塞。

⑥窑头进砖排列不齐：窑头进砖排列不整齐，将会使制品与窑体相撞，发生制品变形或重叠，严重的使窑炉堵塞。

⑦瓷辊的垫砖松动：瓷辊的垫砖松动和凸起变形，会使辊子不在同一平面转动，引起制品堆叠或插入辊子之间，造成窑炉堵塞。

（2）解决堵塞的措施

①定期清洗、校正瓷辊：每天抽检、更换数根瓷辊，每三个月为一周期。对换下的瓷辊用清洗机校正、清洗，并均匀涂上耐火度在1600℃以上的高铝质涂料，以防制品

所带的釉与辊粘连。

②在制品的底面，均匀涂上含铝量达 85% 以上的高铝浆：减少制品与瓷辊的接触面，从而减少制品与瓷辊的粘连。施釉时及时排除积釉和制品边沿粘釉，在施釉箱下的三角输送带上设置冲洗装置，保持输送带清洁，使施过釉的制品背面不粘釉，可防制品入窑后粘瓷辊。

③根据不同的配方，制定合理的烧成制度和升降温制度：在生产中温差一般控制在 20℃以内，切忌不同配方的制品混装，以防止制品高温变形。

④如遇停电等特殊情况，窑内制品需往复运动：这种往复运动的时间不宜过长，要根据配方而定，一般控制在 10 ~ 20min，否则要设法将窑内制品排出，以减少高温变形。

⑤校正好储坯车、入窑机：保证进窑制品连续进行，以稳定窑压、温度，防止制品高温变形。

⑥调整好窑头、窑尾红外线探测器的位置：使其辐射面达到最佳状态，以便及时发现积砖故障，减少不必要的损失。

⑦为保证制品在运行中平稳前进，必须保持辊子同步转动：生产过程中，一般后半部辊子速度略大于前半部辊子速度。由专人定期检测辊子转速，确保辊子转速同步。

⑧在发生窑炉堵塞时，立即“摆动”运行：通过观察，找准位置，及时抽出故障点或故障点前的几根辊子，形成空档再排除堵塞。

⑨做好设备保养工作：特别是转动系统的润滑，加强现场巡视，随时处理事故隐患，以减少和预防窑炉堵塞的发生。

2. 辊子的更换

（1）新辊的使用

①塞石棉：在离辊子端 10 ~ 15cm 处，需在辊子内孔塞进 3 ~ 5cm 长高温碎石棉（一般石棉塞入辊子内位置要求刚好为辊子在窑墙内为好）。以减小窑内热量通过辊子向窑外扩散，防止辊子头套或轴承受热。延长辊子的使用寿命。也可使用高温氧化铝塞头或其他隔热材料生产的塞子，达到保温隔热的作用，同时可以重复使用。

②套弹簧：在被动一边的辊子头套钢圈弹簧，使弹簧长度的中心点对准相邻两个轴承之间的中心点，其目的是防止辊子直接与轴承接触而磨损，同时避免因弹簧同轴承接触不理想而影响走砖及水平调节。

③上浆（涂料）：在辊子表面涂上适当厚度的保护涂料，可以在一定程度上保护辊子，使其不受窑内腐蚀性气体的侵蚀，且在生产中较易清理，从而延长辊子的使用寿命。

④烘辊：上了涂料的辊子含有较多的吸附水，待涂料自然风干之后，再将辊子移至窑边或窑炉顶充分烘干后备用。

（2）旧辊的使用　使用一段时间后。辊子由于粘有坯粉、釉滴等杂质而变得凹凸不平，会导致走砖不齐，砖坯变形。因此要及时更换辊子，并把辊子上的粘耙等杂质削或磨掉：使用优良的保护涂料可以较容易地清理辊子，运用较先进的打磨设备同样可以使辊子的清理简单化。

由于辊子在高温区已使用过一段时间，出现一定的弯曲在所难免．因此打磨后的辊子需对其直线度进行重新测量，合格的辊子可以继续放入窑炉高温区使用。较弯曲的辊子则可在缓冷、快冷区域使用。

（3）辊子的更换　高温带批量换辊子时，要先停止进砖，并把窑温降至 800～900℃。换辊子过程要注意下列操作问题：地面不允许有水迹；拉辊子时用高温棉托接辊子，不能用铁钩等导热系数大的物体直接接触辊子的红色高温部位：拉出来的辊子，以离辊子端约 15cm 处的两白色低温部位做支撑点，放在支架上，支架离地面高度要大于 15cm：转动辊子冷却至白色，以防止辊子弯曲；刚拉出来的辊子，辊子和辊子之间不允许接触，要间隔约 80mm，防止辊子接触受热不均而弯曲；不能用风吹的方式强冷辊子，防止炸裂；穿辊子时，最好两人一组，一人在窑炉被动边穿辊子，另外一人在窑炉主动边接，使辊子及时、顺畅、均匀地进入套筒，防止辊子弯曲、断裂。

高温带少量换辊子时，先把备用辊子穿进预温带或冷却带预热 10min 左右，然后拉出该支辊子，紧接着穿进高温带。

预温带、冷却带更换辊子时，可以把备用辊子直接穿进窑炉使用。

（4）停窑换辊　窑炉熄火降温时，继续开启排烟风机，保持辊子正常运转（可通过调节变频器适当降低辊子转速），并关闭除余热风机外其他所有风机，保持烧成带微正压，以防冷风进入。经过一天冷却后，可适当加大排烟风机，使窑内温度逐步平稳降低；当窑内温度降至 500℃以下（窑内辊子暗红或黑色）时即可取出辊子。

以水煤气或其他气体为燃料的窑炉在停用燃气、助燃风降温时，必须及时关小排烟风机，而余热风机则视窑炉压力及冷风漏入情况再决定具体操作，以保证烧成带不会有冷风漏入（微正压），保持平稳降温。

以重油为燃料的窑炉在停窑降温时，应避免负压所带来的直接漏入冷风；同时在全过程调节风机时，应尽量避免窑头、窑尾原有的抽力平衡发生变化，在降低窑内气流流速的前提下实现缓慢降温，由于重油所含腐蚀性气体及水汽较多，对辊子的腐蚀相应较严重，降温过程需缓慢均匀，有些企业采取在窑内温度降至 600～650℃时对称点燃几支底枪，以防止降温过急，有效降低了辊子的损耗。

3. 停电操作与恢复供电操作

（1）停电操作　窑炉在运行时，有时会遇到突然停电的情况，这时需窑炉操作人员对有关事项紧急处理，步骤如下：

①快速关闭各烧咀前燃气球阀和助燃风球阀，速度越快越好，要确保关严。

②关闭燃气总管手动阀。

③检查直流应急电机是否驱动传动系统，检查辊子运转情况，打开预热带离合器。

④将窑炉各风机及主传动电机的启动旋钮至“0”。

⑤询问停电原因，排除故障。

（2）恢复供电操作　正常恢复供电时，点火步骤如下：

①关闭应急传动电机，启动主传动电机，合上预热带离合器。

②检查控制柜电压，370～400V 为宜，观察电压是否稳定。

③按以下顺序启动风机：干燥器排湿风机→窑头排湿风机→排烟风机→助燃风机→

急冷风机→控制抽热风机→其他需启动的风机。

④打开主燃气管路手动阀，打开总燃气管尾部放散阀。

⑤在燃气总管稳压器后边的压力达到要求值时，待压力稳定后（观察压力表），从烧成带尾部开始点燃烧嘴，一组烧嘴点燃后，关闭放散阀，再点燃其余烧嘴。

4. 停气操作与恢复

（1）突然停燃气或燃气压力低于允许的最小压力时　处理步骤如下：

①关闭烧嘴前的燃气、空气球阀，关闭得越快越好，要确保关闭。

②关闭重锤阀两侧的手动阀。

③停止砖坯入窑，打开预热带离合器。

④关闭除急冷风机、控制抽热风机、干燥器排湿风机以外的其他风机。

⑤待烧成带最后一排砖走出控制抽吸段后，停止窑上所有风机和干燥窑的运转（急冷段温度>700℃时，则急冷风机不能停）。

⑥检查辊子是否运转正常。

⑦询问停燃气原因，排除故障。

（2）停燃气后再次点火　停燃气再次点火的步骤与停电后点火步骤基本相同，但若停燃气后是由燃气站或管道故障引起，则在再次点火前，主燃气管要进行气体置换，含氧量<0.5%，然后才能点火。

任务三　辊道窑的维护与保养

（一）操作要求

根据辊道窑运行使用情况，提出维护保养方案与措施。

（二）操作准备

常用工具、劳动保护用品、备品备件的准备。

（三）操作步骤

（1）根据辊道窑运行使用情况，提出维护与保养方案与措施。

（2）实施维护与保养，包括正常生产和停窑时的维护与保养。

（四）相关知识

（1）烧成人员应具有高度的责任感和负责精神，窑炉生产期间应做到勤观察、勤检查，当窑炉出现不正常情况时，做到发现早、处理好、损失小。

（2）窑炉不得出现急剧升、降温现象，以防窑炉开裂。窑炉不得超高温运行，最高烧成温度不得超过产品烧成温度100～200℃。

（3）生产时烧成窑、干燥窑的抽热、尾冷抽热等风机不得中断冷却循环水。

（4）各用电设备不得超负荷运转，使用中电流不得超电机的额定电流。传动部分齿轮槽应保持足够的润滑油。各风机应保持足够的润滑油。

（5）不得翻越窑炉，用脚蹬踩烧嘴及其他设施。

（6）烧成曲线确定后，不得对各风机、闸板、挡火板擅自调节。不得对温控仪表、变频器、可编程控制器进行任意设定和调节。

（7）对煤气主管放水闸阀、支管放水阀经常放水，确保管路不积水过多。对煤气主管道上的过滤器要定期清理和更换过滤网。

（8）高温段瓷辊在生产过程中，会积留一些釉垢，影响产品质量和砖的运行，维修人员应定期对其更换修磨。

（9）在施釉线、进出窑设备、横联线及窑炉传动边进行工作和维修的人员应遵守安全操作规程，戴好帽子、扎紧衣裤，严防各种事故的发生。

（10）重视煤气使用安全，煤气是一种可燃烧气体，煤气由不严密的设备或管道处漏出易造成操作工人中毒，煤气遇到明火和一定温度就会着火燃烧，酿成火灾事故。因此，当煤气系统发生故障产生泄露时，采取紧急措施进行处理。

思考题

1. 什么是辊道窑？辊道窑的工作原理是什么？
2. 辊道窑的工作系统包括哪些内容？
3. 辊道窑烧成有哪些特点？
4. 辊道窑的产量如何计算？
5. 比较两种孔砖结构的优缺点。
6. 辊道窑的档墙结构有什么作用？
7. 辊道窑的烧嘴布置形式有哪些？
8. 辊道窑预热带的结构有哪些？
9. 辊道窑烧成带的结构有哪些？
10. 辊道窑冷却带的结构有哪些？
11. 辊道窑传动方案有哪些？
12. 辊子的材质有哪几种？
13. 辊道窑的操作调控有哪些内容？
14. 预热带的温度怎样调控？
15. 烧成带的温度怎样调控？
16. 冷却带的温度怎样调控？
17. 烧成气氛怎样调控？
18. 各带的压力制度怎样调控？怎样稳定零压位？
19. 辊道窑设计应掌握哪些原则？
20. 辊道窑各带长度如何计算？
21. 热平衡计算的内容和目的是什么？
22. 辊道窑安装时有哪些技术要求？

23. 为什么要进行辊道窑冷态试运转？辊道窑冷态试运转包括哪些内容？

24. 进行辊道窑系统冷态试运转以前，应做好哪些准备工作？

25. 辊道窑点火烘窑前应做好哪些准备工作？

26. 什么是气体置换？烧气体燃料的辊道窑如何进行燃气管道气体置换？

27. 燃气辊道窑如何点火？燃柴油辊道窑如何点火？

28. 如何制定现代辊道窑烘窑升温曲线？

29. 辊道窑在烘窑操作过程中应注意什么问题？

30. 燃油辊道窑计划停窑如何操作？

31. 燃气辊道窑突然停电应如何操作？

32. 燃油辊道窑突然停电时，应如何操作？

33. 启动传动系统后，部分辊子不转动是什么原因？应如何处理？

34. 瓷辊断裂是什么原因？应如何处理？

35. 瓷砖或垫板走偏或经常卡窑墙是什么原因？应如何处理？

36. 辊道窑燃气系统及传动系统一般设有哪些安全保障？

37. 辊道窑烧嘴、传动系统及风机的保养维修要点有哪些？

38. 为什么陶瓷坯体冷却到800～400℃时应严格控制冷却速度？

39. 辊子使用较长一段时间后（如一个月）即使不断，也应抽出清除表面的黏附物，这是为什么？

40. 辊道窑对新陶瓷辊子上的钢圈有哪些技术要求？

41. 陶瓷辊子两端塞棉有什么作用？

项目4　陶瓷烧成用间歇窑

学习目标

1. 掌握间歇窑的基本结构和工作原理
2. 能进行间歇窑的操作与控制
3. 能对间歇窑烧成过程中出现的质量问题进行分析与解决

知识要求

1. 熟悉间歇窑的工作原理及工作系统组成
2. 熟悉间歇窑中的气体流动与传热过程
3. 掌握梭式窑的结构及作用
4. 掌握梭式窑温度制度、压力制度、气氛制度的控制与调节方法
5. 了解钟罩窑与升降窑的结构与烧成工艺

技能要求

1. 能设计梭式窑的装窑方案
2. 会进行梭式窑的烘烤与调试
3. 会处理和排除梭式窑的常见故障
4. 会根据产品缺陷进行窑炉参数调整
5. 会操作梭式窑进行产品质量控制
6. 会对梭式窑及附属设备进行维护与保养

知识点一　间歇窑的工作过程

（一）间歇窑的特点与类型

1. 间歇窑的特点

（1）生产过程是间歇和分批进行的，烧成由装窑、烧窑、冷窑和出窑四个过程组成。

（2）窑内的热工制度是按一定规律随时间而进行周期性变化，并不是恒定不变的。

（3）能够灵活改变热工制度，生产方式和时间安排灵活，对烧成制品的适应性强，既可作为生产的主要烧成设备，又可作为辅助烧成设备。

（4）结构紧凑，占地面积小，投资低。

2. 间歇窑的种类

（1）梭式窑　以可移动的窑车车台面代替间歇式窑的固定窑底，制品的装卸可在窑外进行，装好坯件的窑车推入窑内，经烧成、冷却后再拉出窑外。

（2）钟罩窑　窑炉外形如一座高大的钟。烧成时需将窑体罩在产品上，烧成完毕再将钟罩吊起来，放在一旁。

（二）间歇窑的工作原理

1. 燃料燃烧

间歇窑内燃料燃烧过程与隧道窑、辊道窑基本相同，但对燃烧室的操作过程随着陶瓷的烧成过程有很大的区别。连续窑炉烧成过程中产品不断运动，每个燃烧室氧化、还原、成瓷分工明确，在操作过程中，要求气氛与温度稳定。火焰从燃烧室进入窑道以后，沿窑长方向流向窑头。

间歇窑是间歇操作，烧成过程中产品位置固定，各燃烧室在不同的阶段要担当氧化、还原、成瓷等不同的“角色”，升温速率和气氛要不断地变化。如200℃以下升温要求慢，200～900℃升温速度较快，900℃以上升温又慢，到达临界温度以后由氧化气氛转还原气氛前以及制品达到成瓷温度时，为均衡窑内温度，还要有一个中火保温和高火保温阶段。高火保温阶段又要求中性气氛。因此间歇窑的操作技术更复杂，要求更高。

2. 窑内气体的流动

（1）窑内气体流动的推动力　在间歇窑中，燃烧产物由下向上至窑顶，然后由窑顶向下流至窑底，经吸火孔排出（图4－1）。气体从下上升到窑顶有一个几何压头 $H_1(\rho_a-\rho_1)g$，这个几何压头在窑顶转变成静压头，作为窑内气体由窑顶向窑底倒流的推动力。当由窑顶倒流至窑底又有一个几何压头 $H_2(\rho_a-\rho_2)g$，这个几何压头是气体流动的阻力。由于上行烟气的平均密度 ρ_1 小于下行烟气的平均密度 ρ_2。作为推动力的几何压头大于作为阻力的几何压头。相对隧道窑来说间歇窑的燃烧产物自喷火口喷出时的速度较小，并且在窑内的流速也小，即燃烧产物的动压头、料垛阻力压头很小。所以，在自然通风的间歇窑中，燃烧产物由下上升到窑顶的推动力能够克服燃烧产物由窑顶向窑底流动的全部阻力。

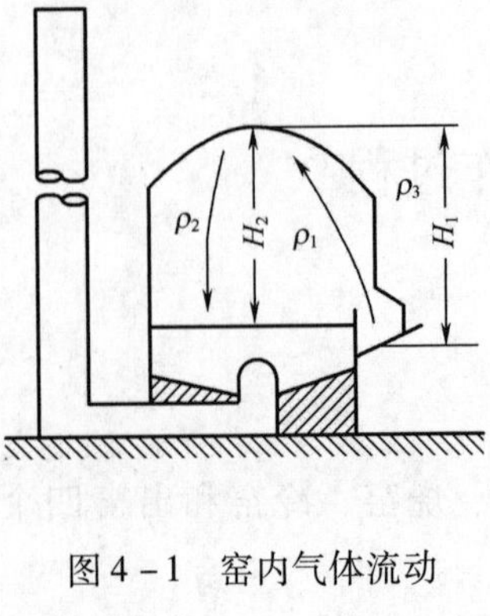

图4－1　窑内气体流动

（2）窑内压强分布　根据压头的相互转换，间歇窑窑顶静压必大于窑底静压。窑顶和窑底的静压差，便是烟气从上向下流动的动力。自然通风的间歇窑，通常窑底平面维持零压，这时窑顶为正压，从顶部至底部逐渐变为零压。这就是间歇窑内压强分布的情况。

为了便于操作控制，间歇窑窑底平面一般应维持零压。如果窑底为正压，则窑内静压过大，热气体经窑墙不严密处漏出较多，既损失热量也恶化了工作环境；如果窑底为负压，冷空气从窑墙下部不严密处吸入窑内，使窑内下部温度降低，不利于烧还原气氛，影响制品的烧成。

3. 窑内传热

隧道窑连续操作，要求窑内各个部位保持稳定的温度，其窑墙、窑顶的传热可认为是稳定传热。间歇窑由于为间歇操作，在升温阶段，其窑墙、窑顶一方面积蓄热量，另一方面向外界散失热量；在冷却阶段，又不断放出所积蓄的热量，因此属不稳定传热。

间歇窑中燃烧产物与制品的传热方式和隧道窑相似。烧成时，燃烧产物以对流和辐射两种方式对制品表面加热。在低温阶段，以对流换热为主，类似于隧道窑预热带的传热；在高温阶段，以辐射换热为主，类似于隧道窑烧成带的传热。冷却时，制品、窑墙及窑顶放出热量，传给从窑门、燃烧室等处入窑的冷空气，又类似于隧道窑冷却带的传热。由于窑墙、窑顶和制品一起加热和冷却，可近似认为窑墙窑顶内壁温度与制品温度相同。

间歇窑在升温过程中，燃烧产物自上而下流动，不断降低温度，放出显热加热制品；在冷窑过程中，冷空气从窑的下部（窑门、燃烧室）进入窑内，吸收制品的散热，成为热空气从窑顶冷却孔排出。无论加热还是冷却阶段，都符合分散垂直气流法则，因此，窑内温度分布有一个自动达到均匀的趋势。如果设计时合理排布燃烧室和吸火孔，装窑时合理码垛，烧窑时加强操作，间歇窑内的温度也可达到均匀。

根据传热条件，间歇窑烟气离开吸火孔的温度至少比产品高出 30～50℃，没有隧道窑的热交换充分。间歇窑离窑烟气的温度比隧道窑高得多，特别是高温阶段更加明显。烟气带走的显热占燃料消耗量的 30%～50%，窑墙窑顶蓄热占燃料消耗量的 10%～15%；窑具及制品带走的热量占燃料消耗量的 20%～30%。这些热量没有隧道窑那样容易回收，所以间歇窑单位制品燃料消耗量比隧道窑大。

（三）间歇窑的操作控制

间歇窑是间歇操作的，周转一次要经过装窑、烧窑、冷窑、出窑四个操作阶段，其中装窑和烧窑是关键。

1. 装窑

“一装二烧三熄火”，这是间歇窑操作工人的经验总结，把装窑放在第一的地位。装窑所形成的气流通道既影响到火焰对制品的传热速率，又影响到气流分布的合理性，直接关系到产品的质量、烧成时间及燃料的消耗等。为了保证装窑质量，应注意以下几点：

（1）无论是有窑车与没有窑车的窑，棚板立柱应码放得平、稳、直。

（2）合理布置火道，使窑内气流畅通，烟气分布合理。棚板与窑墙之间应留适当间隙，一般为 100～150mm，方窑两端可达 150～200mm。

（3）在中部通道近窑门处各放一组测温锥，用于观察窑内温度情况。

（4）在保证装窑质量的前提下，应最大限度地利用窑室的有效空间，增加装窑密度。

（5）不同制品应注意装在不同窑位上。如大件或厚壁制品宜装在窑的中部，利于其充分瓷化，并避免冷却时温度变化过于剧烈而炸裂。

2. 烧窑

自点火至窑温达300℃属于坯体的干燥阶段，要求升温慢些，并应将闸板提起以加强窑内通风，使干燥均匀，同时可避免烟气湿度过大，水汽重新凝结在坯体表面。

窑温300~1000℃属坯体的氧化阶段，应加大抽风，在900℃以前，可以快速升温。可保持较大的烟气流速，以增强对流换热，加速氧化反应。900℃以后，为减少上下温差，为坯体进入还原期做准备，升温又要慢些，此阶段往往称为中火保温阶段。为确保氧化气氛，原则上燃烧室应为完全燃烧操作，尽可能不使过多的可燃气体入窑。为防止窑内负压过大，闸板比干燥阶段要稍下降一些，进入中火保温时，为拉平上下温差，闸板还要再下降一些。窑温升到1000℃左右，氧化气氛转还原气氛烧成，燃烧室应为不完全燃烧操作，闸板要进一步降低。为使窑内气氛不至于波动太大，在成瓷阶段，要求中性焰烧成，闸板稍上提一些。

在烧窑过程中，应根据窑内温度和气氛的要求，不断改变排烟闸板的开度。但要避免闸板的大提大降，以防窑内温度、气氛波动过大。

间歇窑的操作方法不是一成不变的，要根据操作中的具体情况、窑型、装窑情况、烧成的产品、燃料、气候条件等灵活掌握。夏天和冬天，晴天和阴雨天，闸板的开度也不相同。只有综合考虑各种对烧窑操作有影响的因素，采取适当措施，加强操作管理，才能把间歇窑烧好。

3. 冷窑

冷窑是按工艺要求把制品安全地冷却至可以出窑。冷窑方法不当会使制品惊裂甚至倒塌。日用陶瓷可以快速冷却，提升闸板开度，冷到一定温度后再打开窑门。用自然通风的方式即可达到冷窑的目的。

知识点二　梭式窑

（一）梭式窑的类型与特点

梭式窑是用可以移动的窑车代替固定窑底的间歇窑，又称台车窑或活底窑。制品的装窑、出窑同隧道窑一样，在窑外进行。装好坯体的窑车推入窑内烧成，冷却后再拉出窑外。窑门可在一端设置，此时窑车在同一端进出，形如拉抽屉，故又名抽屉窑。也可在窑长度方向的两端均设窑门，此时两辆窑车分别在两端往复进出，或窑车从一端进，另一端出，像穿梭一样，梭式窑也就如此得名。

1. 梭式窑的种类

梭式窑按所用能源的种类可分为油加热、气加热和电加热三种。

梭式窑按窑内轨道和容车数可分为单排、双排和三排等，每排可容纳窑车一辆或多辆，视窑的有效容积大小决定。

梭式窑按窑体两端所设窑门数可分为一端有窑门和两端均有窑门两种。

梭式窑按火焰流动方向可分为倒焰、平焰和旋风等类型。

2. 梭式窑的特点

典型的梭式窑以轻型、薄壁、节能为特征，其主要特点是：

（1）适应多品种小批量生产。

（2）采用轻型薄壁式窑墙结构，内衬采用高温轻质材料。

（3）装卸产品在窑外进行。

（4）采用高速等温烧嘴，高低错落布置，喷出高速气流，使窑内气流强烈地旋转，对流换热效果极大提高，高温阶段窑内各点温差可控制在5℃以内。在低温阶段，采用调温风增大烟气量，调节喷入窑内烟气温度，窑内温差在5~10℃。升温降温速度快，烧成周期短。

（5）可配置适当的检测控制仪表，采用PLC控制，实现全自动化操作。

（二）梭式窑的结构

梭式窑由窑体系统、燃烧系统、排烟系统、余热利用系统、冷却系统等组成。

1. 窑体系统

窑体系统由窑室和窑车组成。

梭式窑的外形与传统的倒焰方窑基本相同，由窑墙、窑顶、窑门、窑底和框架组成。窑门可以用耐火材料固定砌筑在窑车的一端，随着窑车向窑内的推入或拉出，可把窑门封闭或打开。窑门也可以采用内砌隔热材料的耐热钢板制成，附设在窑体上，采用升降或横向移动的结构启闭。图4-2、图4-3为梭式窑结构示意图。

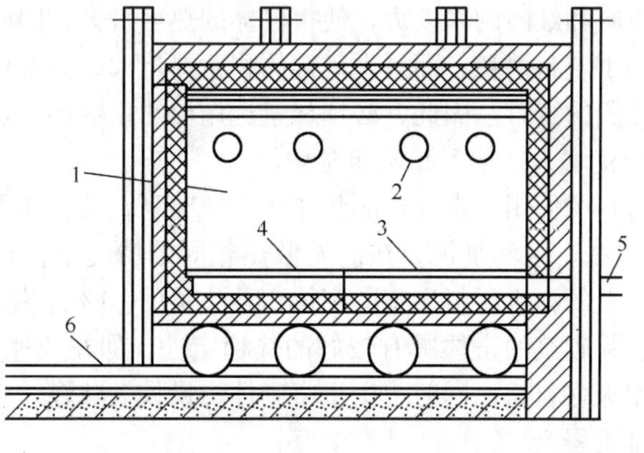

图4-2 梭式窑的结构（用窑车封门）

1—窑室 2—烧嘴 3—窑车 4—带窑门的窑车 5—烟道 6—轨道

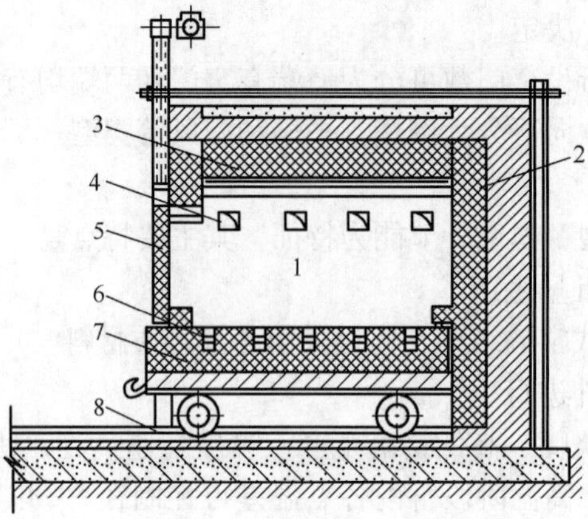

图4-3 梭式窑结构（升降窑门）

1—窑室 2—窑墙 3—窑顶 4—烧嘴 5—升降窑门 6—支烟道 7—窑车 8—轨道

梭式窑窑室有效容积变化较大，现已有1~80m^{3}烧日用瓷、卫生瓷的梭式窑。窑的容积越大，更应特别注意在结构和操作上使窑内温度均匀。

为了充分利用余热，有的梭式窑砌成3室，中间为烧成室，两端分别为预热室、冷却室。烧成室和预热室、冷却室之间设有闸板。烧成室内的制品烧好后，打开烧成室与预热室之间的闸板，烧成室内和制品进行热交换的热空气通过烟道，进入预热室预热坯体。烧成室内的制品冷却到一定温度推至冷却室继续冷却。将在预热室预热到一定温度的坯体推入烧成室烧成。从冷却室内抽出的热空气可以作烧成室的一次空气用。两端的预热室和冷却室可以交替使用，即对同一室来说，这一次是预热室，下一次作冷却室。

梭式窑窑体砌筑材料的选用是一个值得注意的问题。传统窑炉的内壁用致密的黏土质或高铝质耐火砖，外壁用红砖砌筑，中间砌以轻质隔热砖，窑墙厚度常常达1m左右。如此厚的窑墙，虽然可以满足制品在窑内的升温，减少窑体向外散失的热量，但是，由于这些耐火材料和红砖的密度大，使得砌体的热容量大，因而在烧成过程中，窑体积蓄热量大，增加了燃料消耗，而且由于窑体积蓄热量大，对窑炉的升温、冷却和灵活调节都带来不可克服的困难。因此，必须尽量选用导热系数小，热容量小和热稳定性好的耐火材料（如陶瓷耐火纤维等）砌筑窑炉。

新型轻质耐火材料的使用，在同样隔热作用的情况下，其窑体质量只为一般耐火材料窑体质量的10%左右。这就是说，在向外散热相同的情况下，新型轻质耐火材料的窑体积蓄热量只为一般的耐火材料砌筑的窑体积蓄热量的10%左右。

新型轻质耐火材料砌筑的窑体具有较好的热稳定性，即在快速升温和冷却条件下，其使用寿命比普通耐火材料长。同时，由于窑砌体质量大大减轻，可以节省窑体的加固金属构件，简化基础工程。

2. 燃烧系统

梭式窑常采用液化石油气或管道燃气作为燃料。液化石油气梭式窑燃烧系统包括液化石油气钢瓶、液化石油气钢瓶开关、闸阀、总压表、减压阀、工作阀、工作表、烧嘴等。管道燃气梭式窑燃烧系统包括气房总开关、压力表、工作阀、烧嘴开关、烧嘴等。

梭式窑燃烧系统布置在两侧窑墙上。燃烧室的结构及排布方式根据所用燃料不同而不同，可视窑的高矮设置一层或数层烧嘴，火焰进入窑内以后，一般也是从上而下加热坯体。有的梭式窑采用高速调温烧嘴，有如下优越性：

（1）提高对流换热速率　高速调温烧嘴喷出的烟气流速大，比普通烧嘴大数十倍，可达100m/s以上，大大加强了窑内对流换热。

（2）产品质量高　高速调温烧嘴不仅喷出的烟气流速大，扰动作用强烈，而且可以调节喷出的烟气温度，从而使窑内温度均匀，升温快，有利于节省燃料，提高产品质量。

（3）在氧化阶段能够加速坯体的氧化分解反应　由于气体流速大，可以及时地从坯体表面带走氧化反应产生的二氧化碳等气体，送来反应所需要的氧气，使化学平衡向氧化反应的方向移动，加速氧化分解反应的进行。使用高速调温烧嘴，坯体码装时要留有适当的火焰通道，最好使窑内气流形成一个旋转气流，避免高速的火焰直接冲刷到局部的制品上，影响火焰的流动，造成较大的温差。在同一平面上，烧嘴应交错布置，以免互相干扰减弱高速喷射的作用，如图4-4所示。在窑的高度方向上，高速调温烧嘴往往设置在窑的偏上部，如图4-5所示，这种结构有利于窑内气体形成强烈循环。

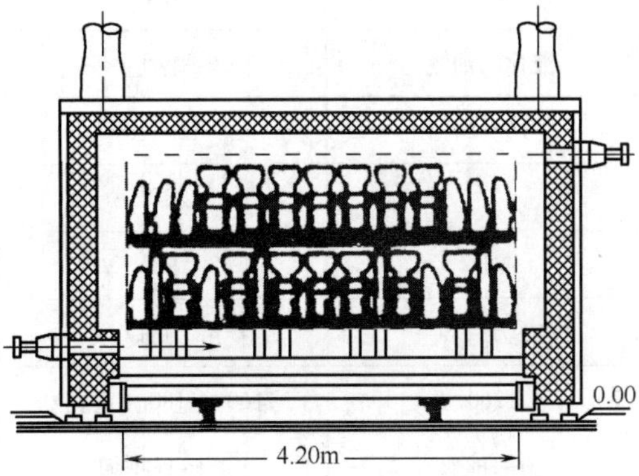

图4-4　高速调温烧嘴的布置（一）

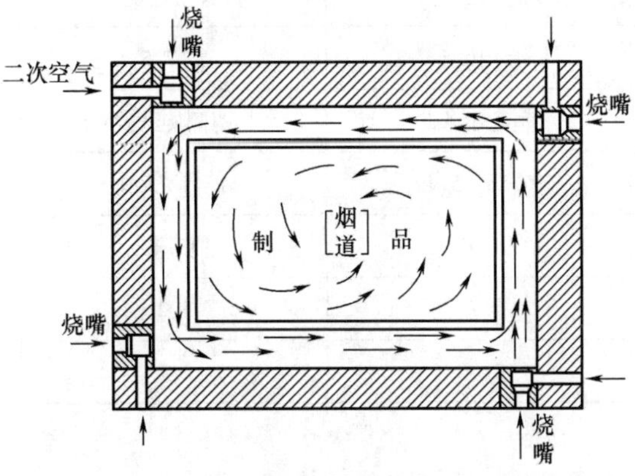

图4-5　高速调温烧嘴的布置（二）

3. 窑车与排烟系统

梭式窑的窑车与隧道窑所用窑车结构相似，上部是耐火材料砌筑的衬砖，下部是金属车架，底面铺有轨道，窑车裙板插入两侧砂封槽中，使窑车上下不漏气。所不同的是在耐火材料衬砖上一般设有吸火孔，吸火孔下部设有支烟道，窑车上的支烟道和设在窑墙下部的烟道相通，这样，烟气在窑内进行热交换以后，通过窑车上的吸火孔、支烟道，进入窑墙下部的烟道，然后通过烟囱排出。

为了降低窑车积蓄和散失的热量，梭式窑的窑车衬砖应尽量考虑采用热容小、质量轻、导热系数小的耐火材料砌筑。在梭式窑中，由于窑体固定不动，所以窑室的密封性能比隧道窑好，有利于窑炉操作，也给使用高速调温烧嘴带来方便。

（三）典型梭式窑主要技术性能指标（表4-1）

表4-1　典型梭式窑主要技术性能指标

项　目	卫生瓷梭式窑	卫生瓷梭式窑	电瓷梭式窑
制造商	美国SD公司	意大利Siti公司	美国Bickley公司
容积/m^3	56.9	184	64
燃料	液化石油气	燃气	发生炉煤气
总烧成时间/h	16~24	12~18	92
窑具与产品质量比		1.2~1.3	0.45~0.5
装载容量/m^3	31	99	64
年产量	12万件/a	40万件/a	737.8t/a
烧成温度/℃	1260	1160~1180（重烧）	1270（还原气氛）
排烟口位置	顶部排烟	烧嘴处排烟	窑车中心向下排烟
烧嘴个数	6（脉动式）	18	15
热回收设备形式	无	自身预热烧嘴	管式
单位热耗/(kJ/kg)	约10.5	约7.5	约43.5
窑门形式	垂直升降式	两侧旋开式	倾斜升降式
窑车尺寸（长×宽）/m	16.56×5.49	1.45×5.0	
窑长/m	4.95	13.1	
内宽/m	5.75	5.2	
内高/m	2.00	2.7	

知识点三　钟罩窑

钟罩窑又叫高帽窑，其特点是窑墙、窑顶构成一个整体，可以吊起和移动，窑墙、窑顶的结构与传统的倒焰圆窑相似，只是没有窑门。钟罩窑一般采用气体燃料，烧嘴沿窑墙圆周设置，视窑的高度设一层或数层，每个烧嘴的安装位置都使火焰喷出方向与窑横截面的圆周成切线方向。钟罩窑的窑罩常配有两个或两个以上的窑底，每个窑底上都设有吸火孔以及与主烟道相连接的支烟道。窑底的结构分窑车式和固定式两种。窑车式钟罩窑在使用时，先通过液压设备将窑罩提升到一定高度，然后将装载坯体的窑车推入窑罩下面，再落下窑罩，用砂封密封窑罩和窑车的接合处，即可开始烧窑。固定底式钟罩窑在使用时，利用起吊设备将窑罩吊起，移至装载好坯体的一个固定窑底上，密封窑罩和窑底，即可开始烧窑。制品经烧成并冷却至一定温度后，便将窑罩提升，推出窑车，再推入另一辆装好坯体的窑车或将窑罩吊起，移至另一装好坯体的固定窑底上，继续烧成制品。

在操作过程中，窑罩需要整体吊起、移动，受窑罩结构和起吊设备的限制，钟罩窑的容积不可过大，一般为 $2\sim26m^3$。

在小批量生产时，钟罩窑比梭式窑为好。目前，这种窑可用来烧成餐具、装饰瓷、卫生瓷、各种电瓷、高级耐火材料（如氧化铝、刚玉）等各种规格的制品。

钟罩窑具有梭式窑所具有的一系列优点。它在窑外装卸制品，与传统间歇窑相比，大大地改善了劳动条件，减轻了劳动强度；它使用高速调温烧嘴，可以提高传热速率，缩短烧成时间，提高产品质量，节省燃料；窑体采用轻质耐高温的隔热耐火材料，不仅可以减少窑体的蓄热和散热量，而且可以大大减轻窑罩的金属钢架和起吊设备的负担；也可像梭式窑一样采用程序控制系统，实现窑炉升温各阶段的自动控制。

还有一种可以变更窑室高度的钟罩式窑，其窑墙、窑顶可以利用起吊设备单独吊起，并且窑墙是分圈砌筑的，可根据烧成制品的高度需要，灵活地安排窑墙的圈数，以变更窑室的高度。由于窑墙的结构就像一个个蒸笼一样，故又称这种窑为蒸笼窑。在每圈窑墙上都沿窑的圆周设置烧嘴，从烧嘴喷出的火焰与窑横截面的圆周成切线方向。蒸笼窑尤其适用于烧成特别高的制品以及高度不同又不能重叠码装的制品，如用来烧成高压电瓷等。

梭式窑和钟罩窑还可以用电作为能源，电热窑炉不存在火焰窑的排烟系统。

任务一　梭式窑的装窑操作

（一）操作要求

完成梭式窑的装窑操作。

（二）操作准备

设备与材料的准备，包括小型梭式窑一座；窑具一批，含棚板、立柱等；坯体一批；辅助工具。

（三）操作步骤

（1）搭设棚板的准备工作　搭设棚板是装窑前一件非常重要的工作。首先是清扫棚板，要用空压机或吹气皮囊、毛刷进行吹扫，以免有污物污染制品。

检查棚板表面的涂层，根据不同的烧成温度选用不同的涂层，可以提高碳化硅棚板的高温抗氧化性，解决棚板落渣的问题，涂上涂层后还能提高其抗折强度。

（2）棚板的搭设　搭设棚板前首先要找好窑车车台面水平，对于低矮的地方要用耐火泥垫平，保证第一层的各块棚板要在同一水平面上，棚板之间要留一定的间隙，边缝20mm左右，中缝30mm左右。然后，再在棚板上放支架，每个棚板的四角各放一个，为搭第二层棚板做准备。其层数根据产品与窑的高度来定。棚板与车台面、支架的接触面不能加耐火泥或高温粘接剂来加固，否则会拉断棚板。所搭设的棚板要整齐，若窑车在运行过程中晃动将影响烧成过程。

（3）制品的装车　采用棚板作窑具时，如果窑炉容积较小，陶瓷坯体较薄，可以满载满装（以保证每件产品不互相粘连为准），如果是素烧即使有轻微的靠近也无妨，但满装并不是无序。装车采用混装方法有利于整个窑炉炉温的均匀。由于窑炉结构中无燃烧室，更无挡火墙，热烟气易走近道，为避免这一点，在装窑时尽量将尺寸高的产品放在第一层的两边靠近火道处，而且要摆满，以起到挡火墙的作用，中间可装较轻矮的产品，也有利于产品间的热传递。

任务二　梭式窑的操作控制

（一）操作要求

（1）掌握燃气梭式窑的窑炉结构、烧烧系统的情况。

（2）掌握燃气梭式窑的操作规程。

（3）了解坯体的烧成制度，能根据烧成曲线要求控制窑内温度、压力、气氛等。

（4）根据坯体的烧成要求，采用燃气梭式窑进行烧成。

（二）操作准备

（1）检查装窑情况　根据所烧产品的规格，确定所采用的码脚和棚板。装窑时，要求棚板码脚平稳牢固，装一层码一层，注意产品装载高度不要碰到窑炉内的热电偶。装好坯体后进行全面检查，窑车移动时必须缓慢。

（2）检查测温三角锥安放情况　根据所烧产品的烧成温度，选择合适的三角锥，插在具有较高烧成温度泥料做成的底座上，烘干或阴干，不能有干裂现象。装窑完毕后，把三角锥及其底座放在窑门看火孔可看到的地方即可。

（3）检查燃气管道（包括钢瓶、管道、开关及烧嘴）　从钢瓶开始，沿燃烧系统路线一直查到烧嘴，必须保持完好。检查所有的开关是否关好，没有关好的，请立即关好。

（4）检查气房表压是否正常，或液化石油气钢瓶气源是否充足。

（5）检查烟囱闸板是否打开，同时窑门不要关死，呈微开状态。

（三）操作步骤

（1）点火操作　分液化石油气梭式窑点火操作与管道燃气梭式窑点火操作两种情况。

液化石油气梭式窑点火操作：开启液化石油气瓶上的开关→开闸阀→开总阀→开工作阀，此时工作表压为适当的数值为好，点燃点火棒。并将点火棒伸至烧嘴口，慢慢打开燃气烧嘴的燃气开关即可点燃该烧嘴。如果没有点燃，请立即关闭燃气烧嘴开关，稍等2~3min，重新开始。严禁燃气烧嘴呈开状态，而该烧嘴又没有点燃。否则窑内有燃气淤积，一遇明火会产生爆炸。

管道燃气梭式窑点火操作：开启管道上的开关→工作阀开启→点火棒点燃→开启烧嘴阀门。点火要求同上。

（2）点火顺序　可根据产品要求与升温要求，点燃部分烧嘴或全部烧嘴。

（3）火焰调节　点燃烧嘴后，微调该烧嘴的阀门，使火焰呈微蓝色，即为氧化焰。

（4）温度调节　通过热电偶显示数值，调节燃气量，使升温速度控制在工艺要求的范围内，升温曲线须预先制定好或由技术人员提供，严禁违反升温曲线操作。

（5）保温调节　调节燃气管道上的工作阀，使升温加速度为零，即是保温。

（6）窑内温度达800℃以上，若需点燃其他烧嘴，可直接打开燃气烧嘴的阀门，即可点燃烧嘴，不需要火种。1000℃以后，升温速度建议控制在2℃/min为好。烧成到达最高温度后，根据技术人员提供的保温时间，进行保温。最高烧成温度以窑内测温的三角锥弯倒为准（一般不以温度显示表为准）

（7）熄火程序　液化石油气梭式窑熄火程序为关闭钢瓶上的阀门→关闭连接钢瓶的闸阀→关闭总阀→关闭工作阀→关闭所有烧嘴阀门。注意关闭钢瓶上的阀门后，要等到管道内所有的燃气，都燃尽后，最后关闭烧嘴阀门，才可重新操作。管道燃气梭式窑熄火程序为关闭气房总阀→待烧嘴火焰熄灭后→关闭全部阀门。

（四）注意事项

（1）是否打开窑门冷却，应根据所烧产品来确定。

（2）钢瓶在使用过程中一般不准水浴（水淋），若要保证瓶内有足够的气压请并联多个钢瓶使用。严禁用明火或取暖器烘烤钢瓶。

（3）钢瓶换气时，应先关闭连接空瓶的阀门，再关闭空瓶的阀门，方可取下空瓶进行换气。

（4）必须严格按操作规程进行操作，严禁擅自处理窑内情况。

（5）遇紧急情况，立即关闭燃气管道总阀或钢瓶的开关，待管路中的气烧尽后，再将所有闸阀开关关好。

（6）窑炉烧成时，严禁离岗。做好每次烧窑的记录及产品烧成分析，以备后查。

思考题

1. 试叙述间歇窑和连续窑的优缺点。
2. 间歇窑装窑要注意哪些方面？
3. 倒焰窑主要有哪些部分组成？它们各有什么作用？
4. 什么是分散垂直气流运动方向法则（分流定则）？
5. 窑炉系统内气体流动过程的阻力损失可分为几种？
6. 冷窑过程中应注意哪些问题？
7. 怎样做到合理装窑？
8. 简述梭式窑名称的由来。
9. 梭式窑的工作原理如何？它有哪些特点？如何分类？
10. 梭式窑的窑体有什么特点？
11. 梭式窑的窑门有哪两种主要类型？对窑门有什么特殊要求？
12. 梭式窑的窑车如何密封？
13. 对梭式窑的窑具有什么要求？
14. 梭式窑内的焰气流动与窑内传热有什么特点？
15. 梭式窑的排烟方式有哪几种？现代梭式窑的排烟方式有哪几种？
16. 现代梭式窑热工制度如何控制？
17. 燃气梭式窑烧成开始时如何点火操作？
18. 梭式窑的烟气流向怎样？
19. 钟罩窑的结构特点如何？
20. 钟罩窑的排烟系统如何布置？

项目5　陶瓷烧成用电热窑炉

学习目标

1. 了解电热窑炉的特点与类型
2. 了解常用电热元件的特性
3. 能操作使用、维护电热窑炉
4. 能进行电热窑炉烧成过程的质量控制、会进行产品质量分析
5. 能进行电热窑炉的热工计算

知识要求

1. 了解陶瓷生产常用电热窑炉的种类
2. 了解常用电热元件的特性并正确选用

技能要求

1. 会正确选用电热窑炉
2. 能安全操作电热窑炉
3. 能对电热窑炉进行维护保养

知识点一　电热窑炉的特点与分类

（一）电热窑炉的特点

1. 电热窑炉的优点

与火焰窑炉相比，电热窑炉有如下优点：

（1）热效率高　电炉不用烟气作传热介质，无烟气、灰渣等排除所造成的热损失。加热空间较紧凑，向外散失的热量较少。

（2）产品质量好　炉内无烟气和灰渣，不易带入杂质，温度较易灵活调节和严格控制，烧成产品质量好。

（3）设备简单，占地面积较少　电热窑炉无需燃烧室、助燃风机及烟囱等，也不

需要燃料堆场及燃料输送设备，电窑本身占用场地也较少。

（4）容易实现自动化生产　操作人员少，车间干净无噪声，劳动条件好。

（5）空间热强度高　能够获得很高的工作温度（2000℃以上）。炉膛可以在真空或高压的条件下操作。

2. 电热窑炉的缺点

（1）附属电器设备较复杂，设备投资费用较高，耗电量大，生产费用较高。

（2）以辐射方式传热，故窑道尺寸不宜太大，否则温度不均匀，较适合小件或薄壁制品的烧成。

（3）一般只能用作弱氧化性或中性气氛的烧成，若要求烧还原气氛，则应另外加入还原性气体。

（二）电热窑炉的分类

电热窑炉按电能转变成热能的方式通常可以分为：电阻炉、感应炉、电弧炉、电子束炉和等离子炉等。在陶瓷烧成中，主要使用的电热窑炉为电阻炉。它利用电流通过电热元件而产生热量，借助热的传导、对流及辐射方式把热量传给制品。

电阻炉根据炉膛的结构形式及制品在炉内的移动方式可以分为间歇式、半连续式、连续式三类。

1. 间歇式电热窑炉

间歇式电阻炉按其结构特点又可分为箱式（室式）电阻炉和井式（立式）电阻炉。

（1）箱式电阻炉　箱式电阻炉的外形像箱子，炉膛呈长六面体，如图5－1所示。靠近炉膛内壁放置电热元件，温度不同使用不同的电热元件。炉温在1200℃以下时通常采用镍铬丝、铁铬铝丝。炉温在1350～1400℃时采用硅碳棒。炉温在1600℃时可采用二硅化钼棒。箱式电阻炉主要用于小批量的中小型陶瓷制品的烧成。

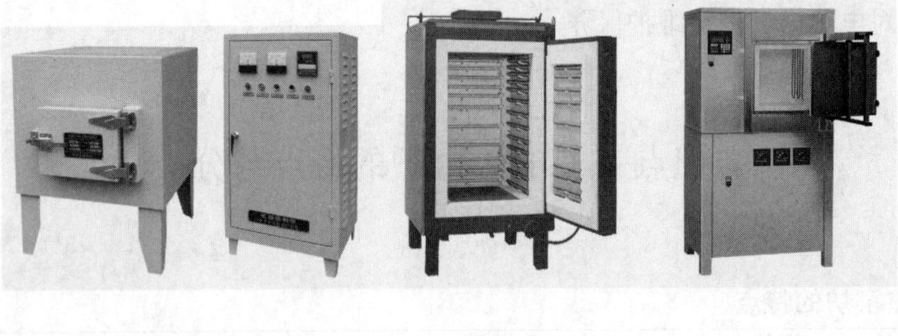

图5－1　箱式电阻炉

马弗电阻炉也是箱式电阻炉的一种形式，电热元件采用电热合金丝，马弗壁是用碳化硅制成的耐火薄壁。其优点在于保护电热元件和使炉膛温度比较均匀，但炉膛内的温度相对于没有马弗壁的炉子要低些，升温速度也慢些。马弗炉适用于陶瓷坯体的素烧、排蜡以及产品的彩烤等工艺。

（2）井式电阻炉　炉膛高度大于长度和宽度（或直径），炉门开在顶面，用炉盖密封，如图5－2所示。电热元件通常布置在炉膛的侧壁上。炉型为圆形、正方形或长方形，适宜于管状制品的烧成。深井式电阻炉通常沿高度分成几个加热区，各区温度分别通过控制功率来调节，使电炉沿整个高度温度分布均匀。井式高温钼丝炉可在1700～1800℃高温下工作。

图5－2　井式电阻炉

2. 半连续式操作电阻炉

半连续式操作的电阻炉与火焰窑炉相同，也有钟罩式电阻炉与台车式电阻炉之分。

（1）钟罩式电阻炉　钟罩式电阻炉由炉罩和底座两部分构成，如图5－3所示。形状大多是圆形或方形。待烧的坯体码放在一个固定的底座上，用吊车将钟罩罩在底座上，钟罩内壁装有电热元件。为了充分利用热量，当制品烧成完毕并冷却至一定温度后，可将钟罩迅速地移到另一个预先码好坯体的底座上接着进行第二炉的烧成。这种电阻炉对每一个底座来说是间歇操作，但对一组底座来说就是半连续操作了，如图5－4所示。

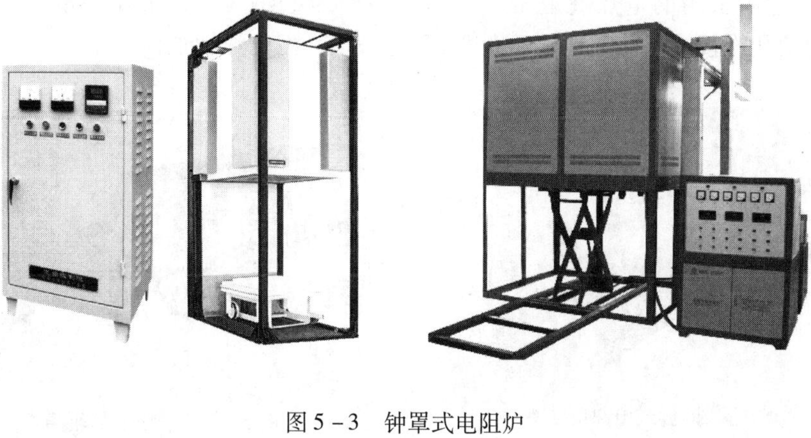

图5－3　钟罩式电阻炉

这种电阻炉能够密封得很好，因此热损失小。另外，在烧成过程中，炉身的积蓄热少，热效率高。

某钟罩式电阻炉的技术参数如下：额定功率150kW；额定电压380V；接线方式Y；最高工作温度1200℃；升温时间3.5h；无载功率31kW；炉膛尺寸（直径×3深度）4000mm×1000mm；电炉总重11477.7kg。

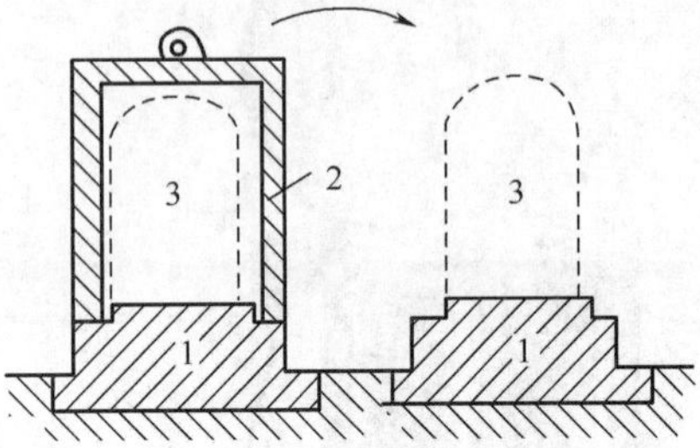

图5－4　钟罩式电阻炉示意图

1—底座　2—炉罩　3—制品

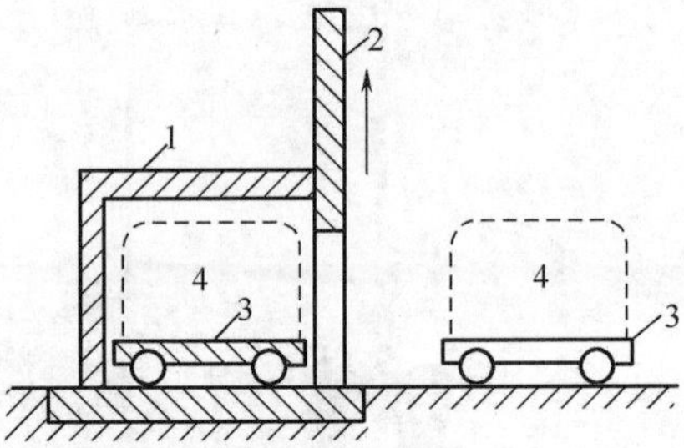

图5－5　台车式电阻炉示意图

1—炉体　2—炉门　3—台车　4—制品

（2）台车式电阻炉　台车式电阻炉的炉体与室式窑相似，如图5－5所示。炉内壁和台车底板搁丝砖上均布置电热元件，待烧坯体码在台车上推入炉中，将炉门关闭（或将炉门砌在台车上，当台车进炉时，则自行封闭）。烧好的制品冷至适当温度后，仍然由进口处拉出台车，放到冷却室中继续冷却，另一装好坯体的台车则迅速推入炉中进行加热烧成。冷却室中加热的空气可用来作干燥坯体的热源。

某台车式电阻炉技术参数如下：额定功率150kW；额定电压380V；相数3相；最高工作温度950℃；电阻丝连接方法Δ；工作室尺寸（长×宽×高）2000mm×1000mm×700mm；无载功率≤35kW；

3. 连续式操作电阻炉

连续式操作电阻炉是一种电热式的隧道窑。它可以是单通道、双通道或多通道。按其运输方式可分为窑车式、推板式、辊底式、传送带式和链式等。

陶瓷工业中采用的电热隧道窑，常以硅碳棒为电热元件，工作温度1350℃左右。图5－6为两孔推板式电热隧道窑。图5－7为一条小型电热辊道窑。

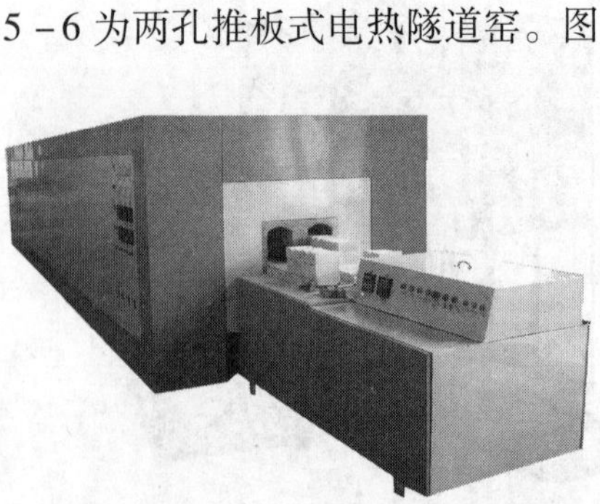

图5－6　两孔推板式电热隧道窑

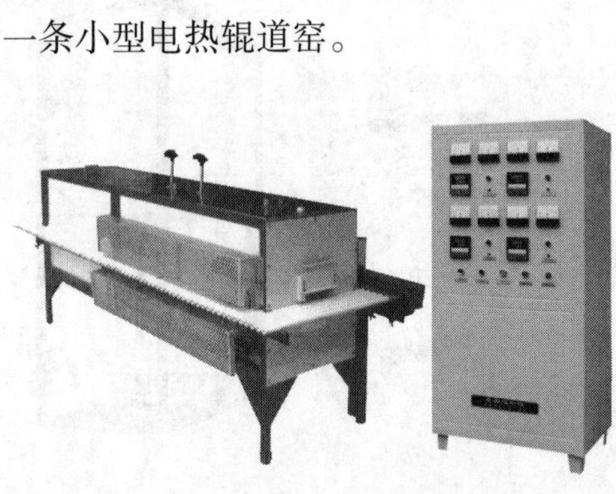

图5－7　小型电热辊道窑

知识点二 常用电热元件

电阻炉常用的电热元件，可分为金属质的和非金属质的，其形状有丝、带、棒、管等。在设计使用电阻炉时，首先应根据生产工艺和使用温度等条件来选择合适的电热元件，做到技术合理，投资节约。

（一）对电热元件的要求

（1）电热元件的最高使用温度（元件在干燥空气中发热时本身的表面温度） 应比炉子的最高操作温度（炉膛温度）高出50～100℃。

（2）具有较高的比电阻和较小的电阻温度系数 比电阻（或称电阻率）为材料制成长1m、横截面积为$1mm^2$的导体所具有的电阻，用ρ表示，其单位为$\Omega \cdot mm^2/m$或$\Omega \cdot m$。电热元件在使用过程中比电阻随温度的升高而变化，比电阻随温度变化的数值称为电阻温度系数，用α表示，单位为1/℃。电阻温度系数与比电阻的关系可用下式表示：

$$\alpha = \frac{\rho_t - \rho_0}{\rho_0(t - t_0)}$$

即

$$\rho_t = \rho_0[1 + \alpha(t - t_0)]$$

式中：ρ_0——电热元件在t_0（一般为20℃）时的比电阻，$\Omega \cdot mm^2/m$；

ρ_t——电热元件在t时的比电阻，$\Omega \cdot mm^2/m$。

如果电阻温度系数越小，则说明该电热元件随温度升高电功率的变化也越小，不至于影响炉膛的温度变化，这样供电电路稳定。如果电阻温度系数大（如钼），当温度升高时，钼的电阻加大若干倍，电功率就随着降低，电源电路必须装置调压设备，否则温度就不易升上去。

比电阻不能太大也不能太小，因为在一定功率的电炉中，比电阻太大，电热元件粗而短；比电阻太小，电热元件细而长。这些都会给施工带来困难。

（3）化学稳定性好 在使用温度下，电热元件的化学稳定性要好，不易氧化，不易与炉内衬砖及气体发生化学反应，否则要采取一定的保护措施。如金属钼和钨等电热元件，在高温时易氧化，一般应抽真空或通入氢气等作为保护气体。

（4）具有良好的机械性能 在使用温度下不变形，有足够的机械强度及良好的塑性和韧性，容易加工成型。

（5）具有较低的热膨胀系数 以免冷热伸缩变形。

（6）取材容易 价格便宜。

（二）常用电热元件的材料

陶瓷生产中，电阻炉电热元件的常用材料有镍铬合金、铁铬铝合金、硅碳棒、二硅化钼、钼等。

1. 镍铬合金

镍铬合金又称为镍基合金，其熔点随合金成分而定，在1400℃左右。可用于1100℃以下的电阻炉。其特点是高温抗氧化性能好，因为在其表面上能生成Cr_2O_3薄膜，它可以保护内部的镍铬合金不受氧化，所以不需要任何气体保护。镍铬合金的比电阻ρ约为$1.11\Omega \cdot mm^2/m$，电阻温度系数α_t为$8.5\times10^{-5}\sim14\times10^{-5}$℃，当温度升高时其电功率较稳定，不同成分的镍铬合金其比电阻及电阻温度系数不同。镍铬合金的高温强度较高，1000℃抗拉强度为58.8MPa。镍铬合金一般为丝状或板状，塑性和韧性比较好，经高温使用后，只要不过烧，仍然比较软。因此，便于烧制成各种形状的电热元件。

2. 铁铬铝合金

铁铬铝合金的熔点比镍铬合金高，在1500℃左右。铁铬铝合金加热后在其表面生成一层Al_2O_3保护层，保护层的熔点高且不易氧化，它适应于氧化或中性气氛中使用，但对含碳、氯、氟的气体的抗蚀力不强。在高温下与酸性耐火材料及氧化铁反应强烈，故宜采用较纯的氧化铝或氧化镁耐火材料作炉衬或支撑件。铁铬铝合金的线膨胀系数较大，设计时应考虑留有余地，供其伸缩。同时，铁铬铝合金强度不太高，在1000℃时抗拉强度为19.6MPa。过烧容易变形造成短路，缩短使用寿命。此外，铁铬铝合金的加工性能较差，性硬脆，尤其是经加热后更加硬脆，无法加工改制。

3. 硅碳棒

硅碳棒是最常用的非金属电热元件，其主要成分为SiC 94.4%、SiO_2 3.6%，其余为铝、铁、氧化钙等。熔点为2227℃，使用温度为（1400±50）℃。

硅碳棒是采用挤压成型经高温烧结而制成的。有时为了避免两端过热做成两端加粗的形状，称为冷端部分或引出部分，用来连接电源，通常安装在电阻炉的炉墙里或引出炉外。为了减小连接电阻，冷端部外侧喷铝，通过卡箍与电源相连接。两端加粗的硅碳棒使炉壳开孔较大，降低了炉壳强度，增加了散热损失。

也有冷端部分和发热部分一样粗细的硅碳棒，还有两根棒或三根棒一端连在一起的元件，克服了某些情况下电阻炉两端引线的困难。同时由于开孔减小，散热损失和端部电阻引起的电能损失都有所下降。图5-8为以上各种硅碳棒的示意图。

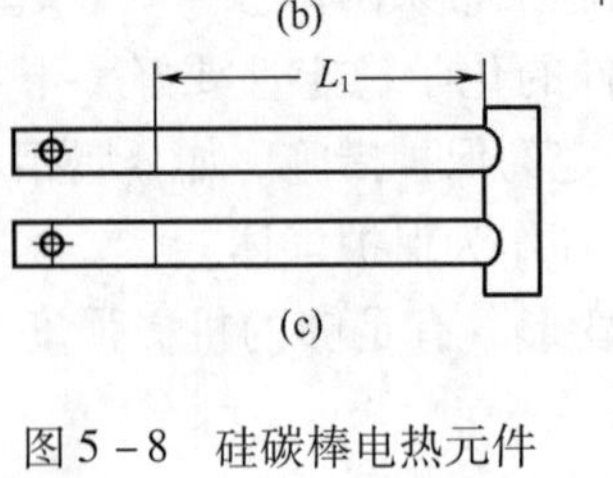

图5-8 硅碳棒电热元件

（a）等直径硅碳棒（DG型） （b）两端加粗的硅碳棒（DC型） （c）一端连在一起的硅碳棒（DGS型和DGC型）

L—全长 L_1—发热部分长度

d—发热部分直径 D—两端加粗棒的端部直径

硅碳棒具有良好的导热性、导电性和耐磨性，在高温条件下其急冷急热性较好，并具有足够的高温强度。

硅碳棒的比电阻较大，能承受较高的加热温度。低温时其比电阻与温度成反比，但在800℃左右时特性曲线由负变为正，如图5－9所示。这一特点可以防止硅碳棒因电压的骤增而被烧毁。

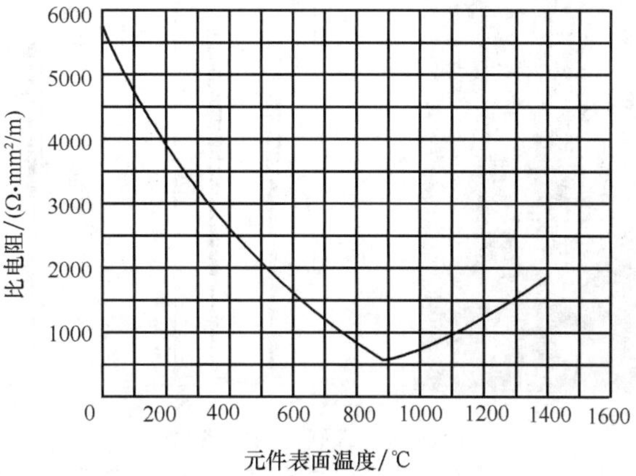

图5－9　SiC电热元件比电阻与电热元件表面温度的关系图

碳化硅不会被沸腾的盐酸、氢氟酸、硫酸分解。但碱性物质如碱、碱土、重金属氧化物以及低熔点的硅酸盐和硼酸盐等在高温时接触硅碳棒均起破坏作用。炉内气氛对硅碳棒的使用寿命有影响，氢在高温下能分解硅碳棒。硅碳棒在高温下使用时，空气中的O_2、CO_2和水蒸气能强烈促使其氧化，生成玻璃态的SiO_2薄膜，SiO_2的比电阻较SiC大，因此使其电阻增大。一般使用60～80h后，其电阻增加15%～20%，但若连续使用下去以后电阻增加逐渐缓慢，此现象称为“老化”。由于硅碳棒表面生成玻璃态SiO_2薄膜以后，保护了内层SiC不再继续氧化。因此，电阻的增加也就逐渐缓慢下来。间歇使用时，由于SiO_2薄膜与SiC的热膨胀系数不同，每当硅碳棒冷却时，表面的SiO_2薄膜即行破裂而露出新的SiC表面又继续被氧化，经过多次加热、冷却之后，硅碳棒的电阻越来越大，最后大到不能再使用。

正常气氛下，炉温在1400℃时其连续使用寿命可达2000h以上，间歇使用寿命为1000h左右。炉温在1000℃以下时则使用寿命达5000h左右。

因硅碳棒的老化，电阻增大使电流降低，其功率也下降，为了使功率稳定可增加电压。因此，硅碳棒电阻炉需要设置调压装置。

4. 二硅化钼

二硅化钼的熔点在2030℃，作为电热元件在空气中长期使用温度为1650～1700℃。在加热时，二硅化钼元件表面生成一层气密性良好的SiO_2玻璃膜，可以防止进一步氧化。在空气及惰性气体中其最高使用温度应低于1700℃，在还原气氛中会破坏硅钼棒的保护层，只能在低于1350℃温度下使用。

二硅化钼电热元件高温时塑性大易变形，且由于它的比电阻小，故发热段较长。为了防止变形，易于安装，这种电热元件大多数做成“U”字形，并垂直安装。发热部分直径为6mm或9mm，而其相应的冷端部分直径为13mm或17mm，发热段长度可达到1000mm，连接的冷端长度可达800mm，“U”形的中心间距为40、50、60mm数种，如

图5－10所示。

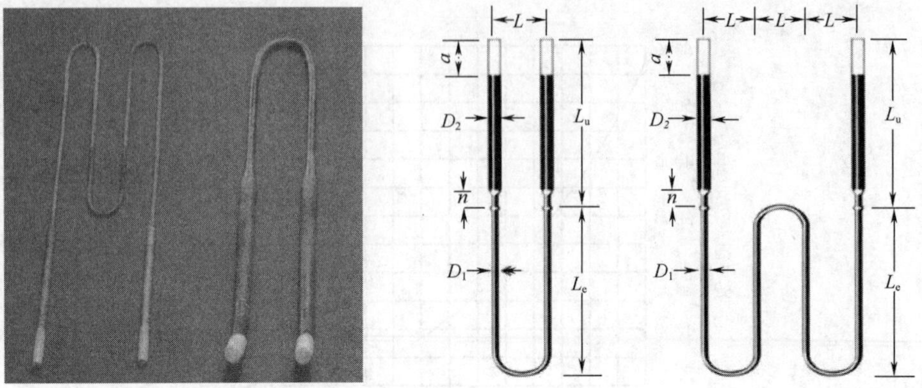

图5－10　二硅化钼电热元件

L_e—发热部分长度　D_1—发热部分直径　L_u—冷端部分长度　D_2—冷端部分直径　L—两冷端中心线间距

a—接线端长度　n—过渡长度

硅钼棒的比电阻随温度的升高几乎以直线关系迅速上升，这就是说加热功率有一定的自然控制。所以在一恒定电压下，功率在低温时是高的，而随着温度上升则功率减小，需配置调压装置。这样既可以迅速达到所需的炉温，又能避免硅钼棒过热。

5. 钼

钼的熔点为2630℃，使用温度为1600～1800℃，钼在500℃以上很快地氧化成粉末状，因此需要在保护气氛或真空中使用（常以氢气作保护气体）。在氢气的保护下，短时间使用温度可达2000℃；在真空中使用温度达1650℃。钼的电阻温度系数比一般金属大，在1400℃以上时，其电阻比室温时电阻大8倍以上，所以钼丝炉必须有调节范围较宽的调压装置。一般常用感应变压器或自耦变压器来调节。

钼可以制成丝状、带状或棒状。由于钼的性质很脆，不容易加工成螺旋状，常将钼丝聚成一束在炉膛四周竖绕或捣打在刚玉炉管里。经高温使用后钼因再结晶而变得更脆，故元件不能重新加工改制。在高温下钼与各种耐火材料均起化学反应，所以为了避免钼与耐火材料接触，安装时应设置支撑件或钩子来支持电热元件。

钼棒和钼丝的规格见表5－1。

表5－1　　钼棒和钼丝的规格

牌　号	直径/mm	直径公差/%	最小长度/mm
钼棒（MB－1和MB－2）	1.5～2.5（间距0.1）	±2.5	1000
	3.0～4.8（间距0.2）	±3.0	1000
	5.0～10.0（间距0.5）	±3.0	500
钼丝（MS－1和MS－2）	0.3～0.5（间距0.1）	±2.5	40000
	0.52～0.8（间距0.02）	±2.5	15000
	0.85～1.5（间距0.05）	±2.5	10000
	1.6～2.5（间距0.10）	±2.5	2000

知识点三　电热窑炉的操作与维护

（一）电热元件的安装

电热元件在炉膛内的安装形式是根据其性质及炉子温度分布情况而定的。通常将电热元件布置在炉子的周围。有时为了使炉温分布均匀和加大炉子功率，在炉底及炉顶也安装电热元件。确定电热元件的安装方法时应尽量做到使电热元件发热效率高、使用寿命长、安装简便、投资节省。

1. 丝带状电热元件的安装

一般丝状电热元件都绕成螺旋形，把它平放在炉膛的砖槽或搁丝砖上，也有的套在陶瓷管上，避免垂直使用，以防止高温时由于自重而引起下垂，或造成螺旋疏密不均和损坏。

直径为 8 ~ 10mm 的电阻丝最好做成波纹形，直接挂在炉墙上。大型炉子如箱式电炉，通常用矩形搁丝砖，圆形电炉用扇形搁丝砖。小型炉子则可在耐火砖上抠槽，将电热元件放在槽内而不用搁丝砖。对小型管状电炉或马弗炉，可将电热元件放在螺旋耐火管上或马弗胆上，在马弗胆壁上有放电阻丝的圆孔形管路。

丝状电热元件在电阻炉中的几种安装方法及其外形如图 5 - 11 所示。带状电热元件通常做成波纹形，挂在炉墙或水平放置在炉顶或炉底上。波纹形电阻带在电炉内的几种安装方法如图 5 - 12 所示。

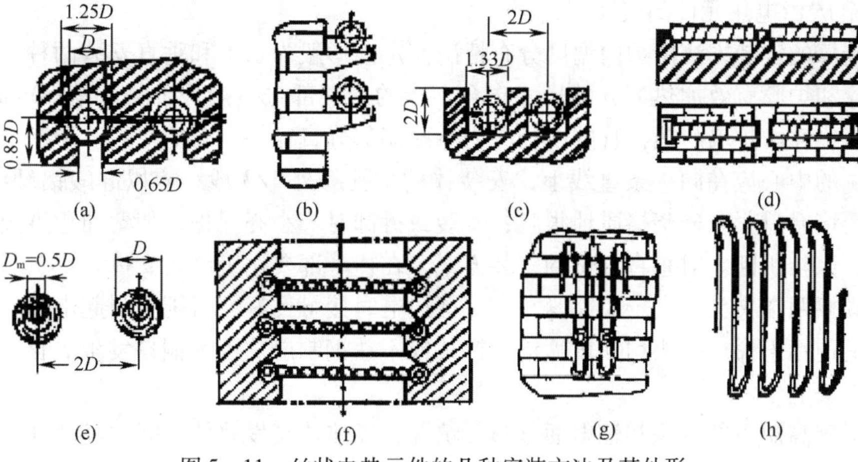

图 5 - 11　丝状电热元件的几种安装方法及其外形

（a）螺管布置在炉顶砖槽内　（b）螺管放在炉墙搁丝砖上　（c）螺管放在炉底沟槽内
（d）螺管套在陶瓷管上再安放于炉底　（e）螺管挂在陶瓷管上　（f）螺管放在圆筒形炉壁上
（g）波形电热元件吊挂在炉墙上　（h）波形电热元件外形

电热丝、带在安装前应检查其冷态电阻，一般误差不得超过 ±5%。安装时要轻拿轻放，元件与耐火砖的接触越少越好。安放在炉底上时要托平放稳。在炉墙上悬挂或炉

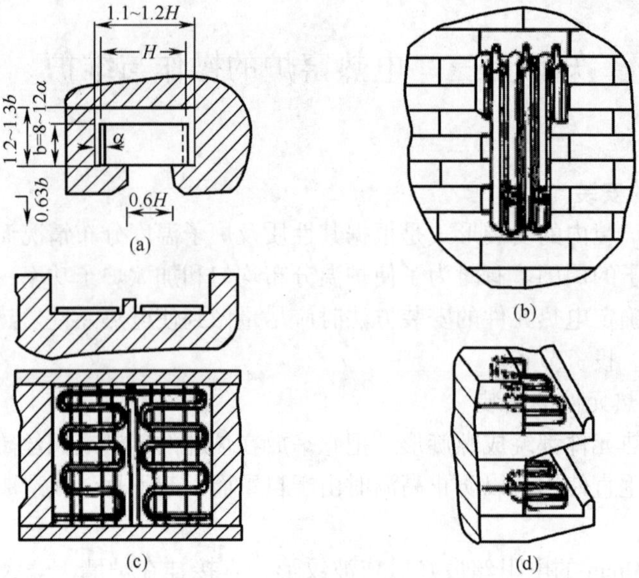

图 5-12 波纹形电阻带的几种安装方法

（a）电阻带放在炉顶砖槽内 （b）电阻带吊挂在炉墙上

（c）电阻带放在炉底沟槽内 （d）电阻带放在侧壁搁丝砖上

顶上吊挂时必须钩匀钩牢。内衬耐火砖应选用含铁较低的一级高铝砖，若无此种砖时，可用符合成分的高铝涂料涂刷 2～3 次。

2. 硅碳棒电热元件的安装

硅碳棒的安装方法由炉内温度分布情况而定。一般为水平和垂直安装两种。棒的发热部分应和炉膛有效加热部分的尺寸吻合。棒的冷端部分一般应伸出炉墙 50mm 左右，以防接头烧坏。炉墙耐热瓷管的内径应为棒冷端部分直径的 1.5 倍左右。炉壁上安装硅碳棒孔洞的中心应在同一条直线上，安装棒的炉孔靠外 1/3 段，应以硅酸铝纤维填充，但也不要堵塞过紧。硅碳棒质地很脆，安装或拆卸时应小心保护，如弯曲程度过大，切勿硬装，以防折断。对垂直方位的安装方式，在棒下部要用绝缘物支撑。

硅碳棒两端夹头的夹子应夹紧，以保证通电时接触良好，否则会引起电弧，降低电热元件的使用寿命。夹头用铁皮喷铝、铝片或不锈钢制成。因为铜易发生氧化，故一般不用铜夹头。

考虑到高温下的绝缘和辐射面分布等情况，发热体与发热体之间、发热体与炉壁及被加热物体之间都不可过近。一般发热部中心距及发热部与被加热物体之间的距离不得小于发热部直径的 3 倍。发热部与炉壁间的距离不得小于其直径的 1.5 倍。

硅碳棒和引出线不能与外壳接触，以免发生触电事故。硅碳棒在炉子上的各种安装方法可参考图 5-13、图 5-14。

3. 二硅化钼棒的安装

“U”形二硅化钼棒从炉顶悬吊安装最为理想。安装方法如图 5-15、图 5-16 所

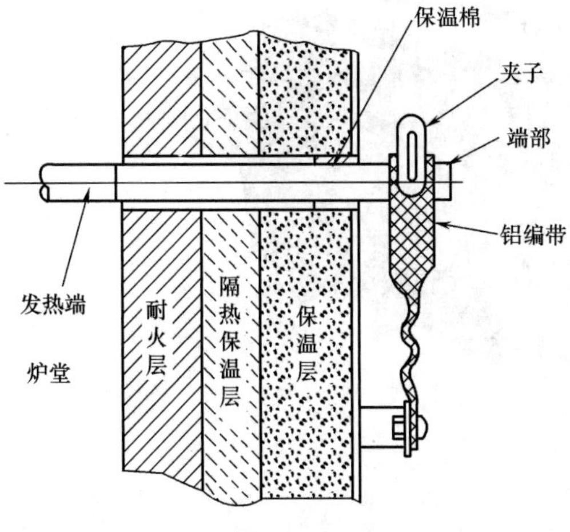

图5－13　硅碳棒水平方向安装

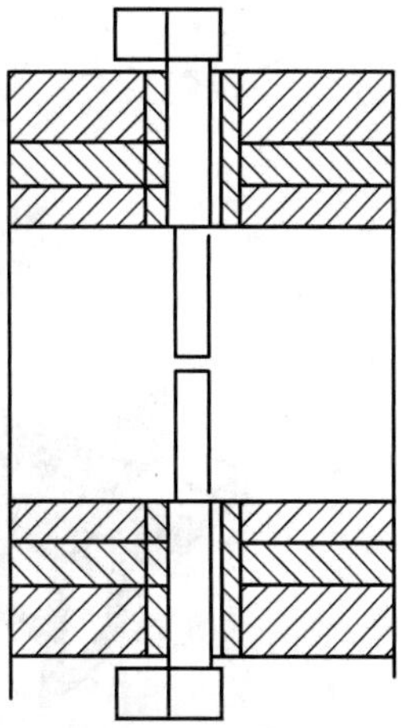

图5－14　硅碳棒竖向安装

示。图中所示的最小距离25mm必须严格控制，以免二硅化钼棒过热以及其与炉壁相碰。

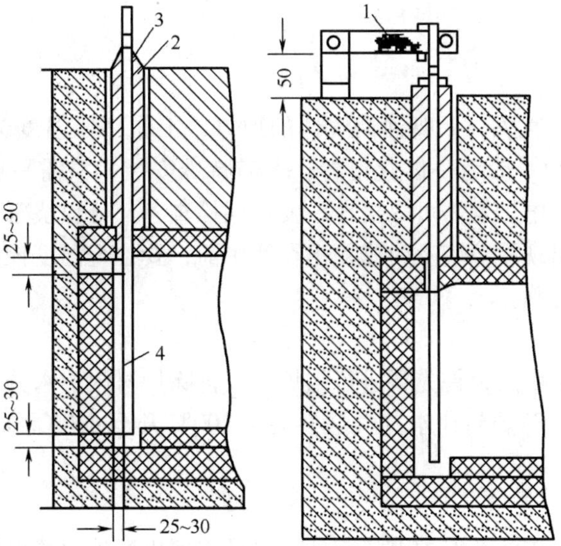

图5－15　二硅化钼棒的安装

1—铝编织带　2—塞砖　3—石棉轧头　4—硅钼棒

发热段与连接端的交界处锥体扩展到与炉壁相接25～30mm。连接冷端（包括轧头）至少应露出炉顶外面75mm。二硅化钼棒在炉内间隔宽度不应小于二硅化钼棒的中心间距。

二硅化钼棒也可以水平安装。适用于连续操作的最高温度为1550℃、炉膛高度小的炉子。

图 5-16　二硅化钼推板窑内部结构

为了避免二硅化钼棒的损坏，间歇操作时热段最高温度不得超过 1450℃（最高炉温为 1400℃）。连续操作时热段温度不得超过 1600℃（最高炉温为 1550℃）。为防止二硅化钼棒与支座发生黏结，支座应采用能耐高温的刚玉砖材料。

（二）电阻炉的使用

1. 安装

仪器应放在干燥通风、无腐蚀性气体的地方，工作环境温度为 10～50℃，相对湿度不大于 85%。电炉一般为一体化设置，不需特殊安装，只需平放在室内地面或台架上。为了操作安全，电炉均需可靠接地。要定期检查各部分热线有否松动，交流接触器的触头是否良好，出现故障应及时修复。在使用前，要检查温度控制设备、测量仪表及电阻炉的接线是否正确。

2. 烘炉

在电阻炉安装结束后，首先要进行烘炉，以排除炉衬内的水分。烘炉时，从室温升至 200℃约 4h，应打开炉门让水蒸气散发；从 200℃升至 600℃约需 4h；从 600℃升至 800℃约需 2h。

3. 使用

在使用过程中，应注意保护电热元件，尽量避免机械外力的损伤。要遵照电炉的升温制度，严格控制电热元件的允许负荷，切忌超温超负荷运行。要防止炉内有害物质及气体介质的腐蚀，以提高电热元件的使用寿命。要随时注意炉子测温和控制仪表的工作情况，定期进行校准，发现问题及时处理，以免控制失灵而烧毁电热元件。

对于硅碳棒电阻炉，由于空气及碳酸气在高温时对硅碳棒起氧化作用，使用后其电阻增加即“老化”，必须逐步提高电压方能得到额定功率。当调至最高电压仍不能达到额定功率时，可改变硅碳棒的连接方式后在低电压下使用。待用过一段时间后，又不能达到额定功率时，则说明硅碳棒老化了，应换新的硅碳棒。硅碳棒电阻炉在使用一段时间后，部分碳棒因故折断时，如果余棒还未完全老化，也应全部更换新的硅碳棒，切勿将电阻相差较大的硅碳棒同时使用，以免造成功率分配不均。一般要求炉子里每支棒的电阻值偏差不超过20%。更换下来的尚未完全老化的硅碳棒要保存起来，待以后选择电阻值相近的棒再配套使用。

炉温不得超过最高工作温度1350℃。硅碳棒在最高温度下允许连续工作4h。在炉功率基本不变的前提下，工作电流由使用新棒时的较大值，向因棒老化时的较小值渐变；工作电压由使用新棒时的较低值，向因棒老化时的较高值渐变。为满足电炉升温时的需要，同时考虑到硅碳棒端部消耗功率的影响，硅碳棒电炉变压设备要有较大的容量，一般取电炉使用功率的1.4～1.6倍。对不配备调压设备的窑炉，需从硅碳棒规格、阻值选择、接线方法几方面考虑，使硅碳棒在额定功率范围内工作，避免超负荷运行。

为防止硅碳棒电热元件与上部结构的耐火材料互相影响，各个元件的管脚均用陶瓷纤维套管绝缘，陶瓷纤维套管不但起着电气绝缘的作用而且还起到固定硅碳棒的作用。

硅碳棒碎片落入玻璃液中会造成气泡，这是由于碳化硅有强还原作用，会与溶解于玻璃液中的气体和玻璃组分起化学反应。因此残缺的硅碳棒碎片必须设法取出，但一般情况下碳化硅棒只会断裂不会破碎。窑炉气体内含有大量硫、钠、硼等氧化物，会与硅碳棒起强烈反应，几天之内就会使整个棒体发胖而损坏。

知识点四　电阻炉功率的调节

电阻炉通常采用工频（50Hz）的交流电供电，电压为220V或380V。一般情况下，炉子的电压不宜过高，因为在高温下，耐火材料的导电性会急剧增加，而使电炉漏电的可能性增强。

为了调节炉内的温度制度及使炉内温度稳定，以满足制品的烧成工艺要求，必须对电阻炉进行功率调节，即调节电热元件的发热功率。其调节方法，一般来说有两种：一是利用变压器来调节，二是改变电热元件的连接方法来调节。

（一）利用变压器来调节

根据电流的热效应定律可知，电流通过电热元件时所产生的热量为：

$$Q = IU\tau = I^2R\tau = \frac{U^2}{R}\tau\ (\mathrm{J})$$

式中：I——通过电热元件的电流，A；

R——电热元件的电阻，Ω；

U——电热元件的端电压，V；

τ——通电时间，s。

从式中可以看出，当电热元件的电阻 R 不变（或变化不大）时，调节变压器供给

电热元件的电压 U，就相当于调整了电热元件的发热量 Q，则炉子的温度就得到了调整。特别当所采用的电热元件的电阻随工作温度的改变而变化较大（如钨、钼、碳化硅等）时，就更需要变压器来调节供电电压，以满足工艺生产对炉温的要求。通常在升温过程中，逐渐调高电热元件的供电电压。但要注意当温度接近最高烧成温度时，则往往要适当调低供电电压，减慢升温速度，以免炉子的热惯性使炉温上冲，超过所要求的温度而造成产品过烧。

（二）改变电热元件的连接方法来调节

当炉子使用日久后，电热元件（尤其是硅碳棒）逐渐老化，电阻值逐渐增大，发热功率不足，导致炉温难以上升。在有几个电热元件的炉子里，就可以用改变电热元件连接线路的方法来达到调节炉子功率之目的。

通常的办法是利用转换开关来实现。设在炉子里有 2 个同样电阻的电热元件，若把电热元件由并联改为串联时，炉子的功率则为原来的 1/4。若炉子有 3 个电热元件时，如果原来是三角形连接，现改为星形连接，炉子的功率将为原来的 1/3。同理，如有 6 个电阻相同的电热元件，连接成两个独立小组，这样就可以使炉子有 5 级功率。

（1）两组都接成三角形（△，△），相当于 100% 的功率。

（2）一组接成三角形，另一组连接成星形（△，Y），相当于 67% 的功率。

（3）一组接成三角形，另一组切断不通电（△），相当于 50% 的功率。

（4）两组都接成星形（Y，Y），相当于 33% 的功率。

（5）一组接成星形，另一组切断不通电（Y），相当于 17% 的功率。

必须指出，在炉内安装有几个电热元件的独立组时，一定要使每组电热元件在炉内布置均匀，以免在切断一组时或改变另一组的连接方法时造成炉子加热不均匀。这种方法要经过计算，以免电热元件因承受不了过大的功率而烧坏。

电热元件接线方法见表 5-2。

表 5-2　　电热元件接线方法

接线名称	代号	示意图	元件数目	总电阻/Ω	总功率/kW
串联	+		n	$R = nr$	$N = \frac{U^2}{10^3 nr}$
并联	‖	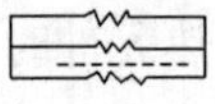	n	$R = \frac{r}{n}$	$N = \frac{nU^2}{10^3 r}$
串-并（先串起来然后再并）	+ - ‖	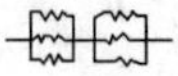	mn	$R = \frac{mr}{n}$	$N = \frac{nU^2}{10^3 mr}$
并-串（先并起来然后再串）	‖ - +	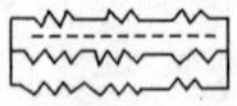	mn	$R = \frac{nr}{m}$	$N = \frac{mU^2}{10^3 nr}$
星形	Y	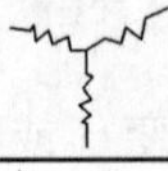	3	$R = r$	$N = \frac{U^2}{10^3 r}$

续表

接线名称	代号	示意图	元件数目	总电阻/Ω	总功率/kW
三角形	△	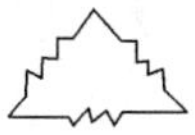	3	$R=\frac{r}{3}$	$N=\frac{3U^2}{10^3 r}$
双星	YY	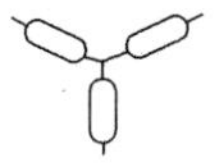	6	$R=\frac{r}{2}$	$N=\frac{2U^2}{10^3 r}$
双角	△△	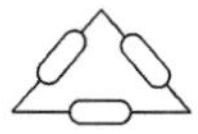	6	$R=\frac{r}{6}$	$N=\frac{6U^2}{10^3 r}$
串星 （先串起来再联成星）	+ - Y		$3n$	$R=nr$	$N=\frac{U^2}{10^3 nr}$
串角 （先串起来再联成角）	+ - △		$3n$	$R=\frac{nr}{3}$	$N=\frac{3U^2}{10^3 nr}$
并星 （先并起来再联成星）	‖ - Y	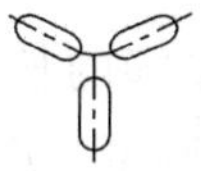	$3n$	$R=\frac{r}{n}$	$N=\frac{nU^2}{10^3 r}$
并角 （先并起来再联成角）	‖ - △	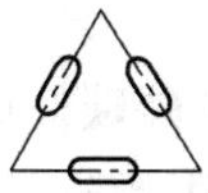	$3n$	$R=\frac{r}{3n}$	$N=\frac{3nU^2}{10^3 r}$

注：N—总功率，kW；R—总电阻，Ω；U—电源电压 V；n—每组元件数目；r—每根元件电阻，Ω；m—元件组数。

当炉子功率 $P<25$kW 时，通常采用 220V 或 380V 单相串联方法，如图 5－17 所示。当炉子功率为 30～75kW 时，一般采用三相 380V 星形接法或三相 220V 三角形接法，如图 5－18 所示。当炉子功率 >75kW 时，可将电热元件分成两组或两组以上的三相 380V 星形接法，或三相 220V 三角形接法，如图 5－19 所示。每组功率以 30～75kW 为宜。每相功率在 10～25kW 之间。这样，可使每一电热元件的功率不致过大，便于调节炉温并保持其均匀性，同时电热元件尺寸可在最常用的范围内。

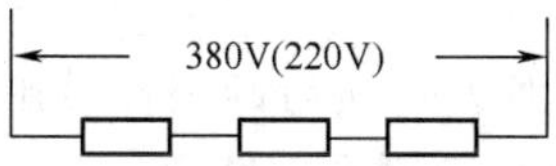

图 5－17　功率小于 25kW 的接线法

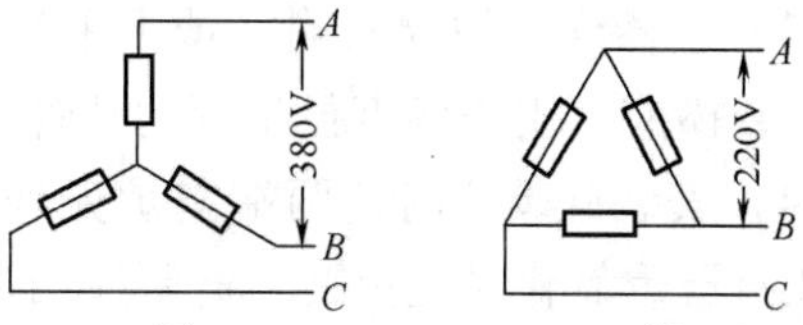

(a)　(b)

图 5－18　功率为 30～75kW 的接线法
（a）星形　（b）三角形

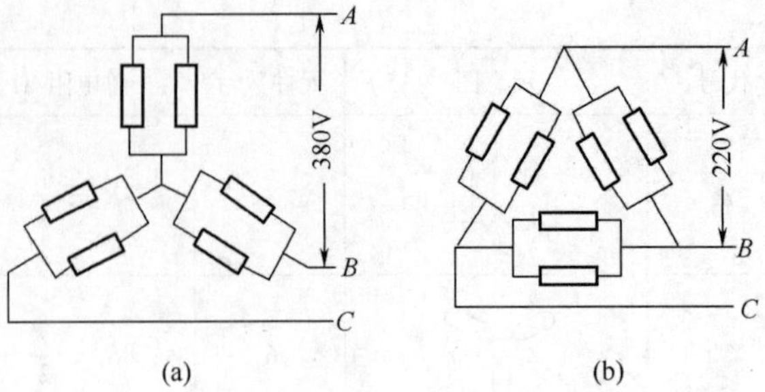

图 5-19　功率大于 75kW 的接线法

（a）星形　（b）三角形

任务一　硅碳棒的更换

（一）操作要求

更换断损的硅碳棒。

（二）操作准备

（1）根据电炉尺寸及安装方位来确定硅碳棒的长度尺寸，再根据电炉所需的功率及采用的负荷密度来选择棒的直径尺寸，并且确定所用的支数。炉膛长度与棒发热部的长度应一致。

（2）更换硅碳棒时，应选用和炉内运行的硅碳棒的电阻相接近的硅碳棒，必要时更换整炉硅碳棒，这样有利于提高硅碳棒的使用寿命，卸下来的硅碳棒，如果电阻值合适，还可以在电炉运行中后期换上使用。

（3）使用新碳棒时，应检查新碳棒的冷端标记的电阻（Ω），然后进行配阻，每组阻值差距在 ±0.1Ω 以下。

（4）准备好工具、配件等。

（三）操作步骤

（1）在更换硅碳棒过程中，为确保安全，一定要将电源切断后再进行操作。

（2）取下断损的硅碳棒。更换时先卸下两端保护罩与硅碳棒夹头，然后取出已损坏的硅碳棒，由于硅碳棒易断，操作时须十分小心，以免造成新的硅碳棒断损。

（3）当棒穿过炉壁两侧（或上下）的棒孔后，应自由转动 360°，严禁强制安装与敲打。装棒前可用与棒直径相等的铁管试装。

（4）安装硅碳棒时，两端露炉壳外部分应相等，夹头必须与硅碳棒接触良好。如果夹头有严重氧化时应更换。硅碳棒两端安装孔处的隙缝应用石棉堵塞。

（四）注意事项

（1）硅碳棒在存放过程中，要注意防潮。如发现棒端喷铝处变质潮解，经表面处理后可重新喷铝，如无喷铝条件，可在棒喷铝段缠裹几层铝箔再用。

（2）硅碳棒硬而脆，在运输、开箱、安装更换时要特别小心。轻拿、轻放，严防机械敲打，以免损坏。

（3）硅碳棒元件的接线方法，可采用并联、串联、三角形、星形以及其他形式的接线方式；但是并联优越于串联，并联可以调节负荷不平衡的因素，而多支串联则加重了不平衡的因素，提高了工作电压。为了延长硅碳棒的寿命、保证安全使用，应避免采用多支串联。

任务二 电炉烧成操作控制

（一）操作要求

使用硅碳棒电炉烧制陶瓷制品。

（二）操作准备

（1）装坯　注意坯体之间的间隙，不要与硅碳棒碰在一起。

（2）检查　硅碳棒的接线夹具应定期进行检查，不要与炉壁接触，以免造成短路，夹具是否有松动现象，以防接触不良出现打弧现象和电流过大炸断硅碳棒。

（三）操作步骤

（1）新炉或久未使用的电炉（窑），在使用之前必须烘炉。新炉开始送电时，为了防止断棒，应采用电阻炉额定功率的1/2空送一段时间，一切正常后再逐渐升高电压，要按电炉升温规范升温，以免因功率过高炸断硅碳棒。

（2）如果烧制的器件或材料在加热过程中有水分排出，电阻炉（窑）要留有排气孔，以便排除炉（窑）内的水分或其他废气，以免影响棒的使用寿命。

（3）在电炉正常运行中，如果听到炉内有噪声或控制柜电流表忽高忽低时，应立即停炉检查，以免烧坏电器设备。

（4）使用硅碳棒必须配备调压变压器或可控硅调压器及电压、电流表和温度自动控制仪表等。在使用过程中因棒氧化，电阻则逐渐增加，为保持炉温正常，应提高使用电压。当电压提高到所用变压器最高限度仍不能满足要求时，可停炉改变棒的接线方式再继续使用。

（5）严禁硅碳棒超负荷使用。如棒因故断裂或发现棒发热不均，局部呈白炽或暗红现象，说明棒体老化不一致，各段电阻相差太大，应停炉检修换棒，最好全部更换新棒，如更换部分新棒或单支新棒时会因新棒电阻与旧棒电阻匹配不合适，导致负荷不平衡，炉温不均匀。

（6）使用时应经常观察电流表、电压表及温度表的读数是否正常；冷端部夹具是否松动、氧化发黑或打火；硅碳棒发热部红热是否均匀。

（7）使用完毕，应切断总电源开关。

思考题

1. 电热窑炉有哪些特点?
2. 电阻炉是如何分类的?
3. 电热窑炉对电热元件的材料有何要求?
4. 常用的电热元件材料有哪几种?
5. 画出硅碳棒和硅钼棒电热元件的示意图，并标注出各部分的使用名称。
6. 叙述硅碳棒电阻炉的操作过程
7. 硅碳棒的安装应注意哪些事项?
8. 电阻炉的功率调节通常有哪几种方法?

项目 6　陶瓷窑炉的热工测量

学习目标

1. 掌握陶瓷窑炉热工测量的方法及其测点选择
2. 掌握各种测量仪器、仪表的使用方法
3. 能进行测试数据的整理与计算
4. 会进行窑炉热工测量报告的编制
5. 能对测量数据及其结果进行分析

知识要求

1. 掌握温度测量的方法及其测点选择
2. 掌握压力测量的方法及其测点的选择
3. 掌握流速流量测量的方法及其测点的选择
4. 会进行测试数据的整理与计算
5. 会进行测定报告的编制
6. 能进行测量数据及其结果的分析

技能要求

1. 会正确使用测温三角锥测量温度
2. 会正确使用热电偶及配套仪表测量温度
3. 会正确使用倾斜式微压计和毕托管测量压力
4. 会正确使用奥氏气体分析仪分析烟气组成

陶瓷窑炉热工测量是对正在工作的窑炉检测其有关参数，用来衡量窑炉设计是否合理，窑炉操作是否正常，考核窑炉的工作状态，分析和寻找窑炉工作中存在的问题、产生原因以及改进的途径。对于生产指标较先进的窑炉，热工测量数据可作为其他同类型窑炉进行技术改造或设计时的参考依据。

陶瓷窑炉热工测量的内容包括温度测量、压力测量、烟气成分分析、气体流速和流量的测量等。

知识点一　温度测量

温度是陶瓷烧成过程中最重要的工艺参数之一，它对于陶瓷产品的产量、质量、生产成本、窑炉的使用寿命等有着重要影响。温度测量常用的仪表主要有热电偶、表面温度计、测温三角锥、测温环等。

（一）温度测量的主要方式

1. 温度测量方式

温度的测量方式有接触式和非接触式两大类。

（1）接触式温度测量方式　是将传感器置于与物体相同的热平衡状态中，使传感器与物体保持同一温度的测温方法。有利用介质受热膨胀原理的水银温度计、压力式温度计和双金属温度计等。有利用物体电气参数随温度变化的特性来检测温度，例如热电阻、热敏电阻、电子式温度传感器和热电偶等。接触式测温仪表比较简单、可靠，测量精度较高。但因测温元件与被测介质需要进行充分的热交换，需要一定的时间才能达到热平衡，所以存在测温的延迟现象，同时受耐高温材料的限制，不能应用于很高的温度测量。

（2）非接触式光洁度测量方式　是通过热辐射原理，测温元件不需与被测介质接触，利用物体的表面热辐射强度与温度的关系来检测温度。常见的有全辐射法、部分辐射法、单一波长辐射功率的亮度法及比较两个波长辐射功率的比色法等。非接触式仪表测温范围广，不受测温上限的限制，也不会破坏被测物体的温度场，反应速度快。但受到物体的发射率、测量距离、烟尘和水汽等外界因素的影响，其测量误差较大。

2. 温度测量仪表的分类与特点

目前常用测温仪表的分类和特点见表6－1。

（二）温度测量仪表的使用

1. 热电偶与测温仪表的使用

（1）热电偶测温原理　两种不同成分的导体（称为热电偶丝材或热电极）两端接合成回路，当接合点的温度不同时，在回路中就会产生电动势，这种现象称为热电效应，而这种电动势称为热电势。热电偶就是利用这一原理进行温度测量的。其中直接用作测量介质温度的一端叫做工作端（也称为测量端），另一端叫做冷端（也称为补偿端）。冷端与显示仪表或配套仪表连接，显示仪表显示出热电偶所产生的热电势。

表6－1　　常用测温仪表分类及特点

原理	种类		使用温度范围/℃	精度/℃	线性化	响应	记录与控制	价格
膨胀	水银温度计		－50～650	0.1～2	可	一般	不适	贱
	有机液体温度计		－200～200	1～4	可	一般	不适	贱
	双金属温度计		－50～500	0.5～5	可	慢	适	贱
压力	液体压力温度计		－30～600	0.5～5	可	一般	适	贱
	蒸气压力温度计		－20～350	0.5～5	非		适	贱
电阻	铂（或铜）温度计		－260～1000	0.01～5	良		适	贵
	热敏电阻		－50～350	0.3～5	非	快	适	一般
热电势	热电偶温度计	R	0～1600	0.5～5	可		适	贵
		K	－200～1200	2～10	良		适	一般
		E	－200～800	3～5			适	一般
		J	－200～800	3～10			适	一般
		T	－200～350	2～5			适	一般
热辐射	光学温度计		700～3000	3～10	非	一般	不适	一般
	光电温度计		200～3000	1～10		快	适	贵
	辐射温度计		约100～3000	5～20		一般	适	贵
	比色温度计		180～3500	5～20		慢	适	贵

测温用的热电偶，其基本构造包括热电偶丝材、绝缘管、保护管和接线盒等。如图6－1所示。热电偶的工作端被牢固地焊接在一起，热电极之间需要用绝缘管保护。热电偶的绝缘材料很多，大体上可分为有机和无机绝缘两类，处于高温端的绝缘物必须采用无机物。通常在1000℃以下选用黏土质绝缘管，在1300℃以下选用高铝管，在1600℃以下选用刚玉管。

保护管的作用是使热电偶电极不直接与被测介质接触，它不仅可延长热电偶的寿命，还可起到支撑和固定热电极增加其强度的作用。热电偶保护管及绝缘管选择是否合适，将直接影响到热电偶的使用寿命和测量的准确度。

（2）常用热电偶的种类与使用性能

陶瓷窑炉中常使用的热电偶主要有铂铑10－铂热电偶、铂铑30－铂铑6热电偶、

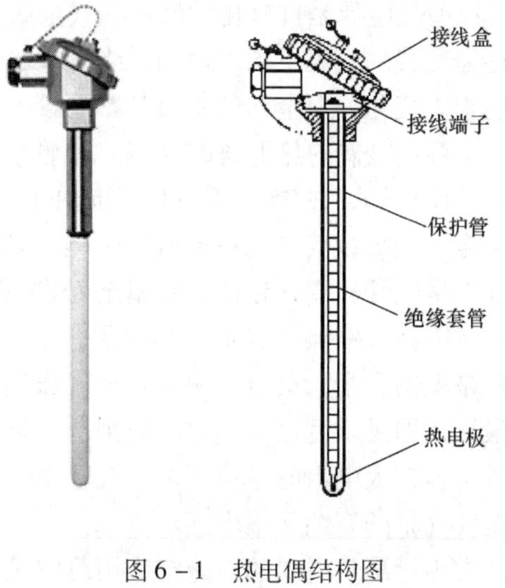

图6－1　热电偶结构图

镍铬-镍硅（镍铝）热电偶和镍铬-铜镍（康铜）热电偶。

①铂铑10-铂热电偶：分度号为S，也称为单铂铑热电偶。S型热电偶的正极成分为含铑10%的铂铑合金，负极为纯铂。它的特点是热电性能稳定，抗氧化性强，宜在氧化性气氛中连续使用，长期使用温度可达1300℃，但超过1400℃时，即使在空气中纯铂丝也将会再结晶而使晶粒粗大而断裂。S型热电偶精度高，是所有热电偶中准确度等级最高的，通常用作标准或测量较高的温度，使用范围较广，均匀性及互换性好。

S型热电偶主要缺点是微分热电势较小，因而灵敏度较低价格较贵，机械强度低，不适宜在还原性气氛或有金属蒸汽的条件下使用。

②铂铑30-铂铑6热电偶：分度号为B，也称为双铂铑热电偶。B型热电偶的正极是含铑30%的铂铑合金，负极为含铑6%的铂铑合金，在室温下其热电势很小，故在测量时一般不用补偿导线，可忽略冷端温度变化的影响。B型热电偶长期使用温度为1600℃，短期为1800℃，因热电势较小，故需配用灵敏度较高的显示仪表。

B型热电偶适宜在氧化或中性气氛中使用，也可以在真空气氛中的短期使用。即使在还原气氛下其寿命也是R或S型的10~20倍。由于其电极均由铂铑合金制成，故不存在铂铑-铂热电偶负极上所有的缺点，在高温时很少有大结晶化的趋势，且具有较大的机械强度。同时由于它对于杂质的吸收或铑的迁移的影响较少，因此经过长期使用后其热电势变化并不严重，缺点是价格昂贵（相对于单铂铑而言）。

③镍铬-镍硅（镍铝）热电偶：分度号为K。K型热电偶的正极为含铬10%的镍铬合金，负极为含硅3%的镍硅合金（有些国家的产品负极为纯镍）。可测量0~1300℃的介质温度，适宜在氧化性及惰性气体中连续使用，短期使用温度为1200℃，长期使用温度为1000℃，其热电势与温度的关系近似线性，价格便宜，是目前用量最大的热电偶。

K型热电偶是抗氧化性较强的贱金属热电偶，不适宜在真空、含硫、含碳气氛及氧化还原交替的气氛下裸丝使用。当氧分压较低时，镍铬极中的铬将择优氧化，使热电势发生很大变化，但金属气体对其影响较小，因此多采用金属保护管。

K型热电偶的热电势的高温稳定性较差，在较高温度下（例如超过1000℃）往往因氧化而损坏，在250~500℃范围内短期热循环稳定性不好，即在同一温度点，在升温降温过程中，其热电势示值不一样，其差值可达2~3℃；其负极在150~200℃范围内要发生磁性转变，致使在室温至230℃范围内分度值往往偏离分度表。

④镍铬-铜镍（康铜）热电偶：分度号为E。E型热电偶是一种较新的产品，它的正极是镍铬合金，负极是铜镍合金（康铜），其最大特点是在常用的热电偶中，其热电势最大，即灵敏度最高。它的应用范围虽不及K型偶广泛，但在要求灵敏度高、热导率低、可容许大电阻的条件下常常被选用。使用中的限制条件与K型相同，但对于含有较高湿度气氛的腐蚀不很敏感。

常用标准热电偶的性能与应用范围见表6-2。

表6-2　　标准热电偶的性能与应用范围

分类	名称	型号		分度号		热电度材料		测温范围/℃	普通型误差限	主要特点
		新	旧	新	旧	正极	负极			
贵金属热电偶	铂铑[10]-铂热电偶	S	WRLB	S	LB-3	铂铑[10]	铂	0~1450	2.5%	性能稳定、抗氧化，最高用到1600℃，不宜用于还原气氛
	铂铑[30]-铂铑[6]热电偶	B	WRLL	B	LL	铂铑[30]	铂铑[6]	800~1700	±0.5%	最高用到1800℃（短期），性能比S型更稳定，不宜用于还原气氛
	铂铑[13]-铂热电偶	R	—	R	—	铂铑[13]	铂	0~1450	2.5%	性能与S型相近
贱金属热电偶	镍铬-镍硅热电偶	K	WREU	K	EU-2	镍铬[10]	镍硅	0~1250 -200~0	±2.2或±0.75% ±2.2或±2%	长期使用到1000℃，热电势与温度关系近似线性，热电热率比S型高
	镍铬-康铜热电偶	E	—	E	—	镍铬[10]	康铜	0~900 -200~0	±1.7或±0.5% ±1.7或±1%	热电势率大灵敏度高，700℃时为80μm/℃，比K型高1倍
	铁-康铜热电偶	J	—	J	—	铁	康铜	0~750 0~350	±2.2或±0.75% ±1或±0.75%	价廉、灵敏，测温范围广，可用于还原和氧化气氛，但铁易氧化生锈
	铜-康铜热电偶	T	WRCK	T	CK	铜	康铜	-200~0	±1或±1.5%	最高使用温度<300℃，能抵抗湿气侵蚀，可用于真空氧化、还原气氛
	镍铬-考铜热电偶	—	WREA	—	EA-2	镍铬[10]	考铜	0~600 -200~0	±4，±1%t	短期可用到800℃，低湿到-200℃，热电势率大，未列入标准型热电偶

2. 表面温度计的使用

表面温度计主要用于测量窑体表面温度及管道表面温度等。它由表面温度传感器和显示仪表构成。表面温度传感器可以是热电偶，也可以是热电阻，通常具有厚度极薄的片状外形，以避免由于传感器的自身形状导热干扰原温度场而引起测量误差。显示仪表可以是通常使用的热电偶或热电阻显示仪、数据记录仪、计算机数据采集系统。常见的表面温度计如图 6－2 所示。

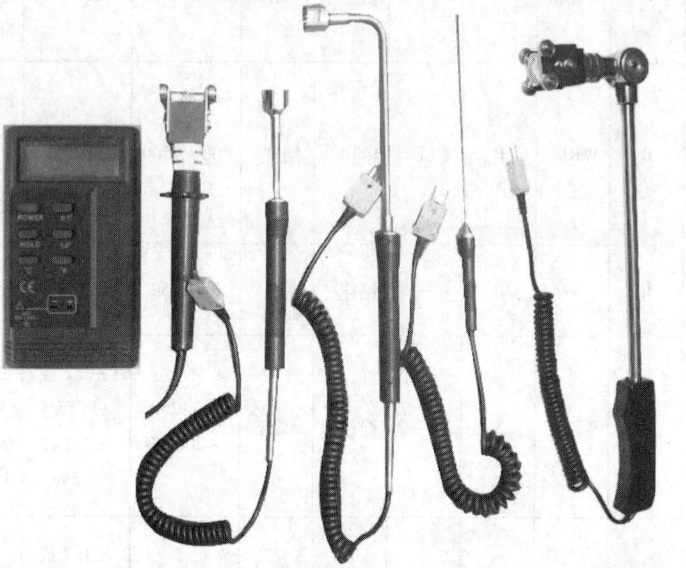

图 6－2　表面温度计

操作使用时将测温探头插入仪表下方的插座里，并注意探头的极性是否正确。按下开关键，选择相应的显示方式。将测量探头与被测量物体相接触，仪表即可显示出被测物体的温度值。测量结束后，关闭电源开关即可。

注意事项：将测温探头插入仪表插座后，需等待 1～2min，以便使插头与冷端补偿器的温度保持一致后再进行测量，否则会引起测量误差。当显示器左上角出现“BT”时，表示电池电压过低，仪表不能正常工作，此时应更换电池。放入电池时应注意正负极。仪器使用完毕后，应放入仪器套中保存，避免冲击和污损。仪器长时间不用时，应取出电池。测量温度不要超过标明的温度范围。

3. 测温三角锥与测温环的使用

（1）测温锥的使用　测温三角锥是一种测定窑炉温度简单而又准确的方法，是根据瓷釉熔融规律及软化点设计的，它由陶瓷原料和化工原料构成，与待烧结物十分类似，因此它与其他测温度方法相比，测量更准确，价格也便宜。

测温锥的变形会随着过程的进行而加快，在弯曲的早期，在 60℃/h 的升温速率时 10°的弯曲代表了温度变化 5℃；而在升温的后期，10°的弯曲只是代表温度变化 1℃。大部分的窑炉的顶部和底部之间是有温度差异的，温度差异的大小依赖于窑炉的结构设计、加热电阻的使用年限、窑炉中制品的放置和分布。

把测温锥分别放置在窑内的底部、中部和顶部，烧制后仔细观察测温锥（测温三角锥）的情况。如果在底部的导锥只是弯曲了一半，说明陶瓷烧制的温度偏低；如果顶部架上的后备锥弯曲了一半，说明烧制过程偏高，顶部和底部的温度确实存在温度差异。

在使用中，当窑炉放置产品时标准测温锥被放置在产品旁边；如果测温锥测量的目的是测量顶部与底部、边缘与边缘之间的温度差，测温锥必须放置在窑车的顶部、底部和边缘；如果温度是均匀的，目的是每一车、每一炉比较，必须将测温锥放置在窑车的同一位置。烧制结束后，测量测温锥弯曲的角度，比较好的效果是测温锥的弯曲角度要大于20°、但必须小于100°。对于大部分的质量控制来说，测温锥弯曲角度的测量得到的温度偏差在5°以内就足够了。

（2）正确选择测温锥的型号　在烧制过程中，时间和温度都会影响陶瓷的烧成，测温锥的弯曲正是反映了陶瓷的烧成。在选择适合自己窑炉的测温锥时，一定要事先经过实验来找出适合本窑炉的测温锥。测温锥的锥号越大其弯倒时效温度就越高，从安全使用要求来规定，每次放置3个相邻锥号为一组，低号的为导锥，高号的为后备锥，中间锥号为烧制锥，温度应尽可能选择接近产品烧结的时效温度。烧结完成时，测温锥的直观反映为：低号锥全弯倒为警戒，中间号锥弯倒50°－90°为测定时效温度，高号锥略弯为指示。

加热速率会严重影响测温锥开始发生变形弯曲的温度、弯曲的速率以及测温锥的终点温度（即测温锥的时效温度）。一般来说，测温锥加热速度越快，测温锥的变形弯曲温度也越高，测温锥的终点温度也随着加热速率的增加而增加。大部分陶瓷的烧结是在烧制过程的最后100℃内，测温锥的变形弯曲也是这样的。

保温时间也会影响测温锥的变形或弯曲，一般来说，烧制过程升温到一个平衡温度，然后在该温度保温1～2h，便必须提高测温锥1个热度号；保温4～6h，必须提高测温锥2个热度号；保温16～20h，则必须提高测温锥3个热度号。

影响测温锥变形弯曲的其他窑炉条件还有：氧化和还原气氛的含量在一定程度上会影响测温锥的变形弯曲；固体燃料产生的灰尘落在测温锥上，可能会影响测温锥的变形弯曲；火焰会使得测温锥顶端熔融，应避免将测温锥放置在火焰处或通风口；过高的辐射热或测温锥附近的冷表面也会影响测温锥的变形弯曲，因此测温锥放置的条件应该与陶瓷制品一致。

测温三角锥的使用优点：产品在烧成过程中需要精确有效地测量温度，但多数测量在空间和时间上受到限制，如热电偶、测温环。热电偶只能测量窑具的辐射热，而不能涉及来自窑具的传递热，所以它测得的温度为产品的环境温度，而不是产品的本身温度；测温环则受到时间的限制，它所测得的温度是在产品烧成后用刻度尺测量计算后所得，温度高低已无法改变，产品已定性。测温三角锥则弥补了以上两个测温计的缺陷：它通过的辐射热、窑具的传递热测得的温度是产品本身的温度。在时间上它可以实时控制，从窑炉中观察它在加热中形状的变化、弯曲而随时升、降温度，进而达到产品所需的合理温度。

测温三角锥的使用方法：取三种相邻的测温三角锥（如欲知10号温度，则取9、10、11号）并排同时插入耐火泥底座约1cm，使直角棱垂直于底面，并倾斜80°，干燥后放入窑炉便于观察处。随着温度的逐渐上升，“测温三角锥”头部就弯下来，当头部接触底座平面时，即达到所需的温度。

测温三角锥的使用时应注意的是：测温三角锥的软化温度由于升温方法的不同会产生偏差，故升温必须缓慢，以每分钟上升10°为宜。测温三角锥的编号与软化点温度的关系见表6－3。耐火泥座放置应平整。为了更准确地掌握烧结温度，应多选择几组测温三角锥，并且同时多设立几处观察点。

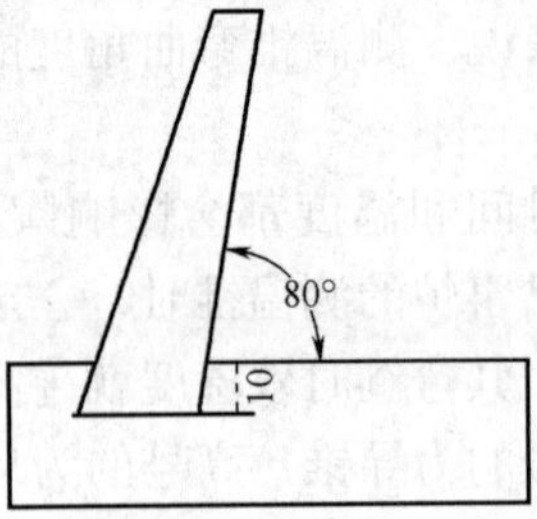

图6－3 测温锥插入底座图

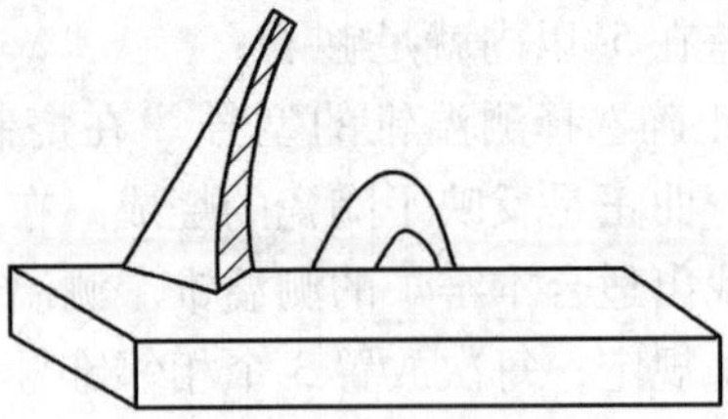

图6－4 测温锥弯倒图

表6－3　　测温三角锥的编号与软化点温度的关系

编号	软化点/℃	编号	软化点/℃	编号	软化点/℃	编号	软化点/℃	编号	软化点/℃	编号	软化点/℃
79	790	98	980	SK2	1170	SK11	1350	SK20	1530	SK29	1710
81	815	100	1000	SK3	1190	SK12	1370	SK21	1550	SK30	1730
83	835	102	1020	SK4	1210	SK13	1390	SK22	1570	SK31	1750
85	855	104	1040	SK5	1230	SK14	1410	SK23	1590	SK32	1770
88	880	106	1060	SK6	1250	SK15	1430	SK24	1610	SK33	1790
90	900	108	1080	SK7	1270	SK16	1450	SK25	1630	SK34	1810
92	920	110	1100	SK8	1290	SK17	1470	SK26	1650	SK35	1830
94	940	112	1120	SK9	1310	SK18	1490	SK27	1670		
96	960	SK1	1150	SK10	1330	SK19	1510	SK28	1690		

（3）测温环的使用　测温环（图6－5）的工作原理是根据测温环在吸收热量时即发生收缩，在规定的工作温度范围内的线性收缩，从而给出测温环和烧成品的实际累积热量，对照换算表得出测试温度。测温环可放置在窑内任何位置，如窑具、窑车或载板上，或与烧制的产品放在一起。测温环直径的收缩率精确表示窑内测温环所在的实际温度。使用常见的千分尺即可很容易测量烧成后的测温环直径。为了精确和方便起见，每批测温环附有一个专用换算表。为保证正确使用，请注意测温环上所标的生产批号必须与温度换算表上保持一致。测温环测定的是根据整个烧成过程中热量的累积，即辐射热、传导热和时间的综合效应，不仅能测量烧制品达到的最高温度，它更能真实表现产品在热处理过程中的受热状态。

图6-5　测温环

测温环可简易方便迅速地测定炉内三维空间各测试点的温度分布，并可根据需要任意摆放在不同位置，能准确反映烧成过程中不同位置上的实际测试温度及不同各点的温度差异。可贴近产品，精确测定烧成制品受热状态，反映烧成温度。测温环一致性良好，可以保证产品烧成温度的良好重现性，因而可判定实际烧成温度，协助提高烧成品的成品率。

（三）几种不同情况下的温度测量

1. 窑内温度曲线的测定

用热电偶测定隧道窑或辊道窑等窑内的温度曲线，是在全窑顶、窑墙、窑底等处每隔一定距离开有测温孔，将热电偶插入测温孔中，待稳定后显示和记录各点的温度。按窑长与温度的关系制成曲线。在900～1400℃范围内用S型热电偶，低温区用K型热电偶。

根据热电偶的位置与相应的温度绘制温度曲线。同时也可以看出上下温差、左右温差等情况。从测出的温度曲线，可以判断窑的设计和操作是否合理。

2. 测定窑内截面温差

窑内截面温差可用测温车测定。测温车是将一辆普通窑车，由下面穿过耐火衬砖向上安置几支铂铑－铂热电偶（1400℃以下），如图6－6。

热电偶的布置位置和高低程度根据需要确定。有高有低，有前有后，有左有右有中央。测温车仍按正常情况码坯，才能反映实际情况，所以安置孔要周密考虑，不应妨碍正常码坯。测温车推进窑内，各支热电偶的导线由车下坑道引向窑外，并随车前进。记录每一车位各点的温度分布情况，然后制成隧道窑上、下，左、右，中央等多条温度曲线，找出截面温差的大小及其产生的原因，以便设法减少截面温差。

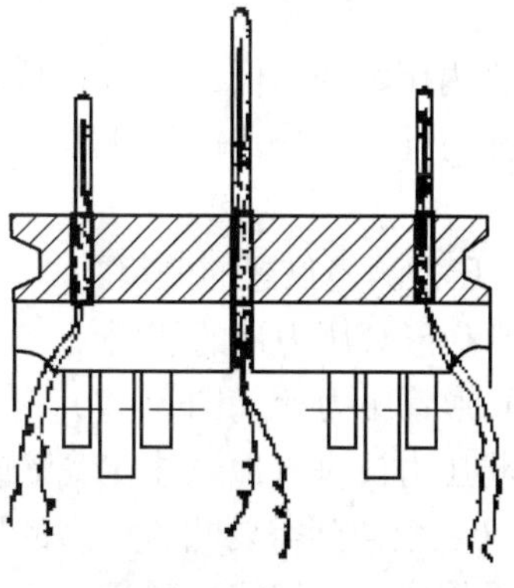

图6－6　测温车示意图

3. 测定制品烧成情况和最高烧成温度

测温时将测温锥放在料垛之间，进入窑内与制品同时升温，当测温锥软化后其顶端弯倒恰好与底座接触时的温度，被规定为测温锥的熔融温度，也就是窑内制品温度。因为测温锥与制品处于同一位置，经受相同的升温和保温时间，较近似地反映了制品的情况。

如果将多个不同锥号的测温锥放在车上，然后在烧成带不同的观察孔观察，也可以测出各车位的温度和烧结情况。

4. 测定窑墙窑顶外表面的温度

用表面热电偶或电阻温度计或半导体点温计在窑顶及两侧窑墙外表面上，每隔一定距离测定温度，绘制沿窑长的表面温度曲线。测量表面温度时应在窑顶同一宽度位置上和侧墙同一垂直位置上多测几个点求取平均温度作为窑长方向的温度。

5. 测定窑内气体的实际温度

将热电偶插入窑中测得的温度是介于气体和制品之间的温度。在预热带，热电偶测得的温度比烟气温度低、比制品温度高，但更接近于气体温度。在烧成带，热电偶测得的温度也是比燃烧产物的温度低、比制品温度高，但更接近于制品温度。在冷却带低温段，热电偶测得的温度则更接近于该带热空气的温度。

在预热带和烧成带，气体以对流和辐射的方式将热传给热电偶，而热电偶又以辐射传热方式将热传给制品和窑墙窑顶。最后热电偶单位时间内接收的热量等于放出的热量，达到平衡时的温度即为热电偶指示的温度。

一般的烧成温度曲线不能代表制品温度，而是在预热带接近烟气温度，在烧成带接近制品温度，冷却带又接近气体温度。操作控制烧成制度，只要能控制这些温度就能正常操作。根据坯体的物化反应制定烧成温度制度时，要考虑制品温度和窑内气体温度的区别，也就是制品温度曲线和烧窑时的温度曲线的不同。

知识点二　压力测量

窑内压力的高低，会影响温度制度和窑内的气氛。窑炉中压力测量的主要仪表有U形管压力计、倾斜式微压计等。

（一）压力测量仪器的使用

1. U形管压力计的使用

U形管压力计（图6-7），使用时应根据测量范围选择适当的规格和适宜的工作液体，将压力计垂直地悬挂在墙壁或支架上，用完好不漏气的橡皮管将U形管的一端与测压管（一根伸到需要测量压力的地点去的小管子，对于测量窑内高温处的压力，应选用高铝瓷管或不锈钢管）接通，而另一端则与大气相通，记录下两端的液面差 h（mm），即可计算出测点的压力（称为相对静压）。

$$p_{静} = h\rho g$$

式中：$p_{静}$——相对静压，Pa；

ρ——工作液体的密度，kg/m^3；

g——重力加速度，m/s^2。

若与测压管相接的一端工作液体液面下降，则表明测点的压力是“正压”；若这一端工作液体液面上升，则表明该测点的压力是“负压”

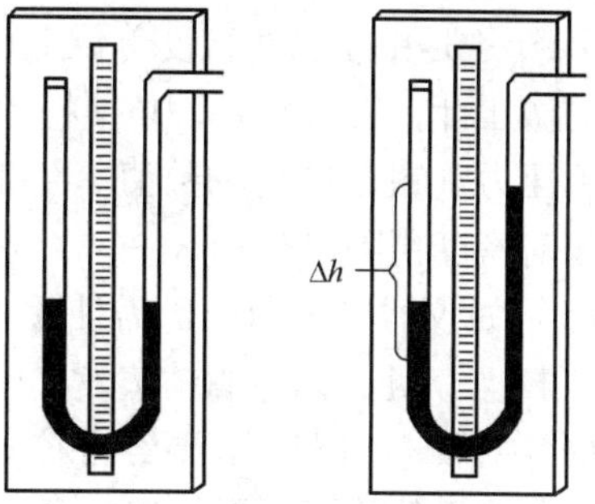

图6－7　U形管压力计

2. 倾斜式微压计的使用

倾斜式微压计（图6－8）所示。它与毕托管配套使用，可用来测量管道中气体的静压、动压、全压以及窑炉系统内的压力。仪器使用时的要求如下：

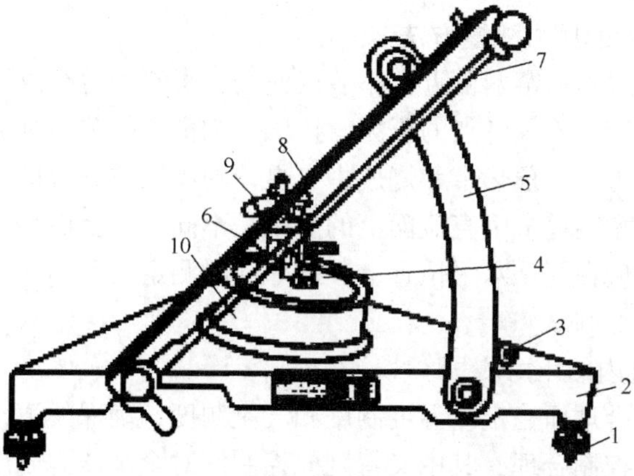

图6－8　倾斜式微压计示意图

1—定位螺丝　2—底板　3—水准指示器　4—加液盖　5—弧形支架
6—多向阀门　7—倾斜测量管　8—零位调整旋钮　9—阀门柄　10—宽广容器

（1）仪表应安装在平整而无震动的地方，并严格校准水平，把测量斜管固定在弧形支架上指定的位置（斜角可变的弧形支架上有5个倾斜角位置，并刻有0.2、0.3、0.4、0.6、0.8五个常数，可根据被测压力的大小选择适当位置固定）。

（2）向宽广容器内加入相对密度为0.81的酒精，使液面在倾斜管上的刻度线始点附近，并排尽宽广容器与斜管内的气泡，再将阀门手柄拨至“校准”处，调整好液面零位。

（3）当测正压时，测压管与仪表上的“＋”号接头相接通，然后将阀门柄拨至“测压”处。当测负压时，测压管与仪表上“－”号接头相接通，然后将阀门柄拨至“测压”处。当测压差时，则将待测的高压管接在仪表“＋”号接头上，低压管接在仪表“－”号接头上，然后将阀门柄拨至“测压”处。当测动压时，全压管与“＋”号相接，静压管与“－”号相接，同样将阀门柄拨至“测压”处。

（4）对倾斜角不可变的微压计，在倾斜测量管上的直接读数即为被测压力数，单位为 Pa（这是由于已在刻度单位上换算好了，所以不必再乘以换算系数）；对于倾斜角可变的微压计，在读数时，必须将倾斜管上的读数乘以弧形支架上相应注明的常数，才是被测压力（或压差）的数值。（如若用其他液体作为工作液体时，还应乘以该工作液体的相对密度再除以0.81）。

（5）如仪器在短期内仍需使用，则容器内所贮的酒精无需排出，但必须把阀门柄拨至“校准”处，以免酒精蒸发和密度变动。如长期不用，则需排尽容器内的酒精。

（6）在测量过程中，要经常校对倾斜管内液面的初始位置（指示液面的零位）。如果仪器与测压管接通，斜管液面并不上升，除了测点确为零压外，应检查连接橡皮管是否接错，也可能是连接橡皮管堵塞不通或漏气，多向阀门失灵或其中阀孔被凡士林堵塞不通，这种情况对于新购的微压计来说比较多见。也有可能是在测量前仪器内的气泡没有完全排尽。总之，发现此种现象时，应及时查明原因排除故障后再进行测量。

（二）几种不同情况下的压力测量方法

测定窑内压力曲线是沿窑两侧近窑车装载面处，每隔一定距离开设测压孔，插入测压管，利用微压计测定，记录各点的压力，按压力和窑长的关系制成曲线。

根据压力曲线，可观察预热带和烧成带交界处的零压位是否恰当，冷却带急冷风处正压是否适当。要注意隧道窑垂直截面上的静压是不同的，上面静压力大，所以一条压力曲线上的各测压点应在同一水平位置上。最好同时测定几条不同高度的压力曲线以及车下压力曲线，以便控制。

1. 正常生产时窑内的压力测量

为了实现隧道窑合理而稳定的温度制度和气氛制度，确保隧道窑正常运转，就必须将全窑压力制度调节控制合理，其中又特别要控制好对全窑压力制度和烧成操作起主导作用的几个位置的压力点，如隧道窑三带交界处，烧成带气氛气幕前后，预热带烟道汇总口等。正常生产时，常选这些部位的窑侧墙测压孔为测压点，安装测量管和微压计，与温度测量一样，把测量结果作为经常性的操作控制参数，如发现不合理的变化，可及时进行调节。

2. 热工测量时窑内压力的测量

热工测量时测量项目包括全窑内的压力（或抽力）和烟气分散排出口，烟道汇总口及烟囱底部的抽力。

（1）全窑压力测量　一般均选设于隧道窑两侧墙的上部、车台平面和车下每一个截面4~6个（车下若没有测孔时即为4个）测温测压孔作为测压点（最好能包括全窑几个特定压力点如窑头、烟气汇总口附近、三带交界处和窑尾），采用直径8~10mm的细长钢管（或紫铜管），前端插入测压孔，管口与窑墙内壁平齐，另一端用直径6~8mm的软橡皮管与倾斜微压计相连通进行测量。测压时，钢管与测压孔的间隙要用软泥堵塞紧。

（2）烟气分散排出口、汇总口及烟囱底部静压测量　用与全窑压力测量相同的仪器和方法，分别在烟气排出口等各部位测量静压。

（3）绘制压力曲线　根据上述测量结果，两侧墙测量数据取平均值，就可分别绘出隧道窑全窑上部压力、车台面压力、车下压力和烟气排出口压力，从而了解全窑压力制度是否合理，车台面压力与车下压力是否平衡，预热带排烟支闸调节是否合理，以便及时进行必要的调节。

3. 烟道内负压的测量

烟道内负压（抽力）的测量孔，一般应设在总烟道气流比较稳定、远离拐弯和闸板的地方（测点离烟道拐弯处的距离宜大于烟道直径的 7 倍处），烟道内的负压为 -196 ~ -49Pa，故测量仪表也和窑内压力测量一样，常使用倾斜式微压计。

4. 其他压力的测量

为了保证生产工艺的要求及设备和人身安全，使设备能较经济的运行，除了上述对窑内压力进行测量外，还必须对液体、蒸汽和某些气体压力进行测量。

燃料燃烧时，高压雾化空气的压力一般较高（达 196 ~ 392kPa），对它们进行压力测量时，一般是选用弹簧管压力计；对于低压雾化空气及助燃空气的压力，一般在 2943 ~ 6867Pa，可采用 U 形管压力计，压力计中的指示液为带颜色的水液，有时助燃空气的压力可达数千毫米水柱，此时 U 形管中的指示液可以改用水银。

必须注意：在进行隧道窑热工测量时，还应把隧道窑系统各闸板的开度记录下来（如预热带排烟支闸、冷却带抽热风支闸、各风机管路系统中闸板的开启度等），这样才能说明问题，才能与平时的工作状态进行比较。

知识点三 流速流量测量

陶瓷窑炉工作时，为了判断热量分布情况，分析操作是否合理，并为全窑热平衡核算打下基础，通常要对一次风管、二次风管、急冷风管、窑尾直接冷却风管、抽热风管等处进行空气流速和流量的测定，也要对烟道内烟气流速和流量进行测定。

测定管道或烟道中的气体流速，是在这些管道与烟道的直线部分等气流稳定的地点开孔，插入标准毕托管，用微压计测定其动压，按规定求平均流速与管道截面积，计算出流量。

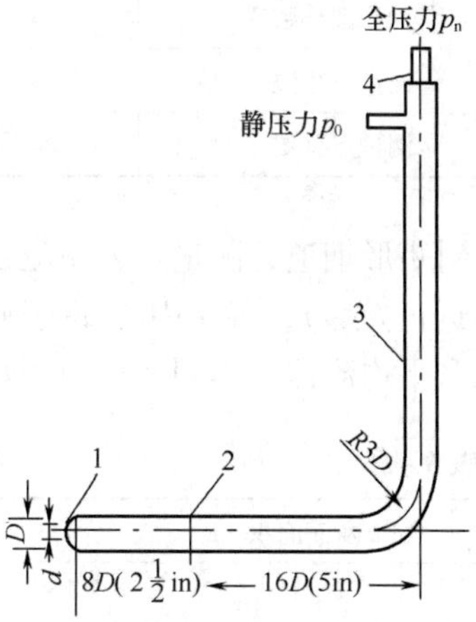

图6-9 毕托管

1—全压孔 2—静压孔

3—外管 4—内管

（一）用毕托管测量管道和烟道内气体的流量

毕托管（图6-9）也叫测速管或动压测定管。它是根据流体在管道中流动受到阻碍时，其动能会转变为静压能的原理测量管道中某截面上若干点的动压，并由平均动压计算出该截面的平均流速，再乘以测点处管道截面积就可以求出该流体的流量。图6－9所示为带有半球形头部的标准毕托管，它由两根管子套起来焊接而成，中间管开口截面与流速方向垂直，可测全压（即动压和静压之和），外面管子与中间管子之间形成一个环形空间，其开口截面与流速方向平行，可测静压。被测介质温度在500℃以下时，毕托管用青铜管或紫铜管制成，更高温度的毕托管采用不锈钢或镍铬合金制造。

1. 测量方法

（1）选择测量断面　应确保测量点在气流流动平稳的直管段。测量断面离来流方向的弯头、变径异型管等局部构件要有大于4倍管道直径的距离。离下游方向的局部弯头、变径结构应有大于2倍管道直径的距离。

（2）测量点的选择　对圆形烟道，测量点分布见图6－10（a）。将圆形烟道截面分成若干个等面积的同心圆环，再将每个圆环用同心圆等分为二，然后在等分圆与两条相互的中心线的交点（每个圆上有4点）上测出动压，然后计算出平均动压及平均流速。

从烟道中心到各测量点的距离可用下式计算：

$$r_{2n-1} = \frac{D}{2}\sqrt{\frac{2n-1}{2N}}$$

式中：D——烟道直径，mm；

n——从烟道中心算起的等面积同心圆的序号；

N——等面积圆环数；

r——测定点到烟道中心的距离，mm。

所分的等面积圆环数由烟道的直径大小而定。可参考表6－4。各测点到烟道内壁的距离再加上烟道壁厚即为毕托管伸入的长度。

表6－4　圆形烟道截面等面积圆环数及测点数的选择

烟道直径/mm	300	400	600	800	1000
等面积圆环数 N	3	4	5	6	7
测量直径数	1	1	2	2	2
测量点总数	6	8	20	24	28

对矩形烟道，测量点分布见图6－10（b）。将烟道断面分为等面积的矩形小块（尽量接近正方形），各块中心即为测量点。在每个小矩形的中心测出动压，并计算出平均动压和平均流速。不同面积矩形烟道等面积分块数参见表6－5。

表6－5　矩形烟道的分块和测点数

烟道断面面积/m^2	等面积分块数	测量点数
<1	2×2	4
1~4	3×3	9
4~9	4×3	12

对拱形烟道，分别按圆形烟道和矩形烟道测量点布置原则，见图6－10（c）。

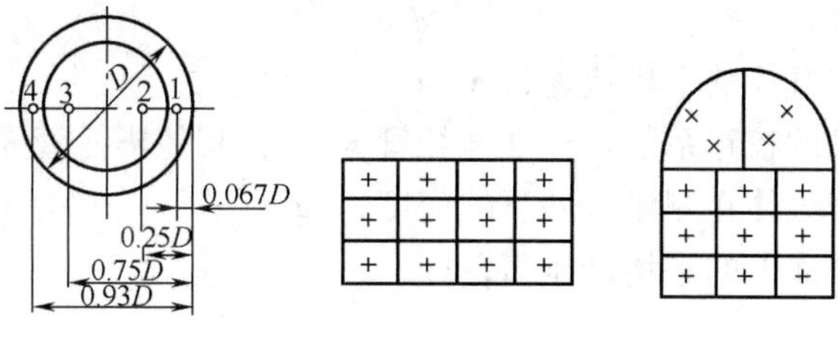

图6－10 烟道测量点分布图

（a）圆形烟道 （b）矩形烟道 （c）拱形烟道

（3）测量时应当将全压孔对准气流方向，测量点插入孔应避免漏风，防止该断面上气流干扰。用毕托管只能测得管道断面上某一点的流速，由于断面流量分布不均匀，因此该断面上应多测几点，以求取平均值。

（4）使用时应经常检查小静压孔，勿使杂质堵塞小孔。使用后及时清洁内外管，以保证其长期处于良好状态。

（5）应同时测量大气压力及管道内气体的静压和温度，以便换算成标准状况下的流量，其换算关系可用下式表示：

$$q_{V,0} = q_{V,t}\frac{p_t T_0}{p_0 T_t}$$

式中：$q_{V,0}$——标准状况下气体的流量，m^3/h；

$q_{V,t}$——温度为t℃、静压为p_t时气体的流量，m^3/h；

p_t——管道内气体的静压，Pa；

p_0——标准大气压，Pa；

T_t——管道内气体的温度，K；

T_0——标准状态下的温度，K。

2. 流速与流量的计算

（1）平均流速的计算 用毕托管测出管道截面某点的动压值后，根据动压与流速之间的关系便可计算出流速：

$$w_t = \sqrt{\frac{2}{\rho_t}\cdot p_k}$$

式中：w_t——测点处气体的流速，m/s；

ρ_t——管道中气体的密度，kg/m^3；

p_k——测量点处的动压值，Pa。

若在管道测量截面处取几个测量点，测出的动压值分别为p_1、p_2、p_3、…p_n时，则该管道整个测量截面处的平均动压值可用下式计算：

$$\sqrt{p_{av}} = \frac{1}{n}(\sqrt{p_1} + \sqrt{p_2} + \sqrt{p_3} + \cdots + \sqrt{p_n})$$

因此，通过管道整个测量截面的气体平均流速为：

$$w_{av}=K\sqrt{\frac{2}{\rho_t}\cdot p_{av}}$$

式中：w_{av}——管道中气体的平均流速，m/s；

K——毕托管的校正系数，标准毕托管 $K=1$，其他毕托管 $K=0.98\sim1.0$；

ρ_t——管道中气体在测量条件下的密度，kg/m^3；

p_{av}——测量截面上的平均动压值，Pa。

（2）流量的计算

$$q_v=w_{av}\cdot A$$

式中：q_v——气体流量，m^3/s；

w_{av}——管道中气体的平均流速，m/s；

A——管道的横截面，m^2。

计算出测量条件下气体的体积流量后，应换算成标准状况下的流量，便于风量平衡计算的需要。

图6-11　数字速度计

（二）用风速仪测量敞口部位的气体流量

凡是敞开部位流速小、温度低的气流均可用风速仪进行测量。可用于各冷风机进口总风量、预热带窑头漏入车下和漏入车面以上窑道的冷风量、冷却带窑尾的漏风量、抽出热风时的冷风掺入量等。

数字风速计可用于测量瞬时风速和平均风速，具有自动监测、实时显示、超限报警控制等功能（图6-11）。

如果通风面积较大或管道截面大，需将截面上分成几个相等面积的小格，依次测量求得平均值。如测冷风机进风口的进风量，一般在进风口圆截面上选中心、边缘（上、下、左、右）及中心与边缘之间（中上、中下、中左、中右）等9个测量点测量，然后算出其平均风速 $w_{平均}$，再乘以进风口截面积算出进风量 V_t：

$$w_{av}=\frac{w_{中}+\frac{w_{上}+w_{下}+w_{左}+w_{右}}{4}+\frac{w_{中上}+w_{中下}+w_{中左}+w_{中右}}{4}}{3}=\frac{w_{中}+w_{边}+w_{中边}}{3}\quad(m/s)$$

当管径较小时，$w_{中边}$ 可以省略不测。

$$q_{V,t}=3600\cdot w_{av}\cdot A\quad(m^3/h)$$

式中：w_{av}——在测量条件下的平均风速（指已校正过的风速平均值），m/s；

A——通风道的截面积，m^2。

测量窑头漏入车下冷风量是在刚出车而没有进车前，关闭一重门，在进车室中用风速仪在窑头铁架底部与窑体底部之间测左、中、右3点风速然后取平均值，再乘以车下间隙（近似矩形）截面积，就得车下漏入风量；同样方法用风速仪分别在窑顶间隙、料垛间隙的左中右及两侧间隙的上中下测量，取其平均值，再乘以截面积（皆用矩形近似计算），就可求得窑头漏入窑道的冷风量，测量窑尾漏风量是在窑尾门关闭时，测量各缝隙处的风速取平均值，再乘以缝隙截面而得。

在测量流速、流量的同时，需要测出每测点处气体的平均温度，以便换算成标准状况下的流速流量，其换算公式同样为：

$$w_0 = w_t \frac{273}{273 + t} (\mathrm{m/s}) \quad 或 \quad v_0 = v_t \frac{273}{273 + t} (\mathrm{m^3/h})$$

风速仪是一种精密仪量，只能测量无腐蚀性的冷风流速，不能测量高温或有脉冲气流的流速。

（三）其他流量的测量

其他流量如燃料的用量、余热锅炉的耗水量等。这部分流量的测量一般常采用称量法或流量计（如转子流量计、涡轮流量计、椭圆齿轮流量计等）在全测试周期内进行测量并取平均值。

知识点四　烟气成分分析

烟气成分分析对合理控制窑炉烧成操作，使燃料燃烧满足制品烧成所需的一定温度和气氛，对提高产品质量、降低燃料燃耗是十分有利的。烟气分析可以用化学方法进行分析（如奥氏气体分析仪），也可以用物理方法进行分析（如多组分气体分析仪、红外线气体分析仪以及 KM－9003 型燃烧效率测定仪等）。下面介绍奥氏气体分析仪的使用方法。

（一）气体分析中的取样方法

气体分析的可靠程度，不但取决于仪器精度和进行分析操作的准确性，也取决于被分析气体的取样位置是否正确。如果所得试样是偶然取得，不能代表全部烟气的平均成分，那么分析结果就反映不出烟气的真实情况，也不可能对燃料燃烧情况做出正确的判断。气体取样地点的选择和取样装置的安装，对获得正确可靠的分析结果，有着特别重要的意义。

1. 取样点的选择

选择取样地点时要对烧成设备的构造及其生产情况有较全面的了解，然后再确定取样点设置在何处较为合适，所选择的断面应符合下列一些规定：

（1）所选定的取样断面应当位于直烟道的区段，该处气流能均匀稳定地移动，没有回流、涡流和停滞等现象。

（2）在烟道局部收缩区（如异型管、闸门）的附近，由于会产生局部阻力，不应设置取样点。

（3）无漏风现象，取样断面附近不应有人孔或其他测量孔道。

（4）取样处气流速度应大，可以保证气体的均匀混合，其流动方向最好由上而下。

（5）选定地点不致影响生产，且便于取样操作。

一般来说，隧道窑烟气分析的项目（即取样位置）应根据热工分析或烧成工艺的需要而确定，通常选择以下位置取样分析：

（1）燃烧室与燃烧室之间，可分析判断燃料燃烧情况。

（2）烧成带首端（与预热带交界处）、烧成带气氛气幕前后和烧成带中部，了解烧成带的气氛性质（还原气氛烧成时主要了解气氛转换是否及时，强还原、弱还原控制是否合理）。

（3）冷却带首端（靠近烧成带）或冷却带抽热风管道上，了解烟气倒流情况。

（4）总闸前的汇总烟道上，由烟气成分计算空气过剩系数，进而分析窑道漏风情况。

（5）烟囱底部，由烟气成分计算空气过剩系数进而计算排烟总量。

2. 取样方法

在确定了取样点后，可借助于下列仪器设备进行取样。

（1）取样管　包括钢管、紫铜管或瓷管和橡皮管。取样位置的温度在 200～600℃范围内用钢管或紫铜管作取样管，取样温度高于 600℃的位置用陶瓷管或带有水冷却的钢管取样，然后通过与钢管（或瓷管）密封连接的橡皮管将烟气导入取样瓶。

（2）球胆　即为普通篮球或排球胆（内胆），它是专为用来取高压气体试样，同时又非常简单适用。

（3）取样　把球胆编好号码叠卷起来，使胆内气体全部压出，把胆嘴与取样管套好，松展叠卷气体便自然压入胆内。将气体再用叠卷法压出，而后再松展吸收气体，扎紧球胆送化验室进行分析。一般隧道窑内压力较低，在取样管的一端通过抽气球（单向球阀）与球胆连接，用抽吸法取气至球胆内，再排出球胆内气体，然后重复上述方法几次，将取样管、连接管、抽气球及球胆内的气体（空气）排净后再进行取样，取好烟气的球胆送分析室接在奥氏气体分析仪进口上然后进行分析。

（二）奥氏气体分析仪中溶液的配制

奥氏气体分析仪中吸收液的配制如下：

1. 二氧化碳的吸收剂

氢氧化钾溶液为二氧化碳的吸收剂，将 90g 的 KOH 溶于 180mL 蒸馏水中，在溶解时因为会产生大量的热量，所以要不断搅拌，待冷却后取上面澄清液无色部分来使用，这种吸收剂 1mL 可吸收 40mL CO_2。

2. 氧的吸收剂

碱性焦性没食子酸溶液为氧的吸收剂，是由 A 液和 B 液混合而成。

A 液：把 30g 焦性没食子酸溶于 80mL 蒸馏水中（为了加快焦性没食子酸溶解可加热到 60℃）。

B液：把48g KOH溶于100mL蒸馏水中。

这两种溶液分别贮藏时并不吸收氧，使用时把两溶液倒在吸收瓶中，用上下移动平衡瓶的方法使其混合。这种吸收剂1mL可吸收氧气10mL。但是其吸收氧的能力与吸收剂本身的温度有关。温度不低于25℃时，吸收能力最快，当温度低于7℃时，便不能吸收氧。

3. 一氧化碳吸收剂

将42g氯化铵溶于125mL蒸馏水中，加入33.4g氯化亚铜，注入吸收瓶时，每3份（体积）的所配液需加入1份（体积）的氢氧化氨溶液（密度为0.9g/cm^3）约42mL，为避免氯化亚铜被空气中氧氧化，在吸收瓶中需加入一束铜丝，这样配好的吸收剂，每一体积能吸收10~16倍体积的一氧化碳。

4. 封闭液的配制

在分析时，平衡瓶内的封闭液经常要和烟气试样接触，为了使分析结果准确，应当使用稍微带有酸性的、不吸收二氧化碳气体的溶液，不宜直接使用蒸馏水，封闭液的配方有以下几种：

（1）将150g食盐溶解于0.5L蒸馏水中，经过一昼夜沉淀后，去掉沉淀物，向饱和食盐溶液中加入浓硫酸使它酸化（每升中加10mL浓硫酸），再向溶液内滴入几滴甲基橙使它变成红色，然后用烟气饱和后即可使用。

（2）将80g固体硫酸钠溶于200mL蒸馏水中，如有杂质需经过滤，再加入甲基橙2~4滴，并加入稀硫酸使甲基橙变红，然后用烟气饱和即可使用。

（三）奥氏气体分析仪的分析操作过程

奥氏气体分析仪（图6-12）的分析操作过程可以分为三个阶段。即仪器的准备阶段、仪器的检查阶段、分析操作（测定）阶段。

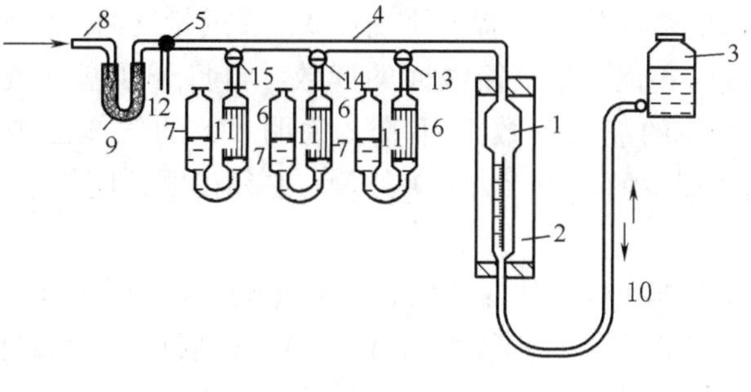

图6-12 奥氏气体分析仪

1—量气筒 2—玻璃套管 3—平衡瓶 4—梳形管 5—三通活塞开关 6、7—三组吸收瓶
8—咽气进口管 9—U形管 10—橡皮软管 11—细玻璃管 12—干燥剂 13、14、15—三组二通活塞开关

1. 仪器的准备阶段

把仪器洗净后装配好。第一组吸收瓶中注入50%的KOH溶液用于吸收二氧化碳，第二组吸收瓶中注入碱性焦性没食子酸溶液用于吸收氧气，第三组吸收瓶中注入氨性氯

化亚铜和铜丝用于吸收一氧化碳。每瓶内装入吸收剂的溶液量约占瓶体积的$\frac{2}{3}$为宜，即约为200mL。要求瓶内剩余空间不超过100mL，并在三组吸收瓶与大气相通的吸收液面上注入液态石蜡，在平衡瓶3中注满饱和氯化钠或酸性硫酸钠溶液（封闭液），在量气筒2的套管中加入冷却水，此种装置可使筒内烟气温度维持基本稳定。在U形管9内装入无水氯化钙和玻璃丝，并做好仪器各连接处的密封工作（用凡士林涂于接口处），上述工作做完，即可检查仪器是否漏气。

2. 仪器的检查阶段

把活塞开关13、14、15闭上，将三通开关5和大气相通，将平衡瓶3提高，使量气筒内的水位升到一定高度，然后关闭三通开关5，放下平衡瓶，此时如果量气筒内的水面只微微下落后即保持不变，证明活塞开关5不漏气，然后再依次打开各组吸收瓶的活塞进行检查。即把第一组吸收瓶的液面调到刻度线后关闭活塞开关13，如果吸收瓶中液面保持不变，证明活塞开关13不漏气，其他两组吸收瓶的活塞开关14、15也按同样方法进行检查。如发现漏气，则要把活塞重新涂上凡士林，校正至不漏气为止。检查完毕后，把吸收瓶中吸收液和量气筒中封闭液调至标线，以备测定。

3. 测定阶段

将球胆或取样瓶用橡皮管与U形过滤管连接起来，开通活塞开关5，使取气瓶与量气筒相通，把平衡瓶往下移，则待测烟气进入量气筒中，然后转动活塞开关5，使与大气相通，提升平衡瓶，把吸入量气筒内的烟气排出。重复上述操作2~3次，可以认为气体分析器已被待测气体洗净，最后使封闭液充至量气筒的零刻度标线处，再开动活塞开关5，把待测气体引入量气筒中，准确吸取100mL，然后开动活塞开关13，提升平衡瓶，把气体压入第一组吸收瓶中，直至封闭液达到量气筒上部标线为止，然后放下平衡瓶，气体又被吸回量气筒中，再提升平衡瓶，使气体压入吸收瓶中（如第一次），然后再吸回，如此重复3~4次，最后将气体由吸收瓶中吸回量气筒中，当吸收液达到吸收瓶上部标线时，关闭活塞开关13，提升平衡瓶3，靠近量气筒，使平衡瓶中液面和量气筒中液面在同一高度时，记下量气筒液面的读数。再打开活塞开关13，重复上述方法进行操作，直至量气筒的液面读数V_1不变，说明CO_2的气体已被第一组吸收瓶中的KOH吸收完全，则所减少的体积就为CO_2的量。必须说明，废气中如有SO_2也将一起在这里被吸收。

接下来再按上述同样操作方法对氧气、一氧化碳进行测定，并记下吸收完氧气后及吸收完一氧化碳后量气筒的液面读数V_2和V_3。氧气的吸收是用碱性焦性没食子酸钾做吸收剂，一氧化碳的吸收是用氨性氯化亚铜做吸收剂的。

4. 使用奥氏气体分析仪的注意事项

（1）无论使用饱和食盐水，或者硫酸钠溶液作封闭液，它们都能吸收烟气，所以在第一次使用前，应先通入烟气让其吸收饱和后再使用，以免影响分析结果。

（2）因为碱性焦性没食子酸也能吸收CO_2，氨性氯化亚铜也能吸收CO_2和O_2，所以分析时应按顺序先分析CO_2，然后依次分析O_2和CO，不可颠倒次序。

（3）测定氧含量时，要控制焦性没食子酸的温度不要低于15℃，免得吸收过慢，分析不准确。

（4）进行CO的测试时，不宜时间过长，否则已被氯化亚铜吸收的CO又会放出来，使分析结果不准确。另外在配制CO吸收剂时，为了使固体氯化铵（NH_4Cl）溶解，有时加入过量的氨水（NH_4OH）。在进行CO的分析操作时，量气筒中被测气体量有时不但不减少，反而增加，而且往往嗅到氨的臭味，说明有氨逸出。为了不影响测定结果，有时在第三只吸收瓶后再加一只吸收瓶（如采用QF190—2型奥氏气体分析仪）内存稀硫酸溶液，用以吸收第二只吸收瓶内逸出的氨气。稀硫酸的配方如下：18mL相对密度为1.84的浓硫酸注入180mL的蒸馏水中。

（5）当废气成分中CO含量比较高（达16%～20%时），利用一般三管奥氏气体分析仪中一个管子来吸收CO，会很慢，而且总是不能吸收完，一般可在三个吸收管后再加一个第四吸收管进行CO的第二次吸收，第四吸收管内所装溶液的配制方法是：以15g氯化亚铜溶于120mL的浓盐酸中，然后加蒸馏水至200mL，在配制溶液的时候，就可能发生显著的氧化作用，因而溶液呈污黑色或绿黑色。在这种情况下，溶液就不能用了，须用铜或氯化亚铜使其复原，被复原后的溶液呈稻黄色，这样就可使用了。

（6）分析烟气中某一成分的操作完了以后，应稍待2min，待封闭液充分从量气管壁流下来后才能读数，以减少误差。

（7）吸收剂容易吸收空气中的CO_2、O_2，所以不可直接暴露于空气中。

（8）吸收剂的强碱性会对玻璃有较强的腐蚀作用，因此在操作时平衡瓶的升降不要过高、过低、过快、过猛，避免将吸收剂冲过吸收瓶的刻度线。如不慎，吸收剂越过刻度线进入活塞，则需要在分析完毕后，立即进行清洗，万一进入量气筒中使其中封闭液呈碱性就得更换后方可使用。

（四）计算与分析

1. CO_2、O_2、CO体积分数的计算

烟气分析时，因为吸收前和吸收后温度和压力变化较小，故不作温度和压力的校正。分析结果是以体积分数表示的。

$$\varphi(CO_2) = \frac{100 - V_1}{100} \times 100\%$$

式中：V_1——气体被氢氧化钾吸收后的体积，mL。

$$\varphi(O_2) = \frac{V_1 - V_2}{100} \times 100\%$$

式中：V_2——气体被碱性焦性没食子酸钾吸收后的体积，mL。

$$\varphi(CO) = \frac{V_2 - V_3}{100} \times 100\%$$

式中：V_3——气体被氨性氯化亚铜吸收后的体积，mL。

$$\varphi(N_2) = \frac{V_3}{100} \times 100\%$$

同一点如经多次测试，或者同一断面采取多点测试，要得其平均情况，则需取各点所得数值的算术平均值作为最后结果，也就是说，假使测定次数为n，每次分析的数据

为 X_1、X_2……X_n 等，则其算术平均值为：

$$X = \frac{X_1 + X_2 + \cdots\cdots X_n}{n} \times 100\%$$

2. 空气过剩系数 α 的计算

对于燃料中含氮量比较少（如固体，液体燃料）时：

$$\alpha = \frac{\varphi(N_2)}{\varphi(N_2) - \left[\varphi(O_2) - \frac{1}{2}\varphi(CO)\right]\frac{79}{21}}$$

式中：$\varphi(N_2)$、$\varphi(O)$、$\varphi(CO)$ ——分别表示烟气中氮气、氧气和一氧化碳的体积分数。

对于燃料中含氮量较高（如发生炉煤气）时：

$$\alpha = \frac{\varphi(N_2) - \varphi(N_{2燃料})}{\left[\varphi(N_2) - \varphi(N_{2燃料})\right] - \left[\varphi(O_2) - \frac{1}{2}\varphi(CO) - \frac{1}{2}\varphi(H_2) - 2\varphi(CH_4)\right]\frac{79}{21}}$$

式中：$\varphi(N_{2燃料})$ ——燃料中氮气的体积分数。

必须注意，在计算 $\varphi(N_{2燃料})$ 时，要考虑计算基准的统一问题。若以 $100m^3$ 标准状况干烟气为计算基准时，则燃料中的氮气量应换算成同一基准，即应先求出生成 $100m^3$ 标准状况干烟气所需的燃料量，然后再根据燃料组成，求出燃料中的氮量 $\varphi(N_{2燃料})$。

知识点五　热工测量报告的编制

（一）测试数据的整理与计算

热工标定是按热平衡要求，对隧道窑进行全面的热工测量，整理数据，该列表的列表，该制曲线的制曲线，分别算出热收入和支出项目，核对收支是否平衡。进一步分析哪项热支出最大，是否合理，有无改进的可能。

热平衡的计算方法在项目 2 中的隧道窑设计做了详尽的叙述。但设计时的热平衡计算和热工标定时的热平衡计算，其目的显然不同。设计时是为了求得每小时的燃料消耗量，以便设计燃烧室，选择烧嘴，并进行通风设备的计算和选型。这时，热平衡计算很多数据都是设计者选定的，也就是设计者凭经验和理论决定的。而在窑炉热工标定取得全面数据后所进行的热平衡，却不是为了求得每小时的燃料消耗量，也不是为了设计燃烧设备和通风设备。因为燃料消耗量已经直接测出来了，各种设备已经有了，用不着再设计。那么，热工标定最后所进行的热平衡计算目的是为了衡量设计是否合理，操作是否正常，热耗的分布如何，哪些项热耗最大，有无改进之处等。目的虽然不同，但计算步骤和方法却完全相同，只是热工标定时已经将各个参数测出，不必假定，直接代入公式，计算十分方便。

最后要注意，如果热收入和支出达不到平衡，就应考虑测定的数据有错误，或选点不恰当，数据没有代表性，要重新考虑，全面衡量。

热工标定主要是为了判断一座窑设计或操作是否合理，所以往往不止对一座窑进行标定，而对本厂几座隧道窑同时标定，甚至对同地区相同类型的窑进行标定，以便对照，分析比较，找出各窑的优缺点，以便改进设计，改进操作，找出最佳的设计和最佳的操作条件，制定标准操作规程设计标准型的窑炉，所以叫做标定。

热工标定是一项繁重的工作，又是重要的工作，在热工标定中，可取得很多有用的第一手资料，从中找出各个参数之间的关系，制定数学模型，为电子计算机设计和控制隧道窑，达到全盘自动化，创造条件。所以要组织人力，合理安排，定期进行热工标定。

（二）测量结果的分析与讨论

通过对隧道窑的热工测量以及热平衡计算后，最后必须对所测量的结果进行全面的分析，从而找出存在的问题，提出改进意见，这也就是隧道窑进行热工测量的目的所在。所进行的分析、讨论及提出的改进意见越详细越全面越好，但必须针对实际，以科学为依据，并考虑其可行性。在一般情况下，大致可以从以下几个方面来分析讨论。

①热量分配的合理性与热效率的讨论；

②对隧道窑结构合理性与否的讨论；

③对烧成制度与操作控制的分析与讨论；

④对隧道窑的节能途径及余热利用的讨论；

⑤对风机的选型与管路系统合理性的讨论等。

总之，要根据窑炉的实际情况进行具体的分析讨论。

（三）热工测量报告的编制

隧道窑热工测量报告主要是将整个测定过程整理成一份较完整的书面材料，一般可从以下几个方面来写。

1. 隧道窑情况简介

包括窑型、建窑历史及生产过程中的一些情况；焙烧产品的种类、规格及特点；隧道窑的结构情况与工作系统；隧道窑的主要经济技术指标（设计能力、现有生产能力、日产量、推车速度、烧成周期、燃耗、动力消耗、产品质量等），以及历年来曾发生过的一些事故等。

2. 测定项目和测试数据

这部分可简单介绍一下本次热工测量的内容和方法，测量点的选择，所用的测量仪器，测定的结果以及对各部分测定结果的分析讨论或者必须说明的一些问题。

3. 工作流程图和烧成制度曲线

绘出隧道窑的工作流程图以及相应的窑内温度曲线、压力曲线和气体成分曲线。

4. 包括原始数据的汇总

计算基准的确定，热收支项目的编制，热平衡的计算过程，热平衡表的列出以及热效率、单耗的计算等。

5. 分析与建议

对测定结果进行全面分析，指出窑炉结构和操作存在的问题，提出改进意见。这部分内容要求理论联系实际。纵观全窑进行分析讨论。提出的建议要有充分的依据，最好是能结合其他相同类型的隧道窑来进行说明，这样更有说服力。

任务一 使用测温锥或测温环进行温度测定

（一）操作要求

能利用测温三角锥或测温环进行窑内温度测量。

（二）操作准备

（1）可塑耐火泥、测温三角锥或测温环。

（2）常用工具与生产窑炉现场。

（三）操作步骤（测温锥）

（1）初步估计窑内温度情况，选择适当的测温三角锥。我国测温锥编号是和温度一致的，只要将测温锥号乘以 10，就是测定温度。例如 135 号火锥，测定温度即为 1350℃。

（2）将测温锥插入耐火泥底座时，插入深度约 10mm，并使测温锥与底座平面成 80°角。

（3）将多个不同锥号的测温锥放在窑车上（或窑中相应位置），烧成时在不同的观察孔观察，可以测出各车位的温度和烧结情况。

（4）窑炉内有较大的温度差异，把测温锥放置在底部、中部和顶部来测定在烧制过程中的温度差。

（5）测温时是将测温锥放在料垛之间，进入窑内与制品同时升温，当测温锥软化，其顶端弯倒恰好与底座接触时的温度，被规定为测温锥的熔融温度，也就是窑内制品温度。因为测温锥与制品处于同一位置，经受相同的升温和保温时间，较近似地反映了制品的情况。

（6）烧制后，仔细观察测温三角锥的弯倒情况，判断并记录温度与温差。

测温环的使用参见本项目知识点一。

任务二 使用微压计进行压力的测量

（一）操作要求

利用微压计测量窑内压力。

（二）操作准备

（1）微压计的调试。

（2）测压点的选择。

（三）操作步骤

参见本项目知识点二。

任务三　使用奥氏气体分析仪进行烟气分析

（一）操作要求

利用奥氏气体分析仪对窑内烟气成分进行分析。

（二）操作准备

（1）配制吸收液与封闭液。

（2）检查装置是否漏气。

（三）操作步骤

（1）取样。

（2）测定。

具体参见本项目知识点四。

思考题

1. 陶瓷窑炉热工测量的项目有哪些？
2. 热工测量的目的是什么？
3. 热电偶温度计的工作原理是什么？
4. 常用热电偶有哪些种类？
5. 热电偶冷端温度为什么需要冷端温度补偿？如何补偿？
6. 使用热电偶温度计测温时，可能有哪些方面会产生测温误差？
7. 如何测量窑炉壁面温度？
8. 如何测量陶瓷窑炉的烧成温度？
9. 热电偶温度计有哪些常见故障？如何处理？
10. 热电偶温度计仪表指示值偏低是什么原因？应如何处理？
11. 热电偶温度计仪表指示值偏高是什么原因？应如何处理？
12. 什么是测温锥？如何使用测温锥？
13. 烧成带最高温度处窑内断面温差的如何测定？
14. 压力测量常用那些仪器？
15. 倾斜式微压计如何使用？
16. 倾斜式微压计可用来测量窑内哪些参数？
17. 窑炉系统内需测量哪些压力参数？
18. 用毕托管如何测定窑炉系统的流量？

19. 流速测量与流量测量包括那些参数？
20. 圆形管的等面积同心圆如何计算？
21. 烟气成分分析常用那些仪器？
22. 奥氏气体分析仪的结构怎样？
23. 奥氏气体分析仪中的吸收液如何配制？
24. 奥氏气体分析仪取样分析应注意哪些事情？
25. 为什么要对测量数据进行分析、讨论？
26. 热工测量报告的编制包括哪几方面的内容？

项目 7　陶瓷窑炉用耐火材料

学习目标

1. 了解常用耐火材料的性能
2. 学会正确选用窑用耐火材料

知识要求

1. 了解耐火材料的使用性能要求
2. 了解陶瓷窑炉用耐火材料的种类与特点

技能要求

1. 能识别窑具的材料和规格
2. 会正确选用和使用耐火材料

知识点一　耐火材料的种类与性能

（一）耐火材料的种类

陶瓷窑炉用砌窑材料主要是指耐火材料和隔热材料，此外还有一些普通建筑材料。

所谓耐火材料，是指耐火度不低于1580℃，能在一定程度上抵抗温度急变作用和炉渣的侵蚀作用，并能在高温下承受一定荷重的无机非金属固体材料。陶瓷工业中所用耐火材料包括砌筑窑炉墙体的材料和窑炉正常生产用的窑具。常见耐火材料的分类有以下几种：

（1）按耐火度分　有普通耐火材料，耐火度1580～1770℃；高级耐火材料，耐火度1770～2000℃；特级耐火材料，耐火度在2000℃以上。

（2）按形状和尺寸分　有标准型砖（有“直形”和“楔形”）和异型砖（包括简单异型、复杂异型、大块异型和实验室或工业用坩埚、炉管等特殊制品）。

（3）按制造的工艺方法分　有天然岩石锯成、泥浆浇注、可塑成型、半干压成型、干压成型、捣打、熔铸等制品。

(4) 按烧制方法分　有不烧砖、烧制砖和熔铸砖等。

(5) 按耐火材料的化学－矿物组成分　有硅质制品（硅砖、熔融石英烧结制品）；硅酸铝质制品（半硅砖、黏土砖、高铝砖）；镁质制品（镁砖、镁铝砖、镁铬砖等）；白云石制品；碳质制品（炭砖、石墨制品、碳化硅制品等）；锆质制品（锆氧制品、锆英石制品）；特殊耐火材料制品（高纯氧化物制品、难熔化合物制品和高温复合材料）等。

硅酸盐工业的共同特点是都要在高温中进行反应，高温窑炉是所有硅酸盐工业必不可少的热工设备，因此硅酸盐工业既是生产耐火材料的部门，也是使用耐火材料的部门。对于从事陶瓷生产的技术人员，了解耐火材料的基本知识，对于耐火材料的选用及窑炉、窑具的维护具有重要意义。

（二）耐火材料的主要性能

对各种耐火材料的性能要求，随其使用目的的不同而有所不同，但有些性能要求是所有耐火材料都必须具备的。

1. 耐火度

耐火材料在无荷重时抵抗高温作用而不熔化的性质称为耐火度。现代工业窑炉和其他热工设备的操作温度一般在1000～1800℃，因此耐火材料应有足够的耐火度，使其在高温下不致软化和熔融。

耐火度是耐火材料的重要技术指标，其测定方法是将试样制成截面为等边三角形的截头三角锥，上底每边宽2mm，下底每边宽8mm，高30mm，与标准测温锥一起置电炉中，在一定的升温速度下加热，由于其自重的影响而逐渐变形弯倒，取锥的顶部弯倒并接触底平面时的温度为耐火度。

2. 高温荷重软化温度

陶瓷窑炉用耐火材料，一方面要受高温作用，另一方面还要受炉体等结构的重力作用，因此要求在高温下具有足够高的结构强度。

耐火材料的高温结构强度通过高温荷重变形温度（或称荷重软化点）和高温机械强度两项指标来衡量的。高温荷重变形温度为固定压力为0.2MPa，不断升高温度，测定试样在发生一定变形量（如压缩4%和40%）和坍塌时的温度。高温机械强度为固定温度，观察所能承受的最大压应力。另外还有固定温度和压力试验耐火材料的蠕性。

3. 热稳定性

耐火材料抵抗温度的急剧变化而不破坏的性能称为热稳定性，也称为耐温度急变性或抗热震性。影响耐火材料热稳定性的因素有：制品的热膨胀系数、导热率、比热容、弹性模量、机械强度和密度等。

在间歇式窑炉中，耐火材料常在温度骤然变化的条件下工作，在连续式窑炉中也常有温度的波动，这样会导致材料的崩裂损坏。限制了制品和窑炉的加热和冷却速度，也是制品、窑炉损坏的原因之一。因此要求耐火材料具有良好的热稳定性。

4. 抗化学腐蚀性

耐火材料在高温下抵抗熔渣和不同溶液的物理化学侵蚀作用而不被破坏的能力叫做

抗渣性。耐火材料在使用过程中，常受到熔融炉渣、燃料灰分以及各种气体的侵蚀作用。

5. 高温体积稳定性

耐火材料在高温下长期使用时，其外形体积保持稳定不发生变化（收缩或膨胀）的性能称为高温体积稳定性。它是评定制品质量的一项重要指标。

6. 具有一定的密度和强度

体积密度、气孔率、吸水率和透气率等表征耐火制品的宏观组织结构，因而也是反映其质量的一项重要指标。

材料的体积密度随气孔率的减少而增大，由于测定体积密度比较容易，从而可以成批地鉴定材料在烧成中的密实程度。工艺过程中的任何波动（例如黏土砖中黏土和熟料比例的变动，熟料气孔率的变动等）都影响着体积密度的数值。因此常常可以从体积密度的数值来判断耐火制品的烧成及其他工艺操作是否合乎要求。制品的气孔率与抗渣性成反比的关系，与荷重变形情况也有一定关系。制品越致密，则其强度越高。

7. 具有正确的外形和准确的尺寸

为了使耐火材料在使用过程中能胜任其工作，并具有一定的结构强度，耐火制品首先应该根据国家标准，具有严格规定的尺寸和形状。

形状的正确性和尺寸的准确性对于窑炉砌筑体的严密性具有直接的影响，而砌筑体的严密性在很大程度上决定着砌筑体的使用寿命。砖缝在砌筑体中是最薄弱的和最易损坏的部分，同砖相比，砖缝的密度和强度要小得多，因此它更容易溶解于渣中。在厚的砖缝中黏结材料在使用升温过程中能收缩而脱离它所黏结的砖，且本身碎裂成片掉落下来，这就导致扩大熔渣和气体同制品的接触面积，从而削弱了整个内衬的抗渣和热稳定性，所以耐火材料的正确形状和准确尺寸也被看作是表明制品质量的一项重要指标。

按形状把耐火制品分为标准型和异型两类。平行六面体形砖及纵楔形砖都属于标准型制品，异型制品有着各种各样的尺寸和形状，按其尺寸的差异与形状的复杂情况又分为普异型、异型和特异型三种。

（三）陶瓷窑炉用耐火材料的选用

陶瓷窑炉用耐火材料主要有堇青石－莫来石、碳化硅、陶瓷纤维、轻质耐火砖、氧化铝（辊棒）等。这5类材料占目前陶瓷窑炉用耐火材料的90%以上。

1. 堇青石－莫来石制品

这类制品过去主要用作窑具，近年来用于新建窑炉的窑顶及梭式窑的窑墙。日用陶瓷、卫生陶瓷的烧成窑具普遍使用此类材料。材料最高使用温度1350℃，具有膨胀系数低、抗热震性好、成本低的特点。

2. 碳化硅制品

碳化硅制品分为氧化物结合SiC、重结晶SiC、渗硅反应烧结SiC、Si_3N_4结合SiC以及无压烧结SiC。其中，氧化物结合SiC普遍用于日用陶瓷、卫生陶瓷生产的一级窑具，使用温度高于1270℃，使用寿命在1年左右，但这种材料存在的氧化和落脏问题一直没有得到很好解决。重结晶 SiC 是将注浆制品在2000℃左右温度下烧成，在烧成过程中细颗粒碳化硅蒸发，低温时再结晶，将大颗粒碳化硅结合起来，该类材料适用于1350～1600℃烧成的陶瓷制品，其缺点是抗氧化性差。近年来普遍用于窑炉的烧嘴。反应烧结SiC 是将碳化硅和含碳材料混合后，通过浇注法或真空挤压法成型，在高浓度硅的条件下烧成，烧成过程中硅扩散到坯体内部与含碳材料反应形成新的碳化硅，其密度和抗折强度高，是1350℃以下常用的材料。Si_3N_4 结合 SiC 制品的氮化硅是在高温可控气氛下反应形成的。该制品抗氧化性好，主要用于辊道窑的辊棒。无压烧结 SiC 是将亚微细碳化硅粉体成型后在无压条件下烧成，形成反应烧结碳化硅，它具有强度高、抗氧化性好、使用温度高等特点。目前，由于其售价较高，只在其他材料无法满足要求的情况下使用。

3. 陶瓷纤维

陶瓷纤维的品种主要有普通硅酸铝纤维，高铝硅酸铝纤维，含 Cr_2O_3、ZrO_2 或 B_2O_3 的硅酸铝纤维，多晶氧化铝纤维和多晶莫来石纤维等。近年来还开发了一些新的陶瓷纤维品种，如镁橄榄石纤维、$SiO_2-CaO-MgO$ 系陶瓷纤维、Al_2O_3-CaO 系陶瓷纤维和一些特殊的氧化物纤维。陶瓷纤维在陶瓷窑炉上的应用在以下几个方面：

（1）窑炉的膨胀缝、金属部件的间隙处、辊道窑两端头转动部分辊子间隙处、吊顶式窑炉的接缝处、窑顶、窑车及接头处均可采用陶瓷纤维材料填充或密封。

（2）陶瓷窑炉外层隔热材料多采用陶瓷散棉或陶瓷纤维毡（板）作保温隔热材料。其可以减小窑壁厚度、降低窑壁表面温度；纤维本身有弹性和填充性，可缓解砖壁膨胀热应力，提高窑炉气密性；纤维热容小，对快速烧成有帮助。

（3）内衬材料。根据使用区间温度要求的不同，选择合适的陶瓷纤维作为内衬材料，可以使窑壁厚度减小，质量减轻，降低成本，节约烘窑时间。

（4）用于全纤维窑炉窑壁和炉衬。纤维炉衬的蓄热量仅为砖砌炉衬的1/30～1/10，质量为其1/20～1/10。可减轻炉体质量，降低结构费用，还可提高烧成速度。

目前，由于多晶氧化铝纤维和多晶莫来石纤维的应用，陶瓷纤维炉衬的最高使用温度已可达1500～1600℃，纯纤维窑炉内衬在窑炉技术上的应用已经成熟，采用纤维加部分其他耐火材料的窑炉类型减少。陶瓷纤维在建造窑炉方面最大的优点是其密度小，小于0.2g/cm^3。因此，采用陶瓷纤维的窑炉，节能效果最大可以达到30%～35%，又可以实现快速烧成，取得非常高的热效利用率。此外，陶瓷纤维还具有良好的抗热震性，很好的高温化学稳定性，这些优点导致了间歇式梭式窑大量应用陶瓷纤维。陶瓷纤维制品形成了纤维棉、纤维毡、纤维毯、纤维砌块及纤维构件等非常多的品种。近年来，陶瓷窑在节能效果上的进步，许多方面得益于陶瓷纤维材料的应用。

4. 氧化铝辊子

近年来，建筑陶瓷窑炉向大型化发展，辊道窑具有烧成周期短、产品规格大、烧成温度高的特点。生产墙地砖的氧化铝辊子产品向超高温、超韧、超长度方向发展。氧化铝辊子是辊道窑中最关键的耐火材料，在窑炉中起承载和传送产品的作用。辊道窑除在建筑陶瓷上应用外，在日用瓷及特种陶瓷中也有着广泛的应用。随着行业的发展，对辊子的强度和高温力学性能提出了更新的要求。辊子的直径目前发展到80mm左右，长度发展到 5500mm，使用温度最高可达 1350℃。目前，陶瓷辊子存在的问题仍然是高温强度较低，脆性大，使用寿命较短。陶瓷辊子一般采用冷等静压工艺成型，立式倒焰吊顶窑吊装工艺烧成，烧成温度 1530℃，烧成时间 14h。

5. 轻质耐火砖

陶瓷工业用轻质耐火材料是耐火度不低于 1580℃，体积密度在 0.6 ~ 1.0g/cm^3 的耐火材料。轻质耐火材料按天然原料可分为黏土质、高铝质、硅质、镁质。陶瓷窑炉用合成堇青石、合成莫来石、工业氧化铝等制成的轻质砖较多，具有体积密度小（<1.3g/cm^3）、比热容小、气孔率高（65% ~78%）、重烧收缩小（<1% ~2%）的特点。

陶瓷窑炉用耐火材料的选择见表 7-1。

表 7-1　陶瓷窑炉用耐火材料的选用

窑型	部位	日用陶瓷	建筑陶瓷			卫生陶瓷
			墙地砖	陶瓷瓦	微晶玻璃砖	
隧道窑	窑体	轻质耐火砖、耐火纤维（硅酸铝质、含锆、多晶莫来石质）、堇青石-莫来石	同日用陶瓷	黏土砖、高铝砖、轻质耐火砖、耐火纤维（硅酸铝质）	同日用陶瓷	同日用陶瓷
	窑车	轻质耐火砖、耐火纤维（硅酸铝质、含锆）、堇青石-莫来石、膨胀蛭石或珍珠岩	同日用陶瓷	高铝-堇青石、堇青石-莫来石、耐火纤维、膨胀蛭石/珍珠岩	同日用陶瓷	同日用陶瓷
	窑具	堇青石-莫来石、氧化物结合 SiC、重结晶 SiC、氮化物结合 SiC	莫来石-堇青石	莫来石-堇青石、硅线石、莫来石	莫来石-堇青石、反应烧结 SiC、重结晶 SiC	莫来石-堇青石、反应烧结 SiC、重结晶 SiC、Si_3N_4 结合 SiC、无压烧结 SiC
梭式窑	窑体	轻质耐火砖、耐火纤维（硅酸铝质、含锆、多晶莫来石质）、堇青石-莫来石	—	同日用陶瓷	同日用陶瓷	同日用陶瓷
	窑车	轻质耐火砖、耐火纤维（硅酸铝质、含锆）、堇青石-莫来石、膨胀蛭石或珍珠岩	—	同日用陶瓷	同日用陶瓷	同日用陶瓷
	窑具	堇青石-莫来石、氧化物结合 SiC、重结晶 SiC、氮化物结合 SiC	—	莫来石-堇青石、硅线石、莫来石	莫来石-堇青石、反应烧结 SiC、重结晶 SiC	莫来石-堇青石、反应烧结 SiC、重结晶 SiC、Si_3N_4 结合 SiC、无压烧结 SiC

续表

窑型	部位	日用陶瓷	建筑陶瓷			卫生陶瓷
			墙地砖	陶瓷瓦	微晶玻璃砖	
辊道窑	窑体	轻质耐火砖、耐火纤维（硅酸铝质、含锆、多晶莫来石质）、堇青石－莫来石	同日用陶瓷	—	同日用陶瓷	同日用陶瓷
	辊棒	莫来石－刚玉、重结晶SiC、反应烧结SiC、氮化物结合SiC	莫来石－刚玉、硅线石	—	莫来石－刚玉、重结晶SiC	莫来石－刚玉、重结晶SiC、反应烧结SiC
	窑具	堇青石－莫来石、氧化物结合SiC、重结晶SiC、氮化物结合SiC	堇青石－莫来石	—	堇青石－莫来石	堇青石－莫来石

知识点二　重质耐火材料

重质耐火材料也称为致密耐火材料。传统重质耐火材料主要是硅酸铝质耐火材料。现常用的有刚玉－莫来石砖、莫来石砖、硅线石砖、镁砖、镁铝砖及碳化硅耐火制品。

硅酸铝质耐火材料是以 Al_2O_3 和 SiO_2 为基本化学组成的耐火材料。根据制品中 Al_2O_3 和 SiO_2 含量的多少，硅酸铝质耐火材料可分为三类：

（1）半硅制品　半硅质制品是指含 Al_2O_3 含量在15%～30%的硅酸铝质耐火材料。半硅质制品是用半硅质黏土、原生高岭土或蜡石等原料制成，故其 Al_2O_3 含量低，不超过30%。

（2）黏土质制品　黏土质制品是用耐火黏土作主要原料，将一部分黏土煅烧成熟料，与部分生黏土（结合成分）配制而成。由于纯净黏土原料 Al_2O_3 含量为46%，故 Al_2O_3 含量在30%～46%。

（3）高铝制品　高铝质耐火制品是指 Al_2O_3 含量大于48%的硅酸铝质耐火材料。它是硅酸铝质耐火材料范围内的一种高级耐火材料。由于高铝质制品中 Al_2O_3 含量超过高岭石的理论组成，因此制品的性质较黏土质制品优异得多，如有高的耐火性、高温结构强度和较好的抗渣性等。

高铝质耐火材料根据其矿物组成的不同分为高铝质、硅线石质、莫来石质、莫来石－刚玉质、刚玉－莫来石质和刚玉质。

（4）硅质耐火材料　是以 SiO_2 为主体的耐火材料，它的典型代表为硅砖。

硅砖是指 SiO_2 含量大于 93%，主要由鳞石英、方石英、残存石英及玻璃相组成的耐火制品。硅砖的主要特点是：具有较高的高温结构强度，荷重软化温度高，接近它的耐火度，一般为 1650～1660℃。这是黏土质制品所不具备的。在 600℃以上具有良好的热稳定性。对酸性炉渣及 Fe_2O_3、CaO 等有较强的抵抗能力，导热性好。加热时有一定的体积膨胀，砌缝密合，气密性提高，强度提高。硅砖的缺点是耐火度低，抗碱性炉渣的能力差，在 600℃以下热稳定性差。

几种重质耐火材料的性能指标见表 7－2 至表 7－4。

表 7－2　　高铝砖性能指标

<table>
<tr><th colspan="2" rowspan="2">项　目</th><th colspan="4">指　标</th></tr>
<tr><th>LZ－75</th><th>LZ－65</th><th>LZ－55</th><th>LZ－48</th></tr>
<tr><td colspan="2">Al_2O_3 含量/%</td><td>75</td><td>65</td><td>55</td><td>48</td></tr>
<tr><td colspan="2">耐火度/℃</td><td>1790</td><td>1790</td><td>1770</td><td>1750</td></tr>
<tr><td colspan="2">0.2MPa 荷重软化开始温度/℃</td><td>1520</td><td>1500</td><td>1470</td><td>1420</td></tr>
<tr><td rowspan="2">重烧线变化/%</td><td>1500℃，2h</td><td colspan="3">+0.1
−0.4</td><td></td></tr>
<tr><td>1450℃，2h</td><td colspan="3"></td><td>+0.1
−0.4</td></tr>
<tr><td colspan="2">显气孔率/%，≤</td><td>23</td><td></td><td></td><td>22</td></tr>
<tr><td colspan="2">常温耐压强度/MPa，≥</td><td>53.9</td><td>49.0</td><td>44.1</td><td>39.2</td></tr>
</table>

表 7－3　　硅线石砖、红柱石砖、堇青石－莫来石砖性能指标

项　目	硅线石砖		红柱石砖		堇青石－莫来石砖	
	LS－65	LS－60	HS－60	HS－55	SPCD－50	SPCD－60
Al_2O_3 含量/%	65	60	60	55	50	60
耐火度/℃	1790	1790	1790	1770	1770	1790
荷重软化温度/℃	1550	1500	1500	1450		
重烧线变化/%	±0.2	±0.2	±0.2	±0.2	线膨胀率（1000℃）±0.5	线膨胀率（1000℃）±0.5
显气孔率/%	22	22	22	22	24	24
常温耐压强度/MPa	50	50	40	40	40	50
热震稳定性/次（1100℃，水冷）	20	20	20	20	12	12

表 7-4　山东耐火三厂黏土砖、高铝砖性能指标

项　目		黏土砖		高铝砖			
		N-1	N-2a	LZ-75	LZ-65	LZ-55	LZ-48
Al_2O_3 含量/%，≥		42	40	75	65	55	48
耐火度/℃，≥		1750	1730	1790	1790	1770	1750
荷重软化温度/℃，≥		1400	1350	1520	1500	1450	1420
重烧线变化/%	1500℃，2h			+0.1 -0.4	+0.1 -0.4	+0.1 -0.4	
	1450℃，2h						+0.1 -0.4
	1400℃，2h	+0.1 -0.4	+0.1 -0.5				
显气孔率/%，≤		22	24	23	23	24	24
常温耐压强度/MPa，≥		29.4	24.5	53.9	49.0	44.1	39.2

知识点三　轻质隔热耐火材料

轻质耐火材料是指气孔率高、体积密度低（一般小于 $1.3g/cm^3$）的耐火材料。轻质耐火材料的特点是具有多孔结构（气孔率一般为40%～85%）和高的隔热性，因此也称为隔热耐火材料。应用轻质耐火材料的目的，是为了减少热工设备在运作时的热量损失，均匀炉温和加速炉窑的周转期；并可减小炉墙厚度，减轻炉基负荷，从而节省支承结构，降低设备造价。

传统的隧道窑窑体砌筑材料大多为黏土质或高铝质耐火砖或保温砖，这些材料的特点是密度大、强度低、保温性能差。用这些材料砌筑的窑墙厚、窑体散热损失大，难以满足轻型、快烧辊道窑的要求。目前国内外都在不断开发新型轻质高温耐火材料，并应用于陶瓷窑炉上，取得了良好效果。

常用的轻质隔热耐火材料包括轻质耐火砖、硅藻土砖、蛭石制品、矿渣棉及其制品、石棉制品、膨胀珍珠岩及其制品、高铝空心球砖等。

1. 国外轻质耐火材料

国外轻质耐火材料的主要特点为：密度小，绝热性能好，又可耐高温，热稳定性好。用它们砌筑的窑体，起耐火和隔热双重作用。因此，墙薄、体轻、散热损失小，适于快速烧成。国外这类产品的氧化铝含量、使用温度及强度均已系列化，这些轻质耐火

材料可直接用作内衬在火焰温度下工作。表7－5与表7－6分别列出了美国 Thermal Ceramics 公司与法国 Manville 公司的轻质耐火砖主要性能。

表7－5 美国 Thermal Ceramics 公司轻质耐火砖的主要性能

商品标号	K－20	K－23	K－25	K－26	K－28	K－30	K－3000	Insalcor
颜　色	绿	红	蓝	棕	橘黄	黑	紫	白
使用温度/℃	1100	1260	1370	1430	1540	1600	1650	1790
密度/(kg/m^3)	470	500	610	770	820	820	930	1310
断裂模量/MPa	0.77	0.98	0.98	1.12	1.47	1.68	1.82	3.5
常温耐压强度/MPa	0.77	1.02	1.54	1.19	1.54	2.07	1.93	7.0
导热系数/[W/(m·K)]	0.17	0.19	0.20	0.35	0.36	0.43	0.40	0.91
热膨胀系数/(10^6/℃)	5.4	5.4	5.8	5.2	5.2	5.2	5.2	6.8

表7－6 法国 Manville 公司轻质耐火砖的主要性能

项目 品种	最高使用温度/℃	密度/(kg/m^3)	常温耐压强度/MPa	抗折强度/MPa	重烧线变化/24h%	导热系数/[W/(m·K)] 800℃	导热系数/[W/(m·K)] 1200℃	热震稳定性(空冷次数)1000℃	Al_2O_3含量/% >	Fe_2O_3含量/% <
JM20	1100	450	0.8	0.7	0.1	0.11		30	38.5	0.8
JM23	1260	480	1.1	0.9	0.2	0.18		30	37	0.7
JM26	1430	780	1.6	1.4	0.2	0.31	0.35	30	58	0.7
JM28	1540	880	2.1	1.8	0.2	0.36	0.41	30	67.1	0.6

2. 国内新型耐火材料

（1）氧化铝空心球砖　氧化铝空心球砖是用工业氧化铝在电弧炉中熔融（2000℃左右）后用压缩空气喷吹成大小直径不等的空心球，经颗粒配比，加入适量硫酸铝水溶液作黏结剂成型，并在1750℃烧结而成的。

氧化铝空心球砖是一种性能优异的高级隔热耐火材料，它高温绝热性能好［导热系数小于1W/(m·K)］，抗腐蚀性强、耐压强度大（≥10MPa），使用温度达1700℃，体积密度为1100～1300kg/m^3。例如洛阳耐火材料研究所开发的氧化铝空心球砖，可直接砌筑在高温接触火焰面。但目前价格昂贵，在建陶工业辊道窑中应用尚不多。

（2）高温莫来石质绝热砖　江苏某厂从国外引进技术，研制成功高温、高强度、导热系数低、节能效果明显的高温莫来石质绝热砖，其制品性能见表7－7。

表 7-7 高温莫来石质绝热砖性能

商品牌号	PC-1400 系列			PM-1500 系列		
密度/(kg/m^3)	600	800	1000	600	800	1000
Al_2O_3含量/%	55	55	55	68	68	68
Fe_2O_3含量/%	<0.8	<0.8	<0.8	<0.6	<0.6	<0.6
常温耐压强度/MPa	2	5	8	2	5	8
荷重软化温度/℃	1350	1380	1400	1380	1440	1500
耐火度/℃	1750	1750	1750	1790	1790	1790
重烧线收缩率/%	<0.8	<0.5	<0.5	<0.8	<0.5	<0.5
导热系数(350℃)/[W/(m·K)]	0.244			0.267		

注：含量指质量分数，下同。

（3）其他轻质高强度耐火材料　除上述介绍的两类外，国内许多耐火材料厂近年都开发生产出各类轻质高强度耐火材料，例如以堇青石为原料的正规化生产线（引进日本技术），已在广东佛山市石湾日用瓷三厂建成。表 7-8 列出国内一些新型轻质耐火材料的主要理化性能。

表 7-8 新型轻质耐火材料主要理化性能

性能＼种类指标		轻质堇青石保温砖	氧化铝空心球砖	泡沫氧化铝轻质砖	泡沫高铝轻质砖	空心微珠轻质砖	轻质硅砖	漂珠砖
耐火度/℃			>1900	1890	>1790	1600	1670	1670
抗压强度/MPa		5~7.5	≥10	2~9	2~9	4	2.5~10	4~6
气孔率/%			66	74	70		62	
密度/(kg/m^3)		1200	1160	600~1200	400~1200	600~1200	800~1300	600~1200
重烧收缩率/%		<-1.0				<2		
主要化学成分含量/%	SiO_2				36	43	93.01	43
	Al_2O_3	>40	99.12	92	70.8	>50		>50
	Fe_2O_3	<2		<0.3	<1.78	<2	<2.24	<2

知识点四　窑具材料

窑具是陶瓷工业重要的辅助材料，对陶瓷产品的质量和成本起着举足轻重的作用。随着陶瓷工业的发展，产品焙烧技术由传统的匣钵烧成转向明焰无匣烧成，使用了快速节能烧成新技术，该新技术是靠新型窑具来实现的。对窑具材料提出了强度高、壁薄体轻、能经受快速烧成、高的规整度和精确度等要求。

（一）国外窑具材料现状

目前，国外窑具材料主要有镁铝硅系材料、SiC系材料及其他新型窑具。

1. 镁铝硅系材料

（1）半堇青石、黏土－堇青石、堇青石－莫来石质　此系列主要成分为 Al_2O_3、MgO 和 SiO_2。堇青石材料热膨胀系数低，抗热震性好，但熔点低（1460℃分解），使用温度在900～1280℃；莫来石材料机械强度高，熔点高，化学性质稳定，其缺点是热膨胀系数高（5×10^{-6}/℃）；而堇青石－莫来石复合材料则可兼取两者之长，其优点是热膨胀系数低，可用于快烧；容重轻，吸热量少，而且可制成空心、薄壁窑具，使制品和窑具的重量比提高，有利于节省燃料；体积稳定性好，在烧成过程中不再膨胀或收缩；使用寿命长，在面砖生产中达500次以上，匣钵使用寿命超过600次。这类窑具在生产工艺方面有两大代表：欧美工艺——骨料选用人工合成莫来石，基质采用堇青石；日本工艺——首先分别合成高质量的堇青石、莫来石，然后按一定比例配料，成型烧结。

表7－9为某窑具公司生产的堇青石－莫来石窑具性能，表7－10为堇青石－莫来石中空板规格及高温承载力，表7－11为日本日陶公司匣钵的性能。

表7－9　　堇青石－莫来石窑具性能指标

技术性能		TRECOR	TRETOP	TREMON	TRESUN	TRETIC	TREMUL	TREHEN
化学组成/%	Al_2O_3	45	43	35	38	61	40	38
	SiO_2	45	49	55	51	32	47	52
	MgO	6.5	5.0	7.5	8.0	5.0	6.0	6.5
体积密度/(g/cm^3)		1.90	1.95	1.85	1.90	1.60	2.00	1.95
显气孔率/%		28	24	28	28	46	24	26
20℃抗折强度/MPa		12	16	20	12	10	15	12
1250℃抗折强度/MPa		10	11	12	15	9	12	9
膨胀系数/(10^{-6}/℃)		3.0	3.5	2.6	2.4	3.9	2.4	2.3
20℃比热容/[kJ/(kg·K)]		1.0	1.0	1.0	1.0	0.8	1.0	1.0
最高工作温度/℃		1300	1300	1300	1350	1300	1250	1250

表 7－10　　堇青石－莫来石中空板规格及高温承载能力

厚度/mm	宽度/mm	最大长度/mm	单位质量/(kg/m)	1200℃最大承载/(kg/500mm)	厚度/mm	宽度/mm	最大长度/mm	单位质量/(kg/m)	1200℃最大承载/(kg/500mm)
25	270	900	8.5	24	38	420	1480	20.0	150
	310		9.2	28		440		21.0	157
	380		11.6	34		450		21.4	160
	450		13.5	40		480		22.3	170
	500		14.8	45		500		23.3	175
30	260	1000	9.1	45		520		24	180
	280		9.7	48		550		25.2	195
	350		11.9	58		590		26.9	205
38	230	1000	10.1	80		600		27.1	207
	240		10.3	85		610		27.5	210
	250		10.7	90		680		30.0	240
	260		11.3	95		750		32.4	260
	280		12.8	100	80	300	1500	29.2	205
	300		13.6	102		350		34.2	250
	335		13.9	105		448		45.5	320
	350	1350	16.1	125					
	380		17.9	135					
	400		18.5	140					

表 7－11　　日陶公司匣钵性能

性能	耐火度/℃	体积密度/(g/cm^3)	气孔率/%	抗弯强度/MPa	耐压强度/MPa	线膨胀率(300℃)/%	荷重软化开始温度(0.2MPa)/℃
熟料	1630～1770	1.8～2.3	12～30	5～15	15～45	0.4～0.8	1350
堇青石－莫来石	1670～1790	2.0～2.3	25～30	7～15	20～45	0.4～0.5	1350

（2）莫来石质　莫来石以高温强度高，化学性质稳定，在窑具材料中针状莫来石相互交错形成网络结构，从而使材料具有优良的抗热震性和较高的强度，能有效延缓窑具的老化。

窑具材料中的莫来石引入既可采用预先人工合成莫来石如烧结莫来石和电熔莫来石，也可通过引入天然矿物原料如硅线石、红柱石、蓝晶石来形成。日本东京某炉材公司生产的莫来石超级耐火材料，是以高纯电熔莫来石为主要原料在高温下烧成而制得，这种材料的耐火度高、高温强度大，接触火焰面的使用温度可达1750℃，并且具有理想的高温体积稳定性，适合于高温窑炉的炉材和支柱等窑具，其物理性能见表 7－12。

表 7－12　　日本东京某炉材公司生产的 Mullite super 的性能指标

性能	耐火度/℃	体积密度/（g/cm³）	气孔率/%	抗弯强度/MPa		荷重软化开始温度（0.2MPa）/℃
				常温	1200℃	
M301	1880	2.62	17.4	13	12	1850
M302	1880	2.78	20.3	9	8	1740

广东某厂从德国引进生产卫生瓷用隧道窑窑车支柱砖是用硅线石为原料的莫来石质窑具，其性能指标见表 7－13 所示。

表 7－13　　德国窑车支柱砖的性能指标

化学组成含量/%			耐火度/℃	密度/（g/cm³）	气孔率/%	耐压强度/MPa	荷软温度/℃
SiO_2	Al_2O_3	Fe_2O_3					
32～37	60～65	1.2	1850～1880	2.45～2.65	20～24	40	1650

另外，日本也有工厂用红柱石作骨料生产匣钵，该材料的耐火度随 Al_2O_3 含量而变化，一般在 1800℃以上，加热至 1350℃时生成莫来石，体积变化为 3%～5%。此方法的优点为无需预先煅烧，直接加入便可制成制品，不仅可提高耐火度，还可节约大量燃料，是一种很有前途的耐火材料。

2. SiC 系材料

SiC 系材料由于强度高，热导率高，热膨胀系数低，耐热冲击性好，可用于各种使用条件苛刻的环境，是一种应用范围广泛的高级耐火材料。SiC 质耐火材料可分为莫来石结合，黏土及氧化物结合碳化硅，氮化物及 Sialon（赛隆）结合碳化硅，反应烧结碳化硅及重结晶碳化硅，其中以重结晶碳化硅强度最高，抗氧化性最强，广泛用于衍条、立柱等。采用重结晶碳化硅材料可使卫生瓷制品与窑具材料比降至 1∶1，窑炉容量提高 100%。德国有重结晶碳化硅制成的新型窑具投入使用，其强度高，导热性好，厚度5～8mm，与普通窑具比，重量减少了 60%。碳化硅系材料的缺点之一就是价格高，成型困难。其高热传导、荷重软化高、抗热震性优异而成为行业的重要发展方向。美国诺顿公司生产的氮化硅结合碳化硅及重结晶碳化硅材料性能见表 7－14。

表 7－14　　美国诺顿公司 SiC 材料的性能指标

类型	w(SiC)/%	体积密度/（g/cm³）	显气孔率/%	耐压强度/Pa	线膨胀系数（30～1500℃）/（$\times 10^{-6}$/℃）	最高使用温度/℃
氮化硅结合 CN163	94	2.63	22	80	4.4	1550
重结晶 CRYSTAR	99	2.6	18	70	4.8	1650

3. 新型窑具

新型窑具有堇青石－钛酸铝质，堇青石－氧化锆质，钛酸铝－莫来石质等。

钛酸铝是低膨胀陶瓷耐火材料，工业应用只是近十年的事情，其熔点1860℃，使用温度可达1600℃，比一般的低膨胀材料（堇青石、锂辉石、磷酸锆）使用温度高，而膨胀系数极低，接近于零。钛酸铝可与堇青石、莫来石、碳化硅、氮化硅等多种材料复合而用于不同种类的窑具材质。

（二）国内窑具材料现状

国内窑具材料的发展经历过程为黏土质、半堇青石质、高铝质、黏土结合碳化硅质、堇青石－莫来石质、莫来石（包括硅线石）质、氮化硅结合碳化硅、硅线石－碳化硅以及熔融石英质窑具等，目前国内陶瓷工业所用窑具材料，仍以黏土质为主。高铝质窑具的用量也不少，一般寿命为十多次到数十次。黏土质的热膨胀系数大，热震稳定性差；高铝质的因强度低而造成断裂或开裂，因耐火度低而造成软化、变形以及稳定性差；碳化硅棚板窑具，虽然使用效果好，但产品成本高，价格贵；堇青石窑具成本不太高，热膨胀系数较小，但荷重软化点低；莫来石窑具高温性能好，机械强度高，但价格高。所以生产集堇青石、莫来石优点于一体的制品作为窑具材料是理想的途径。

1. 镁铝硅系材料

（1）堇青石－莫来石窑具　传统的铝硅质窑具抗热震性较差，影响其使用寿命，为了改善其抗热震性，在硅铝系统中引入镁质原料，使其在烧成时生成低膨胀系数的堇青石，从而改善窑具的物理性能。目前，国内生产堇青石－莫来石窑具的专业化生产厂家不多，生产方法主要有两种。

一步烧成法：按堇青石理论化学组成，选择合适的原料进行配比，使其在烧成过程中产生堇青石相，从而提高窑具性能。由于条件限制，一般采用在烧成产品的窑内烧制窑具，从而使窑具材料中堇青石含量较少，大量存在的是其中间产物顽火辉石和石英。顽火辉石的热膨胀系数很大，而石英在使用过程中由于晶型转化而带来体积变化，从而达不到堇青石耐火材料应有的抗热震性，从而缩短了窑具材料的使用寿命。

二步烧成法：采用预先合成的堇青石和莫来石进行窑具生产，除可以充分发挥堇青石的优良性能外，采用莫来石熟料作骨料还可避免烧成时的二次莫来石化所导致的体积膨胀及结构疏松。然而，目前国内真正使用高级人工合成莫来石的厂家并不多，而多数使用焦宝石、矾土等，同时生产窑具的成型设备落后，压机吨位偏低，从而影响了窑具材料性能的发挥。

咸阳陶瓷研究设计院在国内首先开展了以蛇纹石或绿泥石为含镁原料合成堇青石的工艺研究以及制作堇青石－莫来石窑具。其物理性能见表7－15。

表7－15　咸阳堇青石－莫来石窑具性能

耐火度/℃	体积密度/（g/cm^3）	显气孔率/%	抗折强度（1100℃）/MPa	耐压强度（常温）/MPa	线膨胀系数（20～800℃）/（$\times10^{-6}$/℃）	荷重软化开始温度（0.2MPa）/℃	
						开始点	4%变形
1460	1.78	32	2.8	30～50	2.41	1390	1410

（2）莫来石质窑具 国内生产烧结莫来石的单位有洛阳耐火材料厂、上海耐火材料厂等。而生产电熔莫来石的厂家并不多，其代表厂家有吉林省梅河口砂轮厂。用此种莫来石制作的匣钵，使用次数可达20次以上，其性能指标：耐火度≥1850℃，荷重软化温度>1700℃，耐压强度>70MPa，线膨胀系数6×10^{-6}/℃。

2. 碳化硅系材料

碳化硅有良好的高温物理性能，热导率高，热膨胀系数小，在高温下不会发生塑性变形，它的使用温度远远高于其他类型窑具，可在1400~1700℃使用，但其容易氧化挥发，使材料膨胀、松散甚至开裂。

（1）氮化硅结合碳化硅窑具 国内研制的氮化硅结合碳化硅材料及窑具的性能指标目前已达到国际水平。洛阳耐火材料院研制的Si_3N_4结合碳化硅窑具，是以优质碳化硅和工业硅粉为原料，在1400~1500℃的高温下氮化反应烧结而成，具有抗热震性好，高温抗荷重蠕变能力强，高温强度和导热能力高等特点。产品包括棚板、立柱、卡具、底座、推板、各类加热炉的管状炉膛和高温管道等。

（2）重结晶碳化硅窑具 在高温和还原气氛下，碳化硅颗粒通过再结晶过程而直接结合成再结晶碳化硅，再结晶碳化硅含碳化硅98%~99%，除成型用的黏结剂外，一般不添加其他的结合剂，这类制品性能优良。国内批量生产重结晶碳化硅窑具的性能见表7-16。

表7-16 国内外重结晶碳化硅窑具性能指标对比

产地	最高使用温度/℃	w（SiC）/%	体积密度/（g/cm^3）	显气孔率/%	常温耐压强度/Pa	线膨胀系数/（$\times10^{-6}$/℃）	荷重软化温度/℃
山东	1600	90	2.5	20~25	80	20~25	1800
日本	1600	98	2.2	30	80	18~23	1800
美国	1600	99	2.6	15~18	90	20~27	1800

（3）硅线石-碳化硅窑具 由咸阳陶瓷研究院研制的硅线石-碳化硅窑具，既有碳化硅窑具的导热性好的优点，又有抗氧化能力强的特性，使用效果良好，寿命长，其性能见表7-17。

表7-17 硅线石-碳化硅窑具性能

耐火度/℃	体积密度/（g/cm^3）	荷重软化开始温度（0.2MPa）/℃	耐压强度/MPa	热膨胀系数（室温~1100℃）/（$\times10^{-6}$/℃）	耐压强度/MPa	
					常温	1200
1700	2.21	1350	60	4.8	15	6

知识点五　陶瓷纤维

陶瓷纤维与其他轻质耐火材料相比，其隔热性能更好、密度更小，是20世纪70年代开始出现的一种新型高级保温材料。国外陶瓷工业窑炉已普遍用它作窑体填隙和窑顶、窑车的保温材料，甚至直接用于与火焰接触的窑体内衬材料，大大降低了窑炉能耗、改善了窑内温度场。陶瓷纤维在近二十几年来发展得越来越完善。陶瓷纤维材料是一种新型的纤维状耐高温的保温材料，它是继传统的耐火砖和不定形耐火材料以后的第三代耐火材料。

（一）陶瓷纤维的特点与分类

1. 陶瓷纤维材料的特点

（1）耐高温　最高使用温度可达1260～1500℃。

（2）低导热率　在高温区导热率很低，1000℃时，导热系数为轻质砖的38%，隔热性好。

（3）体积密度小　只有100～200kg/m^3，为轻质砖的1/10～1/5。

（4）具有良好的弹性和柔软性，在温度剧变及有机械振动的条件下使用具有良好的抗热震性能。

2. 陶瓷纤维的分类

陶瓷纤维主要分为两个系列，即用熔融法生产的玻璃态纤维和胶体法生产的结晶态纤维，见表7－18和表7－19。玻璃态纤维在长期高温工作条件下发生粉化，主要是析晶与晶型转化而发生体积变化所致，这是此类纤维的致命弱点。所以，其使用工作温度不宜过高。尤其是低档的只宜在600℃以下使用。结晶态纤维则性能较好，并可用在高温工作面，国内目前已有生产，但价格较贵。陶瓷纤维和种类见图7－1。

图7－1　陶瓷纤维和种类

表 7－18　　陶瓷纤维的分类及其使用温度

方法	类别	档次	纤维类型	分类温度/℃	最高使用温度/℃			
					氧化气氛		还原气氛	
					连续	短时		
熔融法	玻璃态	低档	普通硅酸铝纤维		<1000			有条件的使用
		中档	高纯硅酸铝纤维，含 Al_2O_3 45%～50%	1260	1100	1260	1100	
		中档	高纯硅酸铝纤维，含 Al_2O_3 55%～60%	1400	1200	1400	1200	
		中档	含铬硅酸铝纤维，含 CrO 5%	1400	1200	1400	1100	
胶体法	结晶态	高档	莫来石纤维		1350	1450		
		高档	氧化铝纤维		1500	1600		
		高档	氧化锆纤维		1600			
混合态			高纯氧化铝混合纤维	1500	1400	1500		
			高纯氧化铝混合纤维	1600	1500	1600		

表 7－19　　摩根热陶瓷集团陶瓷纤维性能

品种		纤维棉		纤维板	Z 型组件	
分级温度/℃		1260	1425	1260	1260	1430
密度/(kg/m³)				140～240	140～240	
比热容/［kJ/（kg·℃）］		1.13（1090℃）	1.13（1090℃）		1.05	220
导热率/［W/(m·K)］				0.11～0.13（400℃时）	0.11～0.13（400℃时）	
主要化学组成含量/%	Al_2O_3	46.5	46.5	46.5	46.5	46.5
	SiO_2	53.0	53.0	53.0	53.0	53.0
	Fe_2O_3	0.10	0.10	0.10	0.10	0.10
	TiO_2	0.05	0.05	0.05	0.05	0.05
	ZrO_2	14.7		14.7	14.7	

（1）散状纤维　散状纤维是一种松散的棉状物，也是陶瓷纤维的基本形态。它的特点是耐高温，质量轻，并有较好的弹性、优良的充填性能和抗热震性能，而且导热系数低，是一种优良的高温隔热保温材料。主要用作工业窑炉膨胀缝的充填材料、背衬隔热材料、陶瓷纤维制品的原料。要求其体积密度小，渣球要少。

（2）纤维毯　纤维毯是用纤维原棉积叠成层状的制品。它质量轻，富有柔软性，施工方便。纤维毯完全不含有机黏结剂或其他有机成分，高温使用时不污染炉内气氛，不产生难闻的气味，可直接用作工业炉内衬，也可用作高温密封材料、过滤材料、隔热材料等。

（3）纤维毡　纤维毡是将纤维原棉加入少量的有机结合剂或耐热性的无机黏结

剂成型为板状制品。这种制品表面比毯稍硬，并且有适宜的柔软性，施工时处理方便，当高温加热时，有机黏结剂被烧掉后，由于纤维本身互相交织在一起而保持了原来的形状，但强度和抗风速性较差，而添加无机黏结剂的毡，则仍然具有强度及抗风速性。

（4）湿纤维毡　湿纤维毡是将纤维毯或纤维毡浸渍无机胶状黏结剂，装入塑料袋中密封，保持湿润状态的一种制品，其特点是施工时可用剪子、刀切割成所需的形状，可在形状复杂和通常难于施工的部位施工，像可塑性材料那样使用。

（5）纤维纸　将陶瓷纤维原棉加入5% ~15%的有机黏结剂或无机黏结剂，用造纸的方法加工成纸状制品。加入了有机黏结剂的纤维纸，富有弹性和可挠性，施工性能良好。加入无机黏结剂的纤维纸，特点是黏结剂不燃烧，但强度和可挠性较差。

纸的厚度为0.5、1.0、2.0mm三种，卷成宽300mm或600mm的圆筒状或片状。

（6）纤维异型制品　异型制品是将纤维棉（一般切至小于20mm）加入无机黏结剂和少量的有机黏结剂，在水中制成纤维料浆，然后用真空吸滤成形或用模压成型方法制成板状、圆筒状或圆锥状等各种形状的坯体，脱模后经干燥而得。

（7）纤维编织制品　编织制品是指往较长的纤维棉中加入15% ~20%的有机纤维，用通常的纺织技术先加工成纱，再经编织或纺织加工而制成的绳和带状衬垫材料或布等制品。

（二）国外陶瓷纤维生产情况

国外陶瓷纤维的生产与应用较早，而且技术亦日趋成熟，现在已加工成各种块状产品，方便直接用于窑墙或吊顶的施工。例如，德国摩根热陶瓷集团各种耐火纤维制品已被世界许多窑炉公司采用，而且摩根热陶瓷集团最近已在上海浦东设立了第一家独资工厂。国外各种耐热陶瓷纤维的性能列于表7-20和表7-21中。

表7-20　法国Manville公司的陶瓷纤维产品性能

品　种		纤维棉	纤维板	纤维毡	纤维纸
最高使用温度/℃		1425	1260	1425	1260
密度/(kg/m^3)			260		220
比热容（450℃）/[kJ(kg·℃)]		1.05		1.05	
线收缩/%			3（1260℃）	1.5（1000℃）	
导热率/[W/（m·K）]			0.20（1000℃）		0.11（500℃）
主要化学组成含量/%	Al_2O_3	35.10	42.8	42.80	46
	SiO_2	49.7	47.1	54.00	54
	Fe_2O_3	0.10	0.5	0.10	
	TiO_2	0.05		0.05	
	MgO	0.01	0.3	0.01	

表 7－21　　美国 Thermal Ceramics 公司的陶瓷纤维产品性能

性能		纤维棉	纤维板	纤维毡	纤维纸
系列内产品种类		3	13	9	4
纤维长度/m		13～254			
纤维直径/μm					
密度/(kg/m^3)			170～180	49～243	1280～2240
比热容/[kJ(kg·℃)]		1.046～1.088			
抗拉强度/MPa		1030～2000			
产品厚度/mm			3.97～76.2	3.19～152.4	1.56～6.34
熔点/℃		1760～1816	1530～1816	1760	
最高使用温度/℃		1260～1649	1260～1704	982～1427	1260～1649
主要化学组成含量%	Al_2O_3	45～96	18～81	32～53	47～94
	SiO_2	4～5	1g～91	45～53	6～53
	ZrO_2			0～21	

(三) 国内陶瓷纤维生产状况

20 世纪七八十年代国内也已研制并生产出陶瓷纤维，但以普通硅酸铝纤维为主，含 Al_2O_3 较低，使用温度大都在 1000℃下，只能作保温隔热材料。

近些年来，有许多生产厂家引进了国外设备与技术。例如首都钢铁公司耐火材料厂和贵阳耐火材料厂从美国 C. E 公司、三门峡陕县电器厂从美国 B. W 公司引进了技术与装备，已能大规模生产高纯硅酸铝纤维和高铝纤维，产品性能已达到国外同类产品水平。国产耐火纤维的理论性能示于表 7－22 中。

表 7－22　　国产耐火纤维的理化性能

种类/性能	硅酸铝纤维	高铝纤维	含铬纤维
纤维长度/mm	25～100	10～50	20～30
纤维直径/μm	2～4	2～5	2～5
球珠含量（760 目）/%	≤5	≤5	≤4
重烧收缩率（1150℃，6h）/%	<4	<4	<4
密度/(kg/m^3)	100～300	160～350	160～350
长期使用温度/℃	<1000	1200	1250

续表

种类/性能		硅酸铝纤维	高铝纤维	含铬纤维
化学组成含量/%	Al_2O_3	45 ~ 50	55 ~ 62	56 ~ 58
	SiO_2	47 ~ 51	37 ~ 44	37 ~ 40
	FeO	<1.2	<0.5	0.33
	其他	TiO_2 0.3 ~ 0.7	TiO_2 <0.3	Cr_2O_3 4 ~ 5

洛阳耐火材料研究院和三门峡陕县电器厂已小批量生产结晶态陶瓷纤维。例如九九九无线电瓷厂购置的陕县电器厂多晶莫来石纤维板，用作仿制引进日本的电烧钟罩窑工作面内衬材料，最高工作温度1400℃。经一年多时间运转证明性能良好，其性能如下：密度100 ~ 250kg/m^3；导热系数1000℃时为0.16W/(m·K)，1400℃时为0.29W/(m·K)。此外，洛阳耐火材料研究院已生产出混合纤维系列产品LG82 ~ LG28（编号是以多晶氧化铝纤维L与高铝纤维G的比为依据）。它们的使用性能示于表7 – 23。

表7 – 23　　国产混合纤维的使用性能

项　　目	LG – 82	LG – 73	LG – 64	LG – 55	LG – 46	LG – 37	LG – 28
L∶G	80∶20	70∶30	60∶40	50∶50	40∶60	30∶70	20∶80
加热线收缩率（1400℃，24h）/%	1.6	1.14	1.48	1.57	1.74	2.00	2.20
导热系数/［W/（m·K)］	0.15	0.13	0.14	0.13	0.11	0.12	0.11
密度/(kg/m^3)	230	250	260	290	310	340	380
长期允许使用温度/℃	1400	1450	1420	1400	1360	1300	1250

任务　常用耐火材料与保温材料的识别

（一）操作要求

（1）了解本地主要耐火材料生产企业情况。

（2）了解耐火材料的主要品种及其性能。

（3）了解陶瓷窑炉中耐火材料的应用情况。

（二）操作准备

相关耐火材料与保温材料的准备，包括重质耐火材料（标准砖、异型砖）、轻质耐火材料、陶瓷窑具材料、陶瓷纤维等。

（三）操作步骤

（1）到相关企业或市场收集耐火材料样品。

（2）将耐火材料进行分类。
（3）说出相关耐火材料的品种及其性能。
（4）说明陶瓷窑炉中耐火材料的应用情况。

思考题

1. 什么是耐火材料？耐火材料有什么作用？
2. 耐火材料的主要技术指标有哪些？
3. 常用建窑耐火材料的种类有哪些？
4. 如何选用建窑用耐火材料？
5. 现代陶瓷窑炉耐火材料的特点与性能要求有哪些？
6. 耐火材料的发展趋势如何？
7. 什么是隔热材料？
8. 传统陶瓷窑炉所用的耐火隔热材料与现代陶瓷窑炉耐火隔热材料有什么不同？
9. 什么是耐火黏土砖？耐火黏土砖有哪些主要性能？
10. 什么是高铝砖？高铝砖有哪些主要性能？
11. 什么是硅砖？硅砖的主要性能如何？
12. 氮化硅结合碳化硅质耐火制品有哪些优点？重结晶 SiC 质耐火制品有什么优点？
13. 什么是轻质耐火材料？轻质耐火材料有哪些种类？

附录1　常用燃料的特性

1. 柴油

由 $C_{15\sim30}$的烃类组成，一般含碳85.5%～86.5%，含氢13.5%～14.5%。柴油分为轻柴油和重柴油两种。

（1）轻柴油　轻柴油按凝固点分为10、0、－10、－20、－35号等5个牌号，并按硫含量和氧化安定性划分为三个等级：优等品、一等品和合格品，标准允许最大硫含量分别为0.2%、0.5%和1.0%，十六烷值不小于45（由中间基、环烷基生产或混有催化馏分的各号轻柴油的十六烷值允许不小于40），20℃时的密度0.74～0.90g/cm^3，低位发热量42.7～43.0MJ/kg。轻柴油的特性见表1。

表1　　**轻柴油的特性**

项　　目	10号	0号	－10号	－20号	－35号
运动黏度(20℃)/(×10^{-6}m^2/s)	3.0～8.0	3.0～8.0	3.0～8.0	2.5～8.0	2.5～7.0
10%蒸余物残炭/%，≤	0.4	0.4	0.3	0.3	0.3
灰分/%，≤	0.025	0.025	0.025	0.025	0.025
硫含量/%，≤	0.2	0.2	0.2	0.2	0.2
机械杂质	无	无	无	无	无
水分	痕迹	痕迹	痕迹	痕迹	痕迹
闪点（闭口）/℃，≥	60	60	60	60	50
凝固点/℃，≤	10	0	－10	－20	－35

（2）重柴油　重柴油为密度较大的一类柴油。由天然石油、人造石油等经分馏或裂化而得。与轻柴油相比，质量要求较宽，十六烷值较低，黏度较大、凝固点较高。为黄色、易燃液体，黏度适宜，喷油雾化优良，燃烧完全，含硫量低，不腐蚀设备，残炭较低。按凝固点分10、20、30号等3个牌号。20℃时的密度0.90～0.95g/cm^3，低位发热量40.6～44.0MJ/kg。重柴油的特性见表2。

表2　　**重柴油的特性**

项　　目	RC3－10	RC3－20	RC3－30
运动黏度(20℃)/(×10^{-6}m^2/s)	13.5	20.5	36.5
残炭/%，≤	0.5	0.5	1.5

续表

项　　目	RC3－10	RC3－20	RC3－30
硫含量/%，≤	0.4	0.6	0.8
机械杂质/%，≤	0.5	0.5	1.5
水分/%，≤	0.5	1.0	1.5
闪点（闭口）/℃，≥	65	65	65
凝固点/℃，≤	10	20	30

2. 重油

重油是原油提取汽油、柴油后的剩余重质油，其特点是相对分子质量大、黏度高。重油的元素组成大致为：C 84% ~87%；H 11% ~13%；O + N 1% ~2%；S 含量波动较大，低硫重油 <1%，高硫重油可达 6%；重油的密度一般在 0.82 ~ 0.95g/cm³。按 50℃时的黏度分为 5 个牌号。低位发热量 38.0 ~44.0MJ/kg。重油的特性见表 3。

表 3　　重油的特性

<table>
<tr><th>项　　目</th><th>20 号</th><th>60 号</th><th>100 号</th><th>200 号</th><th>250 号</th></tr>
<tr><td>恩氏黏度（80℃）/°E</td><td rowspan="2">5.0</td><td>11.0</td><td>15.5</td><td>—</td><td>—</td></tr>
<tr><td>恩氏黏度（100℃）/°E，≤</td><td></td><td></td><td>5.5 ~7.5</td><td>25</td></tr>
<tr><td>凝固点/℃</td><td>15</td><td>20</td><td>25</td><td>36</td><td>45</td></tr>
<tr><td>闪点（开口）/℃，≥</td><td>80</td><td>100</td><td>120</td><td>130</td><td>—</td></tr>
<tr><td>灰分/%，≤</td><td>0.3</td><td>0.3</td><td>0.3</td><td>0.3</td><td></td></tr>
<tr><td>水分/%，≤</td><td>1.0</td><td>1.5</td><td>2.0</td><td>2.0</td><td>—</td></tr>
<tr><td>硫含量/%，≤</td><td>1.0</td><td>1.5</td><td>2.0</td><td>3.0</td><td></td></tr>
<tr><td>机械杂质/%，≤</td><td>1.5</td><td>2.0</td><td>2.5</td><td>2.5</td><td>—</td></tr>
</table>

3. 天然气

天然气主要成分是烷烃，其中甲烷占绝大多数，另有少量的乙烷、丙烷和丁烷，此外，一般有硫化氢、二氧化碳、氮和水汽和少量一氧化碳及微量的稀有气体，如氦和氩等。在标准状况下，甲烷至丁烷以气体状态存在，戊烷以上为液体。天然气的热值一般为 33.5 ~37.7MJ/m³（标准状况），着火浓度范围为 5% ~15%。火焰传播速度小，常温常压下最大可见火焰传播速度不到 1.0m/s。与空气混合良好时火焰黑度小，仅为液化石油气的 1/2，理论空气量大，为 7.0 ~ 11.2m³/m³（标准状况）。对烧嘴混合要求高。部分天然气组成见表 4。

表4　天然气的特性　单位:%（体积分数）

序号	产地	种类	CH_4	C_2H_6	C_3H_8	C_4H_{10}	C_6H_{12}	H_2S	其他
1	大庆油田	伴生气	79.95	1.9	7.6	5.62	—	—	3.31
2	胜利油田	伴生气	86.6	4.2	3.5	2.6	1.1	—	2.0
3	大港油田	伴生气	76.29	11.0	6.0	4.0	—	—	2.07
4	四川自流井气田	非伴生气	97.12	0.56	0.07	—	—	0.02	2.23
5	四川威远气田	非伴生气	86.8	0.11	—	—	—	0.88	12.88
6	四川卧龙河气田	非伴生气	95.97	0.55	0.10	0.03	0.04	1.52	1.80

4. 液化石油气

液化石油气的热值高，一般为85～108MJ/m^3（标准状况），按质量计时为45～50MJ/kg。燃烧时理论空气量大高达24～30m^3/m^3（标准状况）。密度大，纯净，含硫量低，是烧制高档陶瓷制品的理想燃料。部分液化石油气组成见表5。

表5　液化石油气的特性　单位:%（体积分数）

序号	低位热值/（MJ/m^3）	C_2H_4	C_2H_6	C_3H_8	C_4H_8	C_4H_{10}	C_4H_8	C_5H_{12}	其他
1	105.86		0.57	15.37	34.06	40.23	9.5	0.45	0.37
2	84.24	0.8	16.0	63.4	14.4	2.6	0.2	0.3	2.3
3	95.05			76.8	10.9	6.6	1.9	2.3	1.5
4	86.25			61.2	12.7	14.5	—	—	11.6
5	92.11			90.7	3.5	3.8	0.1	0.5	1.4

5. 人造煤气

（1）发生炉煤气（空气煤气）　以空气和水蒸气的混合气，连续通入气化炉，在高温下进行煤气化反应。调节空气与水蒸气的比例，气化炉可以自热运行，制得的煤气称为发生炉煤气。其组成大致为CO_2 5.5%；CO 29%；H_2 10.5%；N_2 55%。人造煤气的特性见表6。

表6　人造煤气的特性

煤气种类	低位热值/（MJ/m^3）	干煤气组成（体积分数）/%							
		CH_4	C_mH_n	H_2	CO	CO_2	O_2	H_2S	N_2
发生炉煤气	6.075	2.6	0.4	15.5	25.5	7.0	0.2	0.1	48.7
发生炉煤气	5.15	0.5	—	13.5	27.5	5.5	0.2	0.2	52.6

（2）水煤气　水煤气是水蒸气通过炽热的焦炭而生成的气体，主要成分是CO、H_2，燃烧后排放H_2O和CO_2。其组成大致为CO_2 5%；H_2 50%；CO：40%；N_2 5%。水煤气的特性见表7。

表 7　　　　水煤气的特性

序号	低位热值/(MJ/m^3)	干煤气组成(体积分数)/%					
		H_2	CH_4	CO	CO_2	O_2	N_2
1	10.47	51.0	0.5	38.0	6.3	0.2	4.0
2	10.38	48.0	0.5	38.5	6.0	0.2	6.0

(3) 高炉煤气　高炉煤气为炼铁过程中产生的副产品，主要成分为 CO、CO_2、N_2、H_2、CH_4等，热值仅为 3.5MJ/m^3左右（标准状况）。高炉煤气中不可燃成分多，可燃成分较少（约 30%），发热值低；高炉煤气是无色无味、无臭的气体，因 CO 含量很高，所以毒性极大；燃烧速度慢、火焰较长；着火温度大于 700℃。密度为 1.29 ~ 1.30kg/m^3（标准状况）。高炉煤气组成范围大致为：H_2 1.5% ~3.0%；CH_4 0.2% ~ 0.5%；CO 25% ~30%；CO_2 9% ~12%；N_2 55% ~60%；O_2 0.2% ~0.4%。

(4) 焦炉煤气　焦炉煤气是在炼焦炉中经过高温干馏后，在产出焦炭和焦油产品的同时所产生的一种可燃性气体，其主要成分为 H_2 55% ~60%；CH_4 23% ~27%。另外还含有少量的 CO 5% ~8%；C_2以上不饱和烃 2% ~4%；CO_2 1.5% ~3%；O_2 0.3% ~ 0.8%；N_2 3% ~7%。焦炉煤气属于中热值气，其热值为 17 ~ 19MJ/m^3。焦炉煤气的特性见表 8。

表 8　　　　焦炉煤气的特性

序号	低位热值/(MJ/m^3)	干煤气组成(体积分数)/%						
		H_2	CH_4	CO	C_mH_n	CO_2	O_2	N_2
1	13.35	49.7	16.2	7.2	2.0	3.0	2.4	19.5
2	18.00	58.0	25.0	7.0	2.0	3.0	1.0	4.0
3	17.52	57.0	22.3	5.8	2.7	2.3	0.8	7.7
4	15.83	56.0	22.0	6.0	2.0	3.0	1.0	16.0

6. 燃料燃烧空气量与烟气量计算公式（表 9）

表 9　　　　燃料燃烧空气量与烟气量计算公式

燃料种类		热值单位	理论空气量 V_A^0		理论烟气量 V^0	
固体燃料		MJ/kg	$0.241\ Q_{DW}^{W}+0.5$	m^3/kg	$0.213\ Q_{DW}^{W}+1.65$	m^3/kg
液体燃料		MJ/kg	$0.203\ Q_{DW}^{W}+2.0$	m^3/kg	$0.265\ Q_{DW}^{W}$	m^3/kg
气体燃料	$Q_{DW}^{W}<12.5$	MJ/m^3	$0.209\ Q_{DW}^{W}$	m^3/m^3	$0.173\ Q_{DW}^{W}+1$	m^3/m^3
	$Q_{DW}^{W}>12.5$	MJ/m^3	$0.26\ Q_{DW}^{W}-0.25$	m^3/m^3	$0.272\ Q_{DW}^{W}+0.25$	m^3/m^3
天然气	$Q_{DW}^{W}<35.8$	MJ/m^3	$0.264\ Q_{DW}^{W}+0.05$	m^3/m^3	$0.264\ Q_{DW}^{W}+1.05$	m^3/m^3
	$Q_{DW}^{W}>35.8$	MJ/m^3	$0.264\ Q_{DW}^{W}$	m^3/m^3	$0.282\ Q_{DW}^{W}+0.38$	m^3/m^3

注：标准状况时的空气量和烟气量。

7. 不同燃料的 V_A^0 和 V^0 取值范围（表 10）

表 10　　不同燃料的 V_A^0 和 V^0 取值范围

项目	烟煤/(m^3/kg)	重油/(m^3/kg)	天然气/(m^3/m^3)	发生炉煤气/(m^3/m^3)
理论空气量 V_A^0	6 ~ 8	10 ~ 11	9 ~ 14	1.05 ~ 1.4
理论烟气量 V^0	6.5 ~ 8.5	10.5 ~ 12	10 ~ 14.5	1.9 ~ 2.2

附录2　《陶瓷烧成工》国家职业标准（摘录）

1. 陶瓷烧成工（初级）工作要求

职业功能	工作内容	技能要求	相关知识
一、生产准备	（一）准备劳保用品及工具	1. 能按要求穿戴劳动保护用品 2. 能按要求准备所需的用品及工具	1. 岗位安全操作规程 2. 交接班制度
	（二）查看交接班记录	能根据交接班记录判断窑炉运转情况是否正常	
	（三）巡视检查	1. 能根据本岗位的操作技术规程要求进行巡窑检查 2. 能辨别窑炉的燃烧室和烧嘴的燃烧是否正常 3. 能辨别窑内制品是否正常 4. 能辨别风机明显的不正常噪声和振动	1. 烧成车间的生产工艺流程及平面布置知识 2. 巡窑检查的基本知识
二、窑炉运行与操作	（一）装、出窑操作与控制	1. 能按工艺要求码放制品，并完成进、出窑车操作 2. 能把不合格的窑车送入修车线	1. 进、出窑车的操作规程 2. 装、出窑操作规程 3. 窑车质量的要求
	（二）窑炉烧成操作与控制	1. 能读取记录仪表示值 2. 能启动、停止窑炉的传动设备，调节传动速度 3. 能启动、停止窑炉风机 4. 能点燃、关停烧嘴，并调节燃料量	1. 读表的基本知识 2. 窑炉传动的基本知识
	（三）辅助设备操作与控制	1. 能启动、停止油泵 2. 能启动、停止燃气供应系统	1. 燃油、燃气的性能 2. 安全操作的注意事项
三、窑炉维护与故障处理	（一）窑体维护	1. 能处理燃烧室结渣 2. 能检查窑炉密封情况	窑体维护基本知识
	（二）机械设备的维护、保养	1. 能维护、保养烧嘴 2. 能维护、保养传动设备	烧嘴、传动设备的维护保养知识
	（三）故障处理	1. 能装卸烧嘴，并处理堵塞故障 2. 能更换辊棒，并进行断辊处理 3. 能清理辊棒黏釉	1. 烧嘴的安装知识 2. 辊棒的性能和使用知识

2. 陶瓷烧成工（中级）工作要求

职业功能	工作内容	技能要求	相关知识
一、生产准备	（一）查看交接班记录	1. 能根据交接班记录判断窑炉的运转状态 2. 能看懂产品质量检验报告	1. 烧成制度的基本知识 2. 烧成缺陷的基本知识
	（二）巡视检查	1. 能目测窑内气氛、温度、压力，出现明显不正常时能作出判断 2. 能辨别各类风机不正常的振动、噪声等异常情况 3. 能发现窑内制品、窑车运行的不正常状况 4. 能发现窑炉传动设备的不正常状况	1. 窑内燃烧温度、压力、气氛的判断方法 2. 窑炉传动设备的运行知识
二、窑炉运行与操作	（一）装、出窑操作与控制	1. 能判断制品缺陷 2. 能判断入窑坯体是否符合要求	1. 制品缺陷的基本知识 2. 入窑坯体的质量要求
	（二）窑炉烧成操作与控制	1. 能根据仪表示值判断窑内温度是否正常，并进行调整 2. 能调整风机的风压和风量 3. 能调整烧嘴的燃烧状态	1. 热工制度的基本知识 2. 燃嘴、风机的工作原理 3. 窑炉烧成操作的技术规程
	（三）辅助设备操作与控制	1. 能启动窑前供油、供气系统，调整供油、供气压力 2. 能按规定对燃油、燃气过滤器进行拆卸、清洗和安装	供油、供气系统的工作原理
三、窑炉维护与故障处理	（一）窑体维护	1. 能在处理事故或升降温时避免窑体受到急冷急热 2. 能控制高速烧嘴，防止烧坏窑体 3. 能选用耐火材料	1. 窑体的结构 2. 耐火材料的种类和性能
	（二）机械设备的维护、保养	1. 能按要求对辊棒刷涂层并矫正 2. 能防止辊棒开裂和变形	1. 涂层的用途 2. 辊棒的矫正方法
	（三）故障处理	1. 能处理窑炉停电故障 2. 能处理停气、停油故障	1. 窑炉停电故障的处理方法 2. 停气、停油的故障处理方法

3. 陶瓷烧成工（高级）工作要求

职业功能	工作内容	技能要求	相关知识
一、生产准备	（一）巡视检查	1. 能根据出窑制品生烧、过烧等缺陷，判断窑内烧成制度存在的问题 2. 能发现窑炉及烧成车间各种机械设备运转中出现的故障 3. 能准确判断隧道窑、辊道窑的零压点位置	1. 陶瓷制品生烧、过烧的判断方法 2. 窑炉机械设备的常见故障 3. 隧道窑、辊道窑零压点移动对窑炉影响的知识 4. 窑内的传热知识
	（二）查看技术文件	1. 能根据燃料化验单判断燃料质量 2. 能看懂坯、釉化验报告	
二、窑炉运行与操作	（一）装、出窑操作与控制	1. 能根据不同产品的要求，确定不同的装窑方法 2. 能按图样砌筑、装配轻型节能窑车	1. 装窑的原则和方法 2. 现代轻型节能窑车的构造及窑具材料知识
	（二）窑炉烧成操作与控制	1. 能利用仪表对烧成过程进行手动控制 2. 能按要求调整窑炉气氛 3. 能进行窑炉点火和停窑操作 4. 能调整窑炉上下、水平温差 5. 能判断油气质量	1. 自动调节系统的基本知识 2. 点火和停窑的操作规程 3. 窑炉气氛的调整方法 4. 温差产生的原因和控制方法
	（三）辅助设备操作与控制	1. 能调节油温 2. 能操作与控制回车机、储坯机等设备	1. 油加热器的使用知识 2. 回车机、储坯机等设备的工作原理
	（四）产品缺陷处理	能识别磕碰、落脏、粘疤缺陷，并进行处理	磕碰、落脏、粘疤缺陷产生的原因及处理方法
三、窑炉维护与故障处理	（一）窑体维护	1. 能识读窑墙、窑车的砌筑图 2. 能进行窑炉的小修	窑炉砌筑图的知识
	（二）故障处理	1. 能处理堵窑故障 2. 能处理跑偏、起摞故障	堵窑、跑偏、起摞故障产生的原因及处理方法

4. 陶瓷烧成工（技师）工作要求

职业功能	工作内容	技能要求	相关知识
一、窑炉运行与操作	（一）窑炉烧成操作与控制	1. 能制定窑炉点火、烘窑和试产方案 2. 能在燃料质量和环境条件变化时调整热工制度 3. 能看懂窑炉的工作系统图和横断面图 4. 能绘制拱顶用的异型砖图 5. 能进行窑炉调试	1. 热工制度的调整方法 2. 窑炉的点火、烘窑知识 3. 绘图的基本知识 4. 窑炉的调试方法
	（二）窑炉热工计算	1. 能计算窑炉产量 2. 能计算燃料消耗量 3. 能进行标准燃料换算	常用热工的计算方法
	（三）产品缺陷处理	1. 能识别尺寸偏差、变形、开裂缺陷，并进行处理 2. 能识别色差、生烧、波纹缺陷，并进行处理 3. 能识别斑点、熔洞、起泡缺陷，并进行处理 4. 能识别针孔、桔釉缺陷，并进行处理	烧成缺陷产生的原因及处理方法
二、窑炉维护与故障处理	（一）窑体维护	能制定窑炉的大修、中修方案	窑炉大修、中修知识
	（二）故障处理	能提出风机、传动设备及附属设备的检修方案	风机、传动设备和附属设备的工作原理及维修知识
三、培训与指导	（一）指导操作	能指导初级、中级、高级工实际操作	1. 培训计划的编制方法 2. 培训教学的基本方法
	（二）理论培训	1. 能制定培训计划 2. 能对初级、中级、高级工进行业务培训	

5. 陶瓷烧成工（高级技师）工作要求

职业功能	工作内容	技能要求	相关知识
一、窑炉运行与操作	（一）窑炉烧成操作与控制	1. 能试制新产品，并制定新产品的烧成制度 2. 能根据坯釉配方变化调整烧成参数	1. 陶瓷工艺的知识 2. 现代陶瓷新产品、新工艺的知识 3. 国内外窑炉的发展趋势
	（二）窑炉热工标定、计算	1. 能进行现场热工标定和热平衡计算 2. 能根据标定和计算结果对烧成操作及窑炉结构提出改进意见，并进行评价	热工标定和热平衡的计算方法
	（三）产品缺陷处理	能对产品缺陷进行综合分析，并提出解决方案，组织技术攻关	1. 陶瓷缺陷与工序的关系 2. 统计的基本知识
二、窑炉维护与故障处理	（一）窑体维护	能制定窑炉节能、降耗的技术改造方案	国内外窑炉节能降耗的新技术
	（二）故障处理	1. 能发现窑炉事故隐患并提出防范措施 2. 能处理供油、供气管路系统的故障	1. 国内外窑炉事故案例 2. 供油、供气管路系统的故障处理方法
三、培训指导	（一）指导操作	能指导初级、中级、高级工和技师进行实际操作	生产实习教学法的有关知识
	（二）理论培训	1. 能对初级、中级、高级工和技师进行业务培训 2. 能编写培训讲义	培训讲义的编写方法
四、生产管理	（一）质量管理	1. 能对操作过程进行质量分析与控制 2. 能贯彻各项质量标准	全面质量管理的知识
	（二）技术管理	1. 能推广应用新工艺、新材料、新技术 2. 能组织开展技术革新活动	生产管理的有关知识

参考文献

1. 涂申年．陶瓷热工过程及设备［M］．南昌：江西高校出版社，2004.

2. 胡国林．建陶工业辊道窑［M］．北京：中国轻工业出版社，1998.

3. 陆小荣．陶瓷工艺学［M］．长沙：湖南大学出版社，2005.

4. 中国硅酸盐学会陶瓷分会，建筑卫生陶瓷专业委员会，等．现代建筑卫生陶瓷技术手册［M］．北京：中国建材工业出版社，2010.

5. 裴秀娟，石振江．日用陶瓷工厂技术员手册［M］．北京：化学工业出版社，2007.

6. 中华人民共和国劳动与社会保障部制定．国家职业标准（陶瓷烧成工）［M］．北京：中国劳动和社会保障出版社，2004.

7. 胡国林，等．窑炉砌筑与安装［M］．武汉：武汉理工大学出版社，2005.

8. 何天雄．我国陶瓷工业用耐火材料现状与发展［J］．耐火材料，2012（4）：151～153.

9. 贾江议，等．国内外陶瓷窑具材料的发展现状［J］．中国陶瓷，2005（6）：19～23.